工程测试与传感技术

刘吉轩　张　庆
李　博　闫菲菲　余　澎　编著

清华大学出版社
北　京

内 容 简 介

本书基于现代工程领域测试技术的发展,结合作者多年的教学实践经验,将测试技术与工程技术实践相结合,书中主要介绍了测试技术的基本知识、基本理论、基本方法、基本装置、最新发展及实际应用。书中包括绪论、测试信号及其分析、测试系统的基本特性、常用传感器、信号变换与调理、光电检测技术及其应用、物联网传感技术及其应用、数字信号采集与计算机测试系统、测试系统设计与应用实例等内容。

本书面向机械工程及相关专业领域高素质应用型人才的培养,适合作为高等院校的机械设计制造及其自动化、机器人工程、智能制造工程、机械电子工程、车辆工程、测控技术与仪器等专业的本科教材,也可作为有关工程技术人员的参考书。

本书配套的电子课件和习题答案可以到 http://www.tupwk.com.cn/downpage 网站下载,也可以扫描前言中的二维码获取。

图书在版编目(CIP)数据

工程测试与传感技术 / 刘吉轩等编著. -- 北京:
清华大学出版社, 2024. 8. -- ISBN 978-7-302-66631-8

Ⅰ. TB22; TP212

中国国家版本馆 CIP 数据核字第 2024GM3346 号

责任编辑:胡辰浩
封面设计:高娟妮
版式设计:孔祥峰
责任校对:成凤进
责任印制:沈　露

出版发行:清华大学出版社
　　　　　网　　址:https://www.tup.com.cn,https://www.wqxuetang.com
　　　　　地　　址:北京清华大学学研大厦 A 座　　　　　邮　　编:100084
　　　　　社 总 机:010-83470000　　　　　　　　　　邮　　购:010-62786544
　　　　　投稿与读者服务:010-62776969,c-service@tup.tsinghua.edu.cn
　　　　　质 量 反 馈:010-62772015,zhiliang@tup.tsinghua.edu.cn
印 装 者:三河市人民印务有限公司
经　　销:全国新华书店
开　　本:185mm×260mm　　　印　　张:14.75　　　字　　数:377 千字
版　　次:2024 年 8 月第 1 版　　　印　　次:2024 年 8 月第 1 次印刷
定　　价:69.00 元

产品编号:105281-01

前　言

随着新一轮科技革命和产业变革快速兴起，人工智能、机器人、物联网、智能制造等新技术得到了迅猛发展，而支撑这些新技术发展的专业基础知识之一就是工程测试与传感技术。为了适应这些新的变革，测试与传感技术本身不断发展，包括新的传感器发展和计算机化测试技术发展等，其显著的表现就是测试技术与这些新技术一起对制造业乃至人们的生活不断产生新的巨大影响。作为从事机械工程领域人才培养的高等教育工作者，我们有责任为机械工程类本科生传授本领域中测试与传感技术的最新发展和工程应用技术。因此，本书除了阐述工程中常用的传感器、信号调理和信号处理等测试技术，还特别关注到物联网传感技术、数字信号采集与处理等内容，这将更能满足机械工程领域的产业变革对技术人才培养的新需求。本书具有如下主要特点。

(1) 本书特别增加了物联网传感技术及其应用的内容，体现了时代性。

(2) 本书面向应用型人才的培养，注重物理概念的诠释、工作原理的讲解、测量方法的介绍和应用技术的阐述，避免了较深的理论内容和繁杂的公式推导，突出测试技术的应用性，并保持与现代测试技术发展同步。

(3) 本书重点阐述工程测试中常用传感器的基本原理与应用技术、常用的信号变换与调理技术，适度增加了数字信号的分析基本理论与采集基本方法，便于学生能够较快地理解现代测试基本理论，并能够正确选用测试方法和器件。

本书由刘吉轩、张庆、李博、闫菲菲、余澎共同编著。全书共分9章，其中第1章由刘吉轩编著，第2章由张庆编著，第3章由刘吉轩编著，第4章由闫菲菲编著，第5章由闫菲菲和刘吉轩编著，第6章由李博编著，第7章和第8章由张庆编著，第9章由张庆、余澎和刘吉轩编著。刘吉轩负责全书统稿。

在本书的编写过程中，得到了西安交通大学陈花玲教授、张小栋教授等同行专家的大力支持和帮助，也得到了西安交通大学温广瑞教授、西安理工大学李鹏飞教授的关心和支持，对他们表示衷心感谢！

在编写本书的过程中参考了相关文献，在此向这些文献的作者深表感谢。由于编者水平有限，书中难免有不足之处，恳请专家和广大读者批评指正。我们的电话是010-62796045，邮箱是 992116@qq.com。

　　本书配套的电子课件和习题答案可以到 http://www.tupwk.com.cn/downpage 网站下载，也可以扫描下方的二维码获取。

编者

2023 年 12 月

目　　录

✑ 第 1 章 ✑

绪　　论

教学提示：引导初学者正确理解工程测试技术的含义与重要作用、测试方法的分类与测试系统的组成、测试技术的应用概况、测试技术的发展。

教学要求：正确理解测试技术的含义和重要作用，熟悉测试方法的分类，掌握测试系统的组成，了解测试技术的发展和应用，清楚本课程的特点及学习要求。

1.1　测试技术的含义与重要作用

1.1.1　测试技术的含义

测试是人们认识客观事物的方法，测试技术是测量技术和试验技术的统称，包含测量和试验两方面的含义，是指具有试验性质的测量。测试的目的是从客观事物中提取有用的信息，而信息一般蕴含于信号之中。因此，测试技术工作包括信号的获取、信号的调理和信号的分析等。

从广义的角度讲，测试工作涉及试验设计、模型试验、传感器、信号分析与处理、误差理论、控制工程、系统辨识和参数估计等内容。从狭义的角度讲，测试工作是指在选定对被测对象的激励方式下所进行的被测量(信号)的检测、变换、处理、显示、记录及分析等工作，本书从狭义的角度论述测试技术的基础知识。而能够实现对工程参量进行测量的测试技术被称为工程测试技术，例如，对于机械系统中的位移、速度、力、扭矩、压力、温度、加速度，以及转速等机械参量所实现的测量。

工程测量可分为静态测量和动态测量。静态测量是指不随时间变化的物理量的测量，如机械制造中对被加工零件的几何尺寸测量；动态测量是指随时间变化的物理量的测量，如对机械振动的测量。本书的主要研究对象是动态信号测量的理论、方法和系统。

1.1.2　测试技术的重要作用

随着近现代科学技术，特别是信息科学、材料科学、微电子技术、计算机技术和人工智能的迅速发展，测试技术所涵盖的内容更加深刻、更加广泛，现代工业生产、人类生活、科学研究和经济活动都与测试技术息息相关。例如，机床运行状态的检测、机器人运动轨迹的控制、材料性能的检测、汽车行驶速度的测量、产品质量的检验、航天领域的遥感技术等，都离不开测试技术，测试技术在这些领域中也起着越来越重要的作用。

测试技术与信号分析技术在工业生产和装备运行过程中起到类似于人的感觉器官和大脑的作用，随着机电装备和生产过程的自动化、信息化和智能化的发展，先进的测试与信号分析设备已成为生产系统中不可或缺的组成部分。在许多应用场合，测量使用的传感器也非常之多，例如：一辆小汽车因档次不同，采用的传感器从几十个到上千个，用以检测车速、扭矩、方向、油量、温度等；一架飞机通常需要 2000~4000 个传感器，用以监测飞机的运行状态参数和环境参数等。因此，测试技术已成为人类社会进步的重要基础技术，是一个国家科学技术现代化的重要标志之一。

1.2　测试方法的分类与测试系统的组成

根据信号的物理性质，可将其分为非电量信号和电量信号。例如，随时间变化的力、位移、速度、加速度、温度、应力等都属于非电量信号；而随时间变化的电流、电压则属于电量信号。在机械工程中的测试过程，常常是将被测的非电量信号通过相应的传感器转换为电量信号，以便于传输、调理(放大、滤波)、分析处理和显示记录等，因此，工程测试技术也常被称为非电量电测技术。

1.2.1　测试方法的分类

测试方法是指在实施测试的过程中，所涉及的理论运算方法和实际操作方法。测试方法可按照多种原则分类。

(1) 按是否直接测定被测量的原则，可分为直接测量法和间接测量法。直接测量法是指被测量直接与测量单位进行比较，或者用预先标定好的测量仪器或测试设备进行测量，而不需要对所获取数值进行运算的测量方法，例如用直尺测量长度，用万用表测量电压、电流、电阻值等。间接测量法是指通过测量与被测量有函数关系的其他量，来得到被测量量值的测量方法。例如，为了测量一台发动机的输出功率，必须首先测出发动机的转速 n 及输出转矩 M，通过公式 $P=M \cdot n$ 可计算出其功率值。

(2) 按测量时是否与被测对象接触的原则，可分为接触式测量和非接触式测量。接触式测量往往比较简单，比如测量振动时将带磁铁座的加速度计直接放在被测位置进行测量。非接触式测量可以避免对被测对象的运行工况及其特性的影响，也可避免测试设备受到磨损，例如，用多普勒超声测速仪测量汽车超速就属于非接触测量。

(3) 按被测量是否随时间变化的原则，分为静态测量和动态测量。静态测量是指被测量不随时间变化或随时间变化缓慢的测量。动态测量是指被测量随时间变化的测量，因此动态测量中，要确定被测量就必须测量它的瞬时值及其随时间变化的规律。

(4) 按照被测信号是否实时获得的原则分为在线测量和离线测量。在线测量是指对处于运行中的被测试对象连续不断地采集有关数据并进行实时分析。离线测量一般是使用便携式仪表对被测对象进行一次性测量，测量完毕取下仪器对数据进行分析。

(5) 按被测信号的转换方式分为机械测量法、光测量法和电测量法等。

1.2.2　测试系统的组成

在工程实际当中，存在状态检测和自动控制两种测试情况，故存在两种测试系统，即状态检测中的测试系统和自动控制中的测试系统。

1. 状态检测中的测试系统

状态检测中的测试系统通常可将测量结果以直观感知的方式显示或输出，如可采用仪表指针指示、数字显示、图标表示等方式输出测量结果。操作者根据输出量的变化做出判断，或者停机检修，或者对生产过程或设备运行情况进行调整等，使其处于预期的运行状态。

状态检测中的测试系统基本组成可用图 1-1 表示。一般来讲，测试系统包括传感器、信号调理、信号处理、显示与记录四个基本环节。有时候测试工作所希望获取的信息并没有直接载于可检测的信号之中，这时测试系统就需要选用合适的方式激励被测对象，使其产生既能充分表征其动态变化又便于检测的信息。

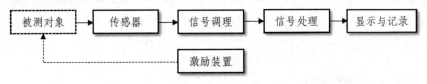

图 1-1　状态检测中的测试系统框图

传感器是测试系统中的第一个环节，是一种用于从被测对象获取有用信息，并将获取的信息按照一定的规律转换为某种电信号的器件或装置。例如，金属电阻应变片是将机械应变量的变化转换为电阻值的变化，电容传感器测量位移时是将位移量的变化转换为电容量的变化。

信号调理环节的主要作用就是对传感器输出的电信号做进一步的转换、放大、滤波及一些专门的处理。这是因为从传感器输出的信号往往十分微弱，而且除了有用信号常常还夹杂有各种无用的干扰和噪声，因此在做进一步处理之前必须将干扰和噪声滤除掉。另外，传感器的输出信号往往具有光、机、电等多种形式，而对于信号的后续处理一般都是采取电的方式和手段，因而有时必须把传感器输出的信号进一步转换为适宜于电路处理的电信号。通过信号的调理，最终希望获得能便于进一步传输、分析处理、显示和记录的信号。

信号处理环节主要作用是接收来自信号调理环节的信号，并进行各种运算、分析等，将结果输出至显示、记录或控制系统。例如，为了分析机械结构的动态特性，常常需要对测量的振动时域信号进行傅里叶变换，使时域信号变换成频域信号，然后通过对其频谱特性分析判断其机械结构的动态特性优劣。

显示与记录环节主要是将调理和处理过的信号用便于人们观察和识别的形式来显示测量的结果，或者将测量结果存储，供必要时调用。

2. 自动控制中的测试系统

自动控制中的测试系统将测量结果转化为控制计算机可接收的信号，由控制计算机对所输入的信号进行判断，并通过执行机构对生产过程或设备运行状态进行控制调节，使其运行于预期的状态。所以，状态检测中的测试系统通常是开环的，而自动控制中的测试系统一般是闭环的，且测试系统必然是此闭环自动控制系统中的必要组成环节，如图1-2所示。

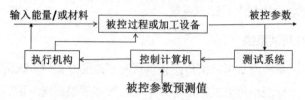

图1-2 自动控制中的测试系统框图

1.3 测试技术的应用概述

人类社会生产、生活、经济活动和科学研究都与测试技术息息相关。测试技术在工业自动化、产品质量检验及新产品开发、设备运行状态监测、家电产品、楼宇自动化、汽车工业、专用设备、环境监测、航空航天及军事国防等领域都有广泛应用。

1.3.1 工业自动化中的应用

现代测试技术在工业自动化中有着广泛的应用，例如：以工业机器人为核心的自动化生产线，是以信息技术和网络技术为纽带，将所有设备连接到一起而形成的大型数字化车间。它是发展先进制造技术，实现生产线的数字化、网络化和智能化的重要手段，目前已成为国内外极受重视的智能制造的高新技术应用领域。

机器人自动化生产线成套装备典型的应用有大型轿车壳体冲压自动化系统、大型机器人车体焊装自动化系统、电子和电器等的机器人柔性自动化装配及检测系统、机器人整车及发动机装配自动化系统、AGV物流与仓储自动化成套技术及装备等，这些机器人设备的使用大大推动了这些行业的快速发展，提升了高新制造技术的智能化和先进性。图1-3为以工业机器人为核心的自动化生产系统。

图1-3 以工业机器人为核心的自动化生产系统

1.3.2　产品质量检验及新产品开发中的应用

产品质量是生产者和消费者都关心的重要问题。在汽车、机床、家电等设备的电动机或发动机等零部件出厂时，必须对其性能进行测量和出厂检验，以了解产品的质量。对于洗衣机等家电产品需要做严格的振动、噪声试验。对于汽车的汽油机、柴油机等，需要做噪声、振动、油耗、废气排放等试验。图 1-4 为汽车转向制动系统 HIL 测试试验台。对于风机、吸尘器等设备需要做空气动力性能试验。对于某些在冲击、振动环境下工作的整机或部件，还需要模拟其工作环境进行试验，以验证或改进其在此环境下的工作可靠性。机械加工过程中，要在线检测与控制被加工工件的尺寸。高精度机床在整机出厂时，要进行机床精度检验，图 1-5 为使用激光干涉仪检验机床精度。所有这些都需要运用测试技术手段来完成任务。

图 1-4　汽车转向制动系统 HIL 测试试验台

图 1-5　采用激光干涉仪进行机床精度检验

新产品开发从构思到占领市场，必须经过设计、试验、再修改设计、再试验的多次反复。随着设计理论和计算机仿真技术的不断发展变化，产品设计日趋完善。但产品零部件、整机的性能试验才是检验设计正确性的唯一依据。

1.3.3　设备运行状态监测中的应用

现代工业生产对机器设备及其零件的可靠性要求越来越高。在电力、冶金、石化等行业，某些关键设备的工作状态关系到整条生产线的正常运行，例如：大型传动机械、燃气轮机、水轮机、发电机、电动机、风机、变速器及反应塔罐等一旦出现故障停机，将导致整个生产停顿，造成巨大的经济损失。对于这些关键设备的运行状态必须全天候实时监测，了解机器设备在工作过程中出现的诸多现象(如温升、振动、噪声、应力、应变、润滑油状态、异味等)，以便及时、准确地掌握其性能变化趋势。图 1-6 为火力发电机组运行状态监测，图 1-7 为石化设备在线防爆油液监测系统。

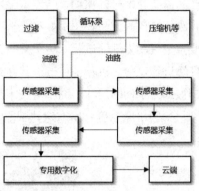

图 1-6　火力发电机组运行状态监测　　　　图 1-7　石化设备在线防爆油液监测系统

1.3.4　家电产品中的应用

随着人们对美好生活的不断追求和科学技术的日益进步，层出不穷的新型家电产品广泛进入百姓家庭。但是，若没有大量的试验、测量、检验，就不可能完成新型高质量家电产品的设计、开发和制造。为了检验家电产品的安全性能，必须根据家电产品的国家标准规定，对每一台产品进行安全性能测试；为了检验家电产品是否达到规定的使用性能指标，就需要对产品进行性能测试，如电冰箱和电饭煲中的温度检测等。全自动洗衣机以人们的洗衣操作经验和习惯作为模糊控制规则，采用多种传感器将洗衣状态信息检测出来(包括利用衣质传感器检测织物的种类，从而确定洗涤时间、洗涤温度；利用光电传感器检测洗涤液的透光率，从而间接检测洗净程度)，并将这些信息输送到微电脑中，经电脑处理后，选择出最佳的洗涤参数，对洗衣全过程进行自动控制，达到最佳洗涤效果。图 1-8 所示为全自动家电产品。

· 衣物重量传感器
· 衣质传感器
· 水温传感器
· 水质传感器
· 透光率光传感器(洗净度)
· 液位传感器
· 电阻传感器(衣物烘干检测)

(a) 全自动空调　　　　　　　　　(b) 全自动洗衣机

图 1-8　全自动家电产品

1.3.5　汽车工业中的应用

高级轿车的自动化、智能化水平的高低，很大程度上取决于所采用的传感器的数量和水平。一辆普通家用轿车上安装有几十个到近百个传感器和数台显示仪表，而豪华轿车上的传感器数量多达二百多个，种类通常达 30 多种甚至上百种，显示仪表可多达数十台。例如，轿车在行驶过程中对安全气囊的可靠性、灵敏度、防误爆及自诊断性能要求很高，通常会在汽车碰撞防护安全气囊上装有加速度检测传感器(如图 1-9 所示)；采用了汽车方向盘转角传感器和转向力矩传感器的电动助力系统，如图 1-10 所示；汽车上常采用倒车雷达(超声波传感器)和影像传感器(摄像头)作为倒车监测装置(如图 1-11 所示)；汽车上的雨量传感器隐藏在前挡风窗玻璃后面，它能根据落在玻璃上雨水量的大小调整雨刮器的动作，因而大大减少了驾驶人的烦恼。

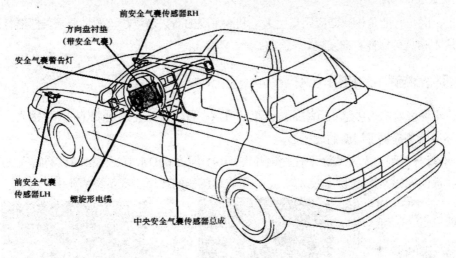

图 1-9　带有检测系统的汽车碰撞防护安全气囊组件

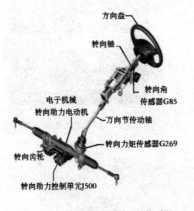

图 1-10　汽车电动转向助力系统

图 1-11　汽车倒车雷达

1.3.6　专用设备中的应用

这里的专用设备主要包括医疗、食品和农业等领域应用的专用电子设备。例如，医疗行业的电子血压计(见图 1-12)、红外人体测温仪(见图 1-13);食品行业的饮料灌装设备上用于检测透明材料 PET 瓶和透明包装材料的镜面反射传感器;用于农业领域的大气压力传感器等。

图 1-12　电子血压计　　　　　　　图 1-13　红外测温计和红外热像仪

目前,医疗行业是传感器应用量巨大、利润可观的新兴市场,该领域要求传感器件向小型化、低成本和高可靠性方向发展。

1.3.7　环境监测中的应用

应用于环境监测的传感器网络通过密集的节点布置,可以观察到微观的环境因素,为环境研究和环境监测提供了崭新的途径。

例如,森林监测与火灾风险评估系统(见图 1-14),河流湖泊水质资源自动检测站(见图 1-15),城市碳排放的感知系统(见图 1-16)等,都是带有传感器的环境监测系统的典型应用。

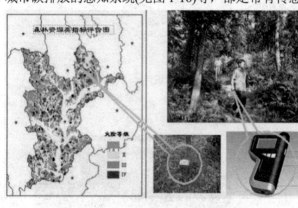

图 1-14　森林监测与火灾风险评估系统　　　图 1-15　浮漂式水质自动检测站

图 1-16　城市碳排放的感知系统

1.3.8　楼宇自动化和智能化中的应用

楼宇自动化系统(或称建筑设备自动化系统)是一个综合系统，旨在集中监视、控制和管理建筑物或建筑群内的各种设备或系统。这些设备或系统包括但不限于电力、照明、空调、给排水、防灾、车库管理等。通过集成这些系统，楼宇自动化系统实现了对建筑物内部设施的智能化管理和控制，提高了建筑物的能效、安全性和舒适度。

智能楼宇通过布置于房间内的温度、湿度、光照、空气成分等无线传感器，感知居室不同部位的状态，从而对空调、门窗等进行自动控制。建筑安全通过布置于建筑物内的图像、声音、气体、温度、压力、辐射等传感器，监测异常情况并及时报警，自动启动应急处置措施。图 1-17 为常用的楼宇自动化和智能化检测装置。

  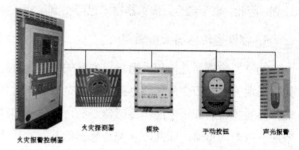

(a) 指纹识别防盗锁　　(b) 红外人体探测器　　　　(c) 火警探测报警系统

图 1-17　楼宇自动化和智能化检测装置

1.3.9　军事国防中的应用

现代化战争一定程度上可以称之为传感器战争。未来战争将布满各种传感器，它们既包括激光雷达、成像雷达、微光夜视仪、热像仪等可视设备，也包括声传感器、振动传感器、磁传感器、气象传感器和探测生化足迹的传感器等。这些传感器将为指挥人员和士兵收集大量的战争态势信息，从而最大限度地增强他们的攻击能力。

测试技术的先进性已经是一个国家或地区科技发达程度的重要标志之一。毫无疑问，测试技术的应用领域在未来将更加宽广。

1.4　测试技术的发展

测试技术是随着科学技术不断进步而发展起来的多学科知识融合的基础技术。科学技术水平的提高促进测试技术的发展，而测试技术的发展又反过来促进科学技术的不断进步，两者是相辅相成的关系。现代测试技术涉及许多新理论和新技术，如计算机技术、半导体技术、激光技术、遥感技术等。特别是随着人工智能、物联网等新技术的迅猛发展，其显著的表现就是测试技术与这些新技术一起对工业技术乃至人们的生活产生新的巨大影响。因而，测试技术正不断向着智能化、高精度、多功能、自动化、实时性方向发展。

归纳起来，测试技术的新发展主要体现在两个方面：传感器技术的发展与计算机测试技术的发展。

1.4.1 传感器技术的发展

由于传感器是测试系统中必不可少的一个重要环节，因而可以说传感器是生产自动化、工业装备、监测诊断等系统中的一个基础环节。由于它的重要性，20世纪80年代以来，国际上出现了"传感器热"。例如，日本把传感器技术列为20世纪80年代十大技术之首；美国把传感器技术列为20世纪90年代22项关键技术之一；自中华人民共和国国民经济和社会发展第十个五年规划纲要实施以来，我国也陆续把MEMS传感器技术、科学仪器等研究列为国家重大研发计划。因此，直至当今，传感器技术已经得到了极大发展，其中以下三方面的发展最为引人注目。

1. 物性型传感器大量涌现

物性型传感器是依赖敏感材料本身的物理属性随着被测量的变化来实现信号的变换的。例如，早期的电阻应变片传感器就是利用金属或半导体材料的电阻值随机械应变而发生变化制成的传感器，随后的压电晶体传感器是利用晶体材料或陶瓷材料在力和加速度作用下发生的压电效应制成的传感器。因此，这类传感器的开发实质上是新材料的开发。目前发展最迅速的新材料是半导体、陶瓷、光导纤维、磁性材料等，以及诸如形状记忆合金、具有自增值功能的生物体材料等智能材料。这些材料的开发，不仅使可测量的量增多、范围扩大，使力、热、光、磁、湿度、气体、离子等方面的一些参量都能实现测量，也使得集成化、小型化、高性能和智能化传感器的不断出现更为方便。此外，当前控制材料性能的技术已经取得长足进步，随着这种技术的不断成熟，将会完全改变原有敏感元件设计的概念，即从根据材料性能来设计敏感元件转变为按照传感要求来合成所需的材料。

传感器的设计从以结构型为主向以物性型为主的方向转变，现已成为发展趋势之一。

2. 集成、智能化传感器的开发

随着微电子学、微细加工技术和集成化工艺等方面的发展，出现了多种集成化传感器。这类传感器，可以是同一功能的多个敏感元件构成阵列式传感器，如将多个MOS电容器集成在一起形成线阵列或面阵列的CCD光学传感器；也可以是多种不同功能的敏感元件集成一体，构成可同时进行多种参量测量的传感器，如将温度传感器与流量传感器集成在一起，不但可以测量流体系统的温度，也可以测量其流量，甚至在此基础上还可以实现热量的测量。若将微处理器芯片集成于传感器中，或者将传感器与放大、运算、温度补偿等电路集成为一体，使传感器具有部分智能，就构成了智能传感器，如在一些特殊环境下使用的智能压力变送器就是具有温度补偿功能等的压力测量传感器。

3. 物联网传感器的迅速发展

随着科学技术的发展，近年来物联网技术得到迅速发展。物联网构架可分为三层：感知层、网络层和应用层。感知层由各种传感器构成，用于识别物体和采集信息；网络层由各种网络，包括互联网、广电网、网络管理系统和云计算平台等组成，是整个物联网的中枢，负责传递和处理感知层获取的信息；应用层就是物联网和用户的接口，它与行业需求结合，实现物联网的智能化应用。

可见，用于物联网感知层的传感器(物联网传感器)除了应具备必需的传感功能，更重要的是应该具备对外的通信接口，才能有效地将信息发送给网络。它包括二维码标签、射频识别(RFID)标签和读写器、摄像头、红外感应器、激光扫描器、全球定位系统(GPS，如北斗导航系统)等感知系统，它们按照约定的协议把任何物品与互联网连接起来，进行信息交互，以实现智能化识别、定位、跟踪、监控和管理。物联网传感器已经渗透到工业生产、智能家居、宇宙开发、海洋探测、环境保护、资源调查、医学诊断、生物工程，甚至文物保护等极其广泛的领域。显然，物联网传感器技术在发展经济、推动社会进步方面具有十分重要的作用。

1.4.2   计算机测试技术的发展

传统的测试系统由传感器或某些仪表获得信号，再由专门的测试仪器对信号进行分析处理而得到有用和有限的信息。随着计算机技术的发展，测试系统中也越来越多地融入了计算机技术，出现了以计算机为中心的自动测试系统。这种系统既能实现对信号的检测，又能对所获得的信号进行分析处理以求得有用信息，因而称其为计算机测试系统，并由此形成了相应的计算机测试技术。

现代的测试系统主要是计算机化系统，它是计算机技术与测试技术深层次结合的产物。计算机测试系统包括一般计算机测试系统、网络化测试系统及虚拟仪器等。下面分别进行阐述。

1. 一般计算机测试系统

一般计算机测试系统的基本组成包括传感器、信号调理、数据采集器、计算机及应用软件，图 1-18 所示为计算机测试系统的基本形式。

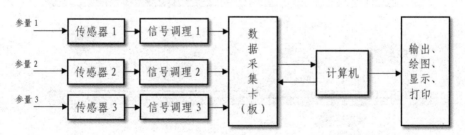

图 1-18   计算机测试系统的基本形式

一般计算机测试系统能够完成对多点、多种随时间变化参量的快速、实时测量，并能进行数据处理和信号分析，由测得的信号求出与研究对象有关的信息或给出其状态的判别。与传统状态检测中的测试系统相比，它采用数据采集器和计算机(硬件和软件)来替代传统的信号处理和显示记录两部分的功能。计算机是整个测试系统的中枢，它使得整个测试系统成为一个智能化的有机整体，在软件的引导下按照预定的程序自动进行信号的采集与存储，自动进行数据的运算分析与处理，指令其以适当形式输出、显示或记录测量结果。为了实现计算机测试，数据采集器是必有的环节，它用来将信号的模拟量由 A-D 转换器转换为幅值离散化的数字量；另外，它可由衰减器和程控增益放大器进行量程自动切换，且可由多路转换开关完成对多通道信号的分时采样，以实现将时间连续信号经过采样后变为离散的时间序列，以供计算机进行数值处理与分析。

功能复杂的计算机测试系统往往具有各种各样的分析功能模块，整个测试系统是由具有一定功能的模块相互连接而成的。由于各模块之间差异很大，组成系统时相互间的连接是一项非常重要与复杂的任务。近年来随着计算机技术和仪器控制技术的发展，特别是仪器和计算机及其他控制设备之间连接的规范化，形成了标准通用接口。标准通用接口型测试系统由模块(如台式仪器或插件板)组合而成，所有模块的对外接口都按照规定标准设计。组成系统时，若模块是台式仪器，用标准的无源电缆将各模块连接起来就构成系统；若模块是插件板，只要将各插件板插入标准机箱即可。组成这类系统非常方便，如 GPIB 系统、VXI 系统就属于这类系统。

2. 网络化测试系统

计算机测试系统的特殊性在于它具有基于计算机的数据采集、数据分析和数据表示这三个组成部分。若将位于不同地理位置的这三个部分用网络连起来完成测试任务，就可以形成网络化测试系统，如图 1-19 所示。在网络化测试系统中，可通过测试现场的数据采集设备将测得的数据或信息通过网络传输给异地的计算机去分析处理，还可以在分析后的结果上调用查询，使数据采集、传输、处理分析为一体，甚至可实现实时采集、实时监测等。

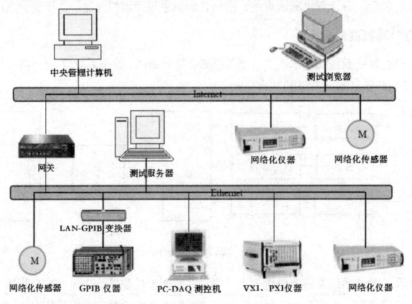

图 1-19　网络化测试系统体系结构

网络化仪器的最大特点就是可以实现资源共享，使一台仪器为更多用户所使用，降低了测试系统的成本。对于有危险的、环境恶劣的数据采集工作，可以实行远程采集，将采集的数据放在服务器中供用户共享使用。重要的数据实行多机备份，能够提高系统的可靠性。另外，网络可以使测试人员不受时间和空间限制，随时随地获取所需的信息。同时，网络化测试还可以实现测试设备的远程测试与诊断，这样可以提高测试效率，减少测试人员的工作量。而且，网络化仪器还十分便于修改和扩展。

网络为现代测试提供了非常重要的技术支撑。网络化测试系统可以实现跨地域、跨时空的测试，实现测试的高度自动化、智能化，缩短研究时间，便于测试人员对不易接触的点进行测试，因此是一种颇具发展前景的测试技术。

3. 虚拟仪器

随着计算机技术和数字信号处理技术的发展，仪器技术领域发生了巨大变化，测试技术与计算机技术的深度结合产生一种全新的仪器，即虚拟仪器。虚拟仪器基于计算机的软硬件测试平台，可代替传统的测量仪器，如示波器、逻辑分析仪、信号发生器、频谱分析仪等；可集成于自动控制、工业控制系统；可自由构建成专有仪器系统。它由计算机、应用软件和仪器硬件组成。无论哪种虚拟仪器系统，都是将仪器硬件搭载到某一计算机平台(甚至可以是掌上电脑)加上应用软件而构成的。

虚拟仪器通过软件将计算机硬件资源与仪器硬件有机地融合为一体，从而把计算机强大的计算处理能力和仪器硬件的测量、控制能力结合在一起，大大缩小了仪器硬件的成本和体积，并通过软件实现对数据的显示、存储及分析处理。从发展史看，电子测量仪器经历了由模拟仪器、智能仪器到虚拟仪器。由于计算机性能以摩尔定律飞速发展，已把传统仪器远远抛到后面，并给虚拟仪器生产厂家不断带来较高的技术更新速率。

在测试平台上，调用不同的测试软件就可以构成不同功能的虚拟仪器，它可以方便地将多种测试功能集于一体，实现多功能仪器。因此，软件在该系统中占有十分重要的地位，由此出现了"软件就是仪器"的概念。在大规模集成电路迅速发展的今天，系统的硬件越来越简化，软件越来越复杂，集成电路器件的价格逐年下降，而软件成本费用则大幅上升。

软件技术对于现代测试系统的重要性，表明计算机技术在现代测试系统中的重要地位。但是，并不能认为掌握了计算机技术就等于掌握了测试技术。这是因为，其一，计算机软件永远不能完全取代测试系统的硬件；其二，不懂得测试技术的基本原理就不可能正确地组建测试系统，也就不可能正确地应用计算机进行测试。一个专门的程序员可以熟练地编写科学计算的程序，但若不懂测试技术，则根本无法编制测试程序。因此，现代测试技术既要求测试人员熟练掌握计算机应用技术，更要牢固掌握测试技术的基本理论和方法。

1.5 本课程的特点及学习要求

本课程主要讨论工程领域常用物理量的测试，是机电类各专业的一门技术基础课。主要内容包括：常用传感器与信号调理的基本工作原理、测量装置基本特性的评价方法、常见物理量的动态测试方法、信号分析的基本知识、计算机测试技术，以及基本测试系统设计及其应用。

本课程涉及的知识面广泛，是数学、物理学、电工学、电子学、力学、机械、控制技术及计算机技术等课程的综合应用。学习本课程之前，应当先修"工程数学""电工技术基础""电子技术基础""理论力学""材料力学""计算机技术基础"等课程。

本课程教学的主要目标是培养学生合理选用测试系统并初步掌握动态测试所需的基本知识和技能，为进一步学习、研究和处理工程技术问题打下坚实的基础。学生通过学习本课程，应当具有以下几方面的知识和能力。

(1) 熟悉测试技术的基本概念，并掌握测试系统的基本组成。

(2) 掌握常用传感器的工作原理及其应用，并能根据实际需要正确选用合适的传感器。

(3) 掌握常用信号调理电路的工作原理和性能，并能正确选用。

(4) 掌握信号的分类和描述方法，掌握信号时域分析和频域分析的基本原理和方法，熟悉数字信号分析的基本知识。

(5) 掌握测试系统基本特性的评价方法和不失真测试条件，会分析和正确选用测试装置。掌握典型测试系统的动态特性及分析方法。

(6) 对工程中常规参量的动态测试问题具有比较完整的概念，能够进行基本的测试系统设计，具有解决工程测试问题的基本能力。

(7) 掌握计算机测试系统的基本组成及原理，熟知虚拟仪器等现代测试技术。

本课程具有很强的实践性，在学习过程中应密切联系生产和生活实际，加强实验实训环节，注意物理概念的理解，领会测试系统设计的思想方法，才能真正掌握有关的知识，为今后的实际应用奠定基础。

1.6 本章小结

本课程是一门技术基础课。通过本课程的学习，使学生能够综合运用有关知识，合理地选用测试仪器、配置测试系统，并初步掌握进行动态测试所需要的基本技能，为进一步学习、研究和处理工程中的测量与控制技术问题打下基础。本章主要内容归纳如下。

(1) 测试的含义和测试技术包括的内容。测试是具有试验性质的测量，是测量和试验的综合。测试技术工作包括信号的获取、信号的调理和信号的分析等。能够实现对工程参量进行测量的测试技术，被称为工程测试技术。

(2) 测试方法分类：直接测量法和间接测量法；接触式测量和非接触式测量；静态测量和动态测量；在线测量和离线测量；机械测量法、光测量法和电测量法等。

(3) 一般测试系统的组成，包括传感器、信号调理、信号处理、显示与记录四个基本环节。传感器是测试系统中必不可少的重要环节。

(4) 测试技术的发展：传感器技术自身的发展；计算机测试技术的发展。

1.7 习题

1. 测试技术主要包括哪些内容？测试工作的意义是什么？

2. 举例说明直接测量和间接测量的主要区别。

3. 举例说明静态测量和动态测量的主要区别。

4. 什么是接触式测量和非接触式测量？

5. 简述一般测试系统的基本构成与各个环节的作用。

6. 通过实际调查和查阅有关资料，指出一辆汽车常用到哪些传感器。

7. 计算机测试系统的特点是什么？

8. 嵌入式测试系统与一般计算机测试系统有何区别？

9. 虚拟仪器的含义是什么？

第 2 章

测试信号及其分析

教学提示： 测试信号中包含着反映被测系统的状态或特性的有用信息，根据信号的不同特征，信号有不同的分类方法。采用"域"(即自变量或变量域)对信号进行描述，能够突出信号的不同特征以满足不同问题的分析需要。信号的时域描述强调幅值随时间变化的特征；信号的频域描述强调幅值和相位随频率变化的特征。信号的时域描述和频域描述的转化，通过傅里叶级数或傅里叶变换来实现。

教学要求： 了解信号的不同分类方法及其特点，明确信号的时域和频域描述的含义，了解随机信号的特点及其主要特征参数。重点理解信号频谱的概念，包括周期信号的离散频谱和非周期信号的连续频谱。掌握傅里叶变换的主要性质、几种典型信号的频谱并能灵活地运用。了解离散信号的频谱计算方法以及针对非平稳信号的短时傅里叶变换方法。

对于信息，一般可理解为消息、情报或知识。例如，天气预报是气象信息；价格指数是经济信息；振动噪声是机械工作状态的信息等。从物理学观点来考虑，信息不是物质，也不具备能量，但它是物质所固有的，能够表示其客观存在或运动状态的特征。信息可以理解为事物运动的状态和方式。信息和物质、能量一样，是人类不可缺少的一种资源。从 21 世纪开始，信息资源已成为社会可持续发展的决定性力量和核心要素。

一般来说，信号是运载信息的工具，也是信息的载体，信息蕴涵于信号之中。信号具有能量，是某种具体的物理量。信号的变化则反映了所携带的信息的变化。测试工作的目的是获取研究对象中有用的信息，而信息又蕴涵于信号之中。可见，测试工作始终都需要与信号打交道，包括信号获取、信号调理和信号分析等。因此，深入地了解信号及其分析方法是工程测试的基础。

本章主要介绍工程测试中常见信号的分类以及基本的分析方法。

2.1 信号的概念与分类

2.1.1 信号的概念

信号作为物理现象的表示，包含着丰富的信息，因而是研究客观事物状态或属性的依据。例如，变速箱在工作时齿轮啮合产生周期性的振动，那么这种振动信号就反映了齿轮啮合的状态信息，因此它就成为研究齿轮啮合状态的依据。

信号可以多种方式来表示。数学上，信号可以表示为一个或多个自变量的函数或序列。例如信号表示为连续函数 $x(t)$ 时，t 为自变量，可以是时间变量，也可以是空间变量；当信号表示为序列 $x(n)$ 时，n 为自变量，是序列的序号。

信号的另外一种描述方式是"波形"描述。按照函数随自变量的变化关系，可以把信号的波形绘制出来。与信号的函数或序列表达式描述方式相比，波形描述方式更具一般性，且更直观。有些信号虽然无法用某个数学函数或序列描述，但却可以画出它的波形图。

除了上述描述方法，"频谱"也是信号的描述方法之一，它是频率的函数，可以与表示信号的函数或序列一一对应。如果信号的频谱不是恒定的，而是随时间变化的，那么可以用"时频描述"更加准确地描述信号的频谱分布和变化，它是时间和频率的二元函数。

由此可见，信号通常以时间域、频率域和时频域来描述，相应的信号分析则分为时域分析、频域分析和时频分析。值得指出的是，对同一被分析信号，可以根据不同的分析目的，在不同的分析域进行分析，提取信号不同的特征参数。从本质上看，信号的各种描述方法仅是在不同域进行分析，从不同的角度去认识同一事物，并不改变同一信号的实质。而且信号的描述可以在不同的分析域之间相互转换，如傅里叶变换可以使信号描述从时域变换到频域，而傅里叶反变换可以将信号从频域变换到时域。

2.1.2　信号的分类

为了深入了解信号的物理实质，有必要对其进行分类研究。机械测试信号(或测试数据)通常由随时间变化的测量值组成，具有以下几种分类方法。

1. 按照时间函数取值的连续性和离散性分类

信号可分为连续时间信号和离散时间信号。对于某一信号，若自变量时间 t 在某一段时间内连续取值，则称此信号为时间的连续信号，如图 2-1(a)所示。

对于某一信号，若时间 t 只在一些确定的时刻取值，则称此信号为时间的离散信号。图 2-1(b)是将图 2-1(a)中的连续信号进行等时间间距采样后的结果，采样得到的信号就是离散信号。

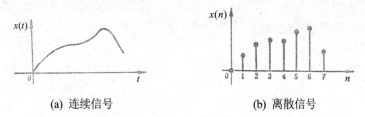

(a) 连续信号　　　　　　　　　(b) 离散信号

图 2-1　连续信号和离散信号

在工程中经常使用模拟信号和数字信号对信号进行分类，模拟信号是指时间和幅值都具有连续特性的信号，数字信号是指时间和幅值都具有离散特性的信号。如图 2-2 所示，模拟信号经过模数转换(A/D 采样和量化)后得到的数字序列即为数字信号。模拟信号属于连续时间信号，数字信号属于离散时间信号，它们之间的关系如图 2-3 所示。

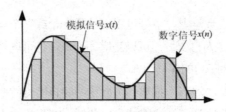

图 2-2 模拟信号和数字信号

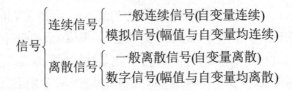

图 2-3 信号按时间函数取值的分类

2. 按照信号随时间变化的特点分类

信号可分为确定性信号和非确定性信号两大类。

1) 确定性信号

能够用明确的数学关系式描述的信号，或者可以用实验的方法以足够的精度重复产生的信号，属于确定性信号。例如：无阻尼质量-弹簧振动系统的位移可以用余弦函数进行描述，因此属于确定性信号。确定性信号又可分为周期信号和非周期信号。

周期信号是经过一定时间可以重复出现的信号，它满足条件：

$$x(t) = x(t + nT) \tag{2-1}$$

式中，T 为周期，$n=0$，±1，±2，…。简谐(正、余弦)信号和周期性的方波、三角波等非简谐信号都是周期信号。周期信号的角频率为 $\omega = 2\pi/T$，频率为 $f = 1/T$。具有单一周期或频率的正弦或余弦信号也被称为简谐波信号。如果信号由不同频率的简谐波信号叠加而成，并且各简谐波频率之比为有理数，则叠加后的信号仍然存在公共周期，称为一般周期信号，也称为复杂周期信号。如图 2-4 所示，齿轮箱在工作时，不同转速的轴和啮合齿轮产生的振动信号就是由多个单一频率周期信号组成的一般周期信号。

图 2-4 齿轮箱振动信号

将确定性信号中那些不具有周期重复性的信号称为非周期信号。非周期信号有准周期信号和瞬态信号两种。准周期信号是由两种以上的周期信号合成的，但各周期信号的频率相互之间不具有公倍数，即无公有周期，其合成信号不满足周期信号的条件，例如

$$x(t) = \sin t + \sin \sqrt{2}t \tag{2-2}$$

如图 2-5(a)所示，两个正弦信号的合成，其频率比不是有理数，无法按某一时间间隔重复出现。在机械工程领域，这种信号往往出现于机械转子振动信号、齿轮噪声信号中。除准周期信号之外的非周期信号是一些在一定时间内存在，或随着时间的增长而衰减至零的信号，称为瞬态信号，如按指数衰减的振荡信号(如图 2-5(b)所示)、各种波形(矩形、三角形)的单个脉冲信号等。

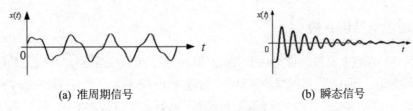

(a) 准周期信号　　　　　　　　　　　(b) 瞬态信号

图 2-5　准周期信号和瞬态信号

2) 非确定性信号

非确定性信号又称随机信号，即不能用确切的数学关系式描述的信号，可分为平稳随机信号和非平稳随机信号两类，如图 2-6 所示。如果描述随机信号的各种统计特征(如平均值、均方根值、概率密度函数等)不随时间推移而变化，则这种信号称为平稳随机信号。反之，如果在不同采样时间内测得信号的统计参数不能看作常数，则这种信号就称为非平稳随机信号。

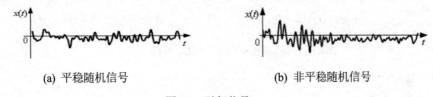

(a) 平稳随机信号　　　　　　　　　　(b) 非平稳随机信号

图 2-6　随机信号

在机械工程测试中，随机信号大量存在，如汽车行驶时的振动信号、环境噪声信号、切削材质不均匀工件时的切削力信号等。由于这类信号无法用数学公式进行精确描述，因而也无法预见今后任一时刻此信号确切的大小，只能用数理统计的方法给出今后某一时刻此信号取值的概率。

按照信号随时间变化的特点对信号分类，归纳如图 2-7 所示。

信号
- 确定性信号
  - 周期信号
    - 简谐波信号
    - 一般周期信号
  - 非周期信号
    - 准周期信号
    - 瞬态信号
- 非确定性信号
  - 平稳随机信号
  - 非平稳随机信号

图 2-7　按时间变化特点的信号分类

2.2 信号的时域分析

直接观测或记录的信号一般是随时间变化的物理量，这种以时间作为自变量的信号表达称为信号的时域描述。时域描述是信号最直接的描述方法，它能够反映信号的幅值随时间变化的特征。信号的时域分析就是求取信号在时域中的特征参数，以及信号波形在不同时刻的相似性和关联性。

2.2.1 时域信号特征参数

对连续信号 $x(t)$ 或者离散信号 $x(n)$ 进行时域统计分析，可以获得信号的峰值、峰峰值、平均值、方差、均方值、均方根值等时域特征参数。时域统计分析一般是针对时间间隔 T 内的信号进行分析。如果 $x(t)$ 为周期信号，则 T 应为信号的周期；如果 $x(t)$ 为非周期信号，则 $T \to \infty$ 时可获得准确值，否则得到的是近似估计值。对于离散信号 $x(n)$，N 为信号的长度，即 $x(n)=\{x(i), i=0,1,2,\cdots,N\text{-}1\}$。

(1) 峰值和峰峰值。

峰值是信号在时间间隔 T 内或序列长度 N 内的最大值，用 x_p 表示，即

$$x_p = \max\{x(t)\} \quad \text{或} \quad x_p = \max\{x(n)\} \tag{2-3}$$

峰峰值是信号在时间间隔 T 内或序列长度 N 内的最大值与最小值之差，用 x_{p-p} 表示，即

$$x_{p-p} = \max\{x(t)\} - \min\{x(t)\} \quad \text{或} \quad x_{p-p} = \max\{x(n)\} - \min\{x(n)\} \tag{2-4}$$

它表示了信号的动态变化范围，即信号幅值的分布区间。

(2) 平均值。

在时间间隔 T 内或序列长度 N 内信号的平均值定义为

$$\mu_x = \frac{1}{T}\int_0^T x(t)\mathrm{d}t \quad \text{或} \quad \mu_x = \frac{1}{N}\sum_{i=0}^{N-1} x(i) \tag{2-5}$$

它表示了信号幅值变化的中心趋势，也称为固定分量或直流分量，即不随时间变化的分量。

(3) 方差和均方差。

在时间间隔 T 内或序列长度 N 内信号的方差定义为

$$\sigma_x^2 = \frac{1}{T}\int_0^T [x(t)-\mu_x]^2 \mathrm{d}t \quad \text{或} \quad \sigma_x^2 = \frac{1}{N}\sum_{i=0}^{N-1}[x(i)-\mu_x]^2 \tag{2-6}$$

它表示了信号的分散程度或波动程度。σ_x 称为均方差或标准差，它表示了信号的分散程度。

(4) 均方值和均方根值。

在时间间隔 T 内或序列长度 N 内信号的均方值定义为

$$\varphi_x^2 = \frac{1}{T}\int_0^T x^2(t)\mathrm{d}t \quad \text{或} \quad \varphi_x^2 = \frac{1}{N}\sum_{i=0}^{N-1} x(i)^2 \tag{2-7}$$

也可称为平均功率，它表示了信号的强度大小。信号的均方根值 φ_x 是均方值的平方根，也称为有效值，它表示了信号的平均能量。

可以证明，均方值、方差和均值之间存在下述关系：

$$\varphi_x^2 = \sigma_x^2 + \mu_x^2 \tag{2-8}$$

对于正弦信号 $x(t) = A\sin(\omega t + \phi)$，其峰值 $x_p = A$，峰峰值 $x_{p-p} = 2A$，平均值 $\mu_x = 0$，方差 $\sigma_x^2 = A^2/2$，均方根值 $\varphi_x = A/\sqrt{2}$。这些统计参数从不同方面反映了信号的特征，如在机械运行状态监测中一种最简单常用的方法，就是将振动信号的均方根值作为故障程度的判断依据。

2.2.2　时域相关分析

为了反映一个信号幅值随时间变化的波动规律，即在不同时刻信号幅值的关联程度，可以采用自相关函数来分析。而对于不同的机械信号来说，为了描述它们之间的相关程度，可以采用互相关函数来分析。

1）自相关函数

信号 $x(t)$ 的自相关函数定义为

$$R_x(\tau) = \frac{1}{T}\int_0^T x(t)x(t-\tau)\mathrm{d}t \tag{2-9}$$

它描述了信号一个时刻的取值与相隔 τ 时刻取值的依赖关系或相似程度，是时间延迟 τ 的函数。

自相关函数具有如下性质。

(1) 自相关函数是偶函数，满足下式：

$$R_x(\tau) = R_x(-\tau) \tag{2-10}$$

(2) 当 $\tau = 0$ 时，自相关函数具有最大值。

(3) 随机信号的自相关函数当 $\tau \to \pm\infty$ 时，收敛到均值的平方：

$$\lim_{\tau \to \pm\infty} R_x(\tau) = \mu_x^2 \tag{2-11}$$

(4) 周期信号的自相关函数仍然是同频率的周期信号，不收敛，但不具备原信号的相位信息。

自相关函数主要应用于判断信号的性质和检测混淆在随机噪声中的周期信号。图 2-8(a)和图 2-8(b)分别给出某齿轮箱振动信号 $x(t)$ 及其自相关函数 $R_x(\tau)$，可见，信号 $x(t)$ 波形杂乱，难以发现其中是否存在周期成分，但从自相关函数 $R_x(\tau)$ 中可以清晰地辨识出该齿轮箱振动中存在明显的周期成分，根据该周期值可以进一步判断对应的具体齿轮啮合对，进而确定振动的来源。

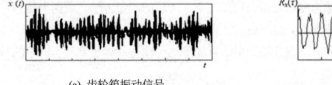
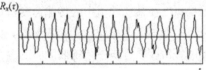

(a) 齿轮箱振动信号　　　　　　　　　　　　　　(b) 自相关函数

图 2-8　齿轮箱振动信号的自相关分析

对于离散信号 $x(n)=\{x(i), i=0,1,2,\cdots, N\text{-}1\}$，自相关函数的计算如下：

$$R_x(k) = \sum_{i=0}^{N-1} x(i)x(i-k) \tag{2-12}$$

它是移位变量 k 的函数，在 $-(N-1) \leqslant k \leqslant (N-1)$ 时取值有意义。

2) 互相关函数

信号 $x(t)$ 和 $y(t)$ 的互相关函数定义为

$$R_{xy}(\tau) = \frac{1}{T} \int_0^T x(t)y(t-\tau)\mathrm{d}t \tag{2-13}$$

它表示两个信号幅值之间的相互依赖关系。

互相关函数具有如下性质。

(1) 互相关函数不是偶函数，也不是奇函数，而满足下式：

$$R_{xy}(\tau) = R_{yx}(-\tau) \tag{2-14}$$

(2) 两个相互独立的信号的互相关函数等于零。

(3) 两个频率相同的周期信号的互相关函数仍然是同频率的周期信号，同时保留了信号的相位信息。两个频率不同的周期信号不相关，互相关函数等于零。

例 2-1　求 $x(t) = x_0 \sin(\omega t + \phi)$ 与 $y(t) = y_0 \sin(\omega t + \phi + \theta)$ 的互相关函数 $R_{xy}(\tau)$。

解：

$$
\begin{aligned}
R_{xy}(\tau) &= \frac{1}{T} \int_0^T x(t)y(t-\tau)\mathrm{d}t \\
&= \frac{1}{T} \int_0^T x_0 y_0 \sin(\omega t + \phi) \sin\left[\omega(t-\tau) + \phi + \theta\right]\mathrm{d}t \\
&= \frac{x_0 y_0}{2} \cos(\omega \tau + \theta)
\end{aligned}
$$

可见，两个同频率的简谐信号的互相关函数不但保留了两个信号的幅值 x_0、y_0 信息及频率 ω 信息，而且还保留了两个信号之间相位差 θ 的信息。

两个离散信号 $x(n)$ 和 $y(n)$ 的互相关函数定义为

$$R_{xy}(k) = \sum_{i=-\infty}^{\infty} x(i)y(i-k), \ k = 0,\pm1,\pm2,\cdots \tag{2-15}$$

互相关函数主要用于检测和识别存在于噪声中的两信号的关联信息。例如：为了测量激励噪声信号 $h(t)$ 在某一通道中的传输速度，可以采用如图 2-9 所示的测量方法。用两个传感器分别测量距离为 L 的两个位置的响应信号，对两路信号进行互相关分析，最大值所在的时刻 τ_m 即为激励信号 $h(t)$ 经过两个传感器的时间差，则激励信号的平均传输速度等于 L / τ_m，τ_m 的符号反映了传输的方向。

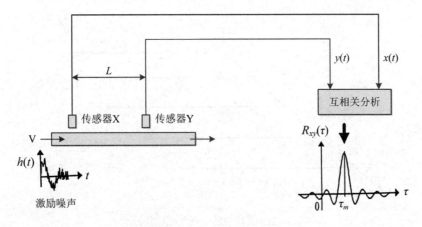

图 2-9　互相关分析的应用

需要强调的是，如果信号是随机信号，在本节上述特征参数的定义公式中，应该对时间长度 T 或序列长度 N 取趋于无穷大的极限。在工程应用中，则根据实际需要来选择信号的长度。

2.3　信号的频谱分析

在工程实际中，有的信号主要在时域表现其特性，如电容充放电的过程；而有的信号则主要在频域表现其特性，如机械振动。若信号的特征主要在频域表现的话，则相应的时域信号看起来可能杂乱无章，但在频域则解读非常方便。例如多级齿轮传动系统在运转中产生的振动信号，其中既包含了多对齿轮的啮合信号，又包含了各个齿轮轴回转产生的振动信号，再加上环境噪声的影响，从合成的时域信号中根本无法鉴别各个振动分量，从而也就无法确定振动的主要来源。为此，根据工程应用的需要，有时需要把时域信号变换到频域加以分析，即以频率作为独立变量建立信号与频率的函数关系，称其为频域分析，或频谱分析。

频谱分析就是将复杂信号经傅里叶变换分解成若干单一的谐波分量来研究，每个谐波分量由确定的频率、幅值和相位唯一确定，从而获得信号的频率结构以及各谐波分量的幅值和相位信息。傅里叶变换就是将一个信号的时域表示形式映射到频域表示形式。简单通俗理解就是把看似杂乱无章的信号视为由具有一定振幅、相位、频率的基本正弦(余弦)信号组合而成，目的就是找出这些基本正弦(余弦)信号中振幅较大(能量较高)信号对应的频率，从而找出杂乱无章的信号中的主要振动频率特点。如减速机发生故障时，通过傅里叶变换做频谱分析，根据各级齿轮转速、齿数与信号频谱中较大振幅分量的对比，可以快速判断哪级齿轮出现损伤。

如图 2-10 中所示的复杂信号 $x(t)$，时域分析很困难，但可以将其分解为 4 个谐波分量之和，将这些谐波分量投影到频率 f-幅值 a 确定的坐标平面上，得到信号的幅值谱或幅频谱，反映组成该复杂信号的不同频率分量的幅值信息；投影到频率 f-相位 φ 确定的坐标平面上，则得到信号的相位谱或相频谱，反映组成该复杂信号的不同频率分量的相位信息。

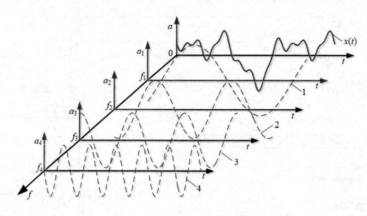

图 2-10 信号的时域和频域分析

频谱分析是工程信号处理中最广泛的分析方法。通过频谱分析，一是可以了解被测信号的频率构成，选择与其相适应的测试仪器或系统，从而获得准确的测试数据；二是可以从频率的角度了解和分析测试信号，获得测试信号所包含的更丰富的信息，更好地反映被测物理量的特征。

根据信号的分类，本节将利用傅里叶级数展开方法对周期函数进行频谱分析，在此基础上，通过使周期函数的周期逼近无穷大，引出非周期函数的频谱分析方法——傅里叶变换，最后利用相关函数的傅里叶变换，给出随机信号的频谱分析方法——功率谱密度函数。

2.3.1 周期信号的频谱分析

由数学分析可知，任何周期函数 $x(t)$ 在一个周期内处处连续，或者只存在有限个间断点，而且在间断点处函数值不跳变到无穷大，即满足狄利克雷(Dirichlet)条件，则此函数可以展开为傅里叶级数。周期函数(信号)的傅里叶级数展开有三角函数形式和复指数形式。

1. 周期信号的三角函数展开式与频谱

周期信号的傅里叶级数的三角函数展开式为：

$$x(t) = a_0 + \sum_{k=1}^{\infty} (a_k \cos k\omega_0 t + b_k \sin k\omega_0 t) \tag{2-16}$$

式中，$k = 1$，2，3，$\dots$为正整数；

$a_0 = \dfrac{1}{T} \displaystyle\int_{-T/2}^{T/2} x(t) \mathrm{d}t$ ，是函数在一个周期内的平均值，也叫直流分量；

$a_k = \dfrac{2}{T} \displaystyle\int_{-T/2}^{T/2} x(t) \cos k\omega_0 t \mathrm{d}t$ ，是第 k 次谐波分量余弦项的幅值；

$b_k = \dfrac{2}{T} \displaystyle\int_{-T/2}^{T/2} x(t) \sin k\omega_0 t \mathrm{d}t$ ，是第 k 次谐波分量正弦项的幅值；

$\omega_0 = \dfrac{2\pi}{T}$ 是基波圆频率。

通过数学变换，式(2-16)还可表示为

$$x(t) = a_0 + \sum_{k=1}^{\infty} A_k \cos(k\omega_0 t + \phi_k) \tag{2-17}$$

式中，$A_k = \sqrt{a_k^2 + b_k^2}$，$A_k$ 为第 k 次谐波的幅值；$\phi_k = -\arctan(b_k / a_k)$，$\phi_k$ 为第 k 次谐波的相位角。

式(2-16)和式(2-17)均称为周期信号的三角函数展开式。三角函数展开式可以清楚表明，周期信号由有限个或无限个简谐信号叠加而成，这一结论对于工程测试非常重要。如果测量装置的输入/输出特性可以用满足叠加原理的线性常系数微分方程来描述，则当一个复杂的周期信号输入到此装置时，它的输出信号就等于组成此信号的所有各次简谐波分量分别输入到此装置时所引起的输出信号的叠加。这样就可以把一个复杂信号的作用看成是若干个简谐信号作用的和，从而使问题简化。

从周期信号的傅里叶级数展开式可以看出，幅值、相位和圆频率是描述周期信号谐波组成的三个基本要素。若以频率作为横坐标，以各次谐波的幅值和相位作为纵坐标分别作图，可以得到该信号的幅值谱和相位谱，称其为频谱图。这样便可以从频谱图中清楚地知道该周期信号的频率成分、各频率成分的幅值和初始相位，以及各次谐波在周期信号中所占的比例。

例 2-2　图 2-11(a)所示为一周期性矩形波，在一个周期内有

$$x(t) = \begin{cases} 1 & 0 < t < T/2 \\ 0 & t = 0, \pm T/2 \\ -1 & -T/2 < t < 0 \end{cases}$$

求此信号的频谱(频率构成)。

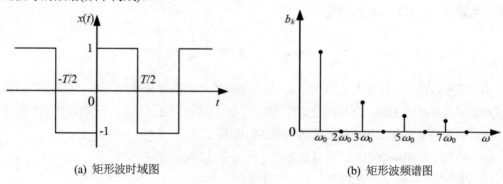

(a) 矩形波时域图　　　　　　　　　(b) 矩形波频谱图

图 2-11　周期矩形波信号

解：可以利用式(2-16)将该矩形波展开为傅里叶级数，从而获得其频谱特性。即：

常值分量　　$a_0 = \dfrac{1}{T} \int_{-T/2}^{T/2} x(t) \mathrm{d}t = 0$　　　　(因被积函数为奇函数)

余弦分量　　$a_k = \dfrac{2}{T} \int_{-T/2}^{T/2} x(t) \cos k\omega_0 t \, \mathrm{d}t = 0$　(因被积函数为奇函数)

$$正弦分量 \quad b_k = \frac{2}{T}\int_{-T/2}^{T/2}x(t)\sin k\omega_0 t\mathrm{d}t = \frac{4}{T}\int_0^{T/2}\sin k\omega_0 t\mathrm{d}t$$

$$= \frac{2}{k\pi}(-\cos k\pi + 1) = \begin{cases} 0 & (k\text{为偶数}) \\ \dfrac{4}{k\pi} & (k\text{为奇数}) \end{cases}$$

则此矩形波的傅里叶级数为：

$$x(t) = \frac{4}{\pi}\left(\sin\omega_0 t + \frac{1}{3}\sin 3\omega_0 t + \frac{1}{5}\sin 5\omega_0 t + \cdots + \frac{1}{k}\sin k\omega_0 t + \cdots\right) \tag{2-18}$$

由上式可以看出，此矩形波各次谐波的幅值衰减是很慢的，第 21 次谐波的幅值约为基波的 5%。此矩形波的频谱图(幅值谱)如图 2-11(b)所示，由于该矩形波的各次谐波的相位均为 $\pi/2$，图 2-11 中就没有给出相位谱。

例 2-3 图 2-12(a)所示为一周期性三角波，在一个周期 $-T/2 \leqslant t \leqslant T/2$ 的范围内 $x(t) = |t|$，求此信号的频谱。

解：常值分量 $\quad a_0 = \dfrac{1}{T}\displaystyle\int_{-T/2}^{T/2}x(t)\mathrm{d}t = \dfrac{2}{T}\displaystyle\int_0^{T/2}t\mathrm{d}t = \dfrac{T}{4}$

$$余弦分量 \quad a_k = \frac{2}{T}\int_{-T/2}^{T/2}x(t)\cos k\omega_0 t\mathrm{d}t = \frac{4}{T}\int_0^{T/2}t\cos k\omega_0 t\mathrm{d}t$$

$$= \frac{T}{k^2\pi^2}[(-1)^k - 1] = \begin{cases} 0 & (k\text{为偶数}) \\ -\dfrac{2T}{k^2\pi^2} & (k\text{为奇数}) \end{cases}$$

$$正弦分量 \quad b_k = \frac{2}{T}\int_{-T/2}^{T/2}x(t)\sin k\omega_0 t\mathrm{d}t = 0 \quad (\text{因被积函数为奇函数})$$

则此三角形波展开的傅里叶级数是

$$x(t) = \frac{T}{4} - \frac{2T}{\pi^2}\left(\cos\omega_0 t + \frac{1}{9}\cos 3\omega_0 t + \frac{1}{25}\cos 5\omega_0 t + \cdots\right) \tag{2-19}$$

由上式可以看出，相对于矩形波而言，三角波高次谐波幅值衰减得很快，其第 5 次谐波的幅值就衰减为基波的 1/25，它相当于矩形波的第 25 次谐波。这就是说，三角波比矩形波更接近于正、余弦波形。此三角波的频谱图如图 2-12(b)所示。

由上述两个周期函数的频谱图可以看出，周期信号的幅值谱具有下列特点。

(1) 谐波性：各频率成分的频率比为有理数。

(2) 离散性：各次谐波在频率轴上取离散值，其间隔 $\Delta\omega = \omega_0$。

(3) 收敛性：各次谐波分量随频率增加，其总趋势是衰减的。

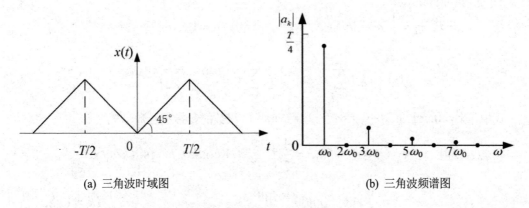

(a) 三角波时域图   (b) 三角波频谱图

图 2-12 周期三角波信号

在测量系统中，通常要对被测信号进行各种处理，如放大、滤波等。由于任何一种仪器的可用频率范围都是有限的，信号中高次谐波的频率如果超过了放大器的截止频率，这些高次谐波就得不到放大，从而引起失真，造成测量误差。因此，一个高次谐波幅值衰减得快的信号和一个高次谐波幅值衰减得慢的信号通过同一个放大器时，前一个信号失真小而后一个信号失真大，或者反过来说，为了使二者失真程度相同，高次谐波幅值衰减慢的信号要求放大器有较宽的通频带，而对高次谐波幅值衰减快的信号，放大器的通频带可以较窄。由此可见，分析信号的频率结构对动态测量是非常重要的。

如果上述两例中周期性矩形波和三角波的波动频率都是 1000Hz，选择什么样的放大器通频带才能使放大误差小于 10%(或者说某一次谐波的幅值减低到基波的 1/10 以下即可不考虑)？显然，对于矩形波，因直流分量为 0，可以选用交流放大器，其低频截止频率应小于 1000Hz，高频截止频率应大于 9000Hz；而对于三角波，必须选用直流放大器，其高频截止频率应大于 3000Hz。

2. 周期信号的复指数展开式

复指数函数具有以下特点：

(1) 它的导数和积分与它自身成比例。

(2) 它的几何意义特别简明，代表复平面上的一个旋转矢量。

(3) 线性定常系统对复指数输入量的响应也是一个复指数函数。

由于上述特点，复指数函数在某些场合下运算和分析非常简便。因此，傅里叶级数也可写成复指数形式。根据欧拉(Euler)公式 $e^{\pm j\theta} = \cos\theta \pm j\sin\theta$，有

$$\cos\omega t = \frac{1}{2}(e^{-j\omega t} + e^{j\omega t}) \qquad\qquad \sin\omega t = j \cdot \frac{1}{2}(e^{-j\omega t} - e^{j\omega t}) \qquad (2\text{-}20)$$

代入式(2-16)并整理可得

$$x(t) = a_0 + \sum_{k=1}^{\infty}[\frac{1}{2}(a_k + jb_k)e^{-jk\omega_0 t} + \frac{1}{2}(a_k - jb_k)e^{jk\omega_0 t}] \qquad (2\text{-}21)$$

令　　$c_0 = a_0$，$c_k = \dfrac{1}{2}(a_k - \mathrm{j}b_k)$，$c_{-k} = \dfrac{1}{2}(a_k + \mathrm{j}b_k)$，$k = 1, 2, \cdots$，得

$$x(t) = c_0 + \sum_{k=1}^{\infty} c_{-k}\mathrm{e}^{-\mathrm{j}k\omega_0 t} + \sum_{k=1}^{\infty} c_k\mathrm{e}^{\mathrm{j}k\omega_0 t} = \sum_{k=-\infty}^{\infty} c_k\mathrm{e}^{\mathrm{j}k\omega_0 t} \tag{2-22}$$

式中，$k = 0, \pm 1, \pm 2, \cdots, \pm\infty$。这就是傅里叶级数的复指数函数形式。

在式(2-22)中　　$c_k = \dfrac{1}{2}(a_k - \mathrm{j}b_k) = \dfrac{1}{T}\displaystyle\int_{-T/2}^{T/2} x(t)(\cos k\omega_0 t - \mathrm{j}\sin k\omega_0 t)\mathrm{d}t$

$$= \frac{1}{T}\int_{-T/2}^{T/2} x(t)\mathrm{e}^{-\mathrm{j}k\omega_0 t}\mathrm{d}t \qquad (k = 1, 2, 3, \cdots)$$

同理可得　　　　　$c_{-k} = \dfrac{1}{T}\displaystyle\int_{-T/2}^{T/2} x(t)\mathrm{e}^{\mathrm{j}k\omega_0 t}\mathrm{d}t \qquad (k = 1, 2, 3, \cdots)$

$$c_0 = \frac{1}{T}\int_{-T/2}^{T/2} x(t)\mathrm{d}t \qquad (k = 0)$$

综合上述三种情况得

$$c_k = \frac{1}{T}\int_{-T/2}^{T/2} x(t)\mathrm{e}^{-\mathrm{j}k\omega_0 t}\mathrm{d}t = |c_k|\mathrm{e}^{\mathrm{j}\phi(k)} \qquad (k = 0, \pm 1, \pm 2, \cdots) \tag{2-23}$$

式(2-22)将一个周期信号 $x(t)$ 展开为成对出现的共轭复数的无穷级数的和，式中每一项的幅值和相位决定于式(2-22)定义的复数 c_k，它是 $x(t)$ 与 $\mathrm{e}^{-\mathrm{j}k\omega_0 t}$ 的乘积对于时间的定积分，必与时间无关，仅是 $k\omega_0$ 的函数。c_k 的模 $|c_k|$ 规定了 $x(t)$ 的 k 次谐波的幅值大小，而 c_k 的相位 ϕ_k 则规定了 k 次谐波的初始相位，因此，根据 $|c_k|$ 和 ϕ_k 也可分别做出幅值谱和相位谱。

比较傅里叶级数的两种展开形式可知：复指数函数形式的频谱为双边幅值谱(ω 从 $-\infty$ 到 ∞)，三角函数形式的频谱为单边幅值谱(ω 从 0 到 ∞)，因此，这两种频谱各次谐波在量值上有确定的关系，即 $|c_k| = \dfrac{1}{2}A_k$。

2.3.2　非周期信号的频谱分析

1. 非周期信号的傅里叶变换及频谱

在实际工程测试中，严格的周期信号一般较少，而经常遇到非周期信号。例如在各种机械结构性能试验中，冲击激励的力信号以及热电偶插入炉温中所感受到的阶跃信号都是非周期的确定信号。

从上节的内容可知，周期信号的频谱谱线是离散的，其频率间隔为 $\Delta\omega = \omega_0 = 2\pi/T$。对于非周期信号，若将其看作为周期为无穷大的周期信号，显然，当周期 T 趋于无穷大时，其频率间隔 $\Delta\omega$ 趋于无穷小，谱线无限靠近，变量 ω 连续取值以致离散谱线的顶点最后演变成一条连续曲线。因此，非周期信号的频谱是连续谱。

下面讨论非周期信号的频谱分析。首先设有一个周期信号 $x(t)$，将式(2-23)代入式(2-22)，在 $(-T/2, T/2)$ 区间以傅里叶级数表示为

$$x(t) = \sum_{n=-\infty}^{\infty} [\frac{1}{T} \int_{-T/2}^{T/2} x(t) e^{-jk\omega_0 t} dt] e^{jk\omega_0 t} \tag{2-24}$$

当 $T \to \infty$ 时

$$\omega_0 = \Delta\omega \to d\omega, \quad k\omega_0 = k\Delta\omega \to \omega, \quad \sum_{n=-\infty}^{\infty} \to \int_{-\infty}^{\infty}, \quad \frac{1}{T} = \frac{\omega_0}{2\pi} \to \frac{1}{2\pi} d\omega$$

于是

$$x(t) = \frac{1}{2\pi} \int_{-\infty}^{\infty} [\int_{-\infty}^{\infty} x(t) e^{-j\omega t} dt] e^{j\omega t} d\omega \tag{2-25}$$

上式方括号内的积分，由于时间 t 是积分变量，故积分后仅是 ω 的函数，可记为 $X(j\omega)$。于是上式可写为

$$X(j\omega) = \int_{-\infty}^{\infty} x(t) e^{-j\omega t} dt \tag{2-26}$$

$$x(t) = \frac{1}{2\pi} \int_{-\infty}^{\infty} X(j\omega) e^{j\omega t} d\omega \tag{2-27}$$

则 $X(j\omega)$ 称为信号 $x(t)$ 的傅里叶正变换，而 $x(t)$ 称为 $X(j\omega)$ 的傅里叶反变换。

设 $x(t)$ 是非周期信号，它的傅里叶变换存在的充要条件是：在 $(-\infty, \infty)$ 范围内满足狄利克雷条件；绝对可积(即 $\int_{-\infty}^{\infty} |f(t)| dt < \infty$)；并且能量有限(即 $\int_{-\infty}^{\infty} |f(t)|^2 dt < \infty$)。满足上述三个条件的 $x(t)$ 的傅里叶变换如式(2-25)，式(2-26)中 $X(j\omega)$ 就是非周期信号的频谱。通常情况下 $X(j\omega)$ 是复数，其模称为 $x(t)$ 的幅值谱密度，而它的相位表示 $x(t)$ 的相位谱密度。

对于周期信号，$|c_k|$ 的量纲与 $x(t)$ 的量纲是相同的；而对于非周期信号，$|X(j\omega)|$ 的量纲与 $x(t)$ 的量纲是不相同的，它的量纲是单位频宽上 $x(t)$ 的幅值，类似于密度定义，所以，要想得到 $x(t)$ 在某一频段的幅值，必须使 $|X(j\omega)|$ 乘以该频段的宽度。

2. 某些典型函数的傅里叶变换及频谱

1) 单位脉冲函数 $\delta(t)$

单位脉冲函数 $s(t)$ 又称狄拉克(Dirac)函数，其定义为

$$\int_{-\infty}^{\infty} \delta(t) dt = 1 \quad \text{且} t \neq 0 \text{时}, \quad \delta(t) = 0 \tag{2-28}$$

此函数可以理解为存在于 $t = 0$ 点的一个"矩形窄条"，此窄条的底宽是 ε，高度是 $1/\varepsilon$，如图 2-13(a)所示。当 $\varepsilon \to 0$ 时，以位于 $t = 0$ 点的一个带矢量箭头的直线表示。两个刚体碰撞时的力信号和开关闭合时的电流信号都可以近似地看作 $\delta(t)$ 函数。

$\delta(t)$ 函数有以下两个非常重要的性质：

(1) 筛选性。对于信号 $x(t)$，由于除原点外，$\delta(t)$ 函数对应所有 t 值有 $\delta(t) = 0$，因此除 $t = 0$ 外，在其他所有 t 值，乘积 $\delta(t)x(t) = 0$。当 $t = 0$ 时，$x(t) = x(0) = $ 常数，则有

$$\int_{-\infty}^{\infty} \delta(t)x(t)dt = \int_{-\infty}^{\infty} \delta(t)x(0)dt = x(0)\int_{-\infty}^{\infty} \delta(t)dt = x(0) \tag{2-29}$$

如果将 $\delta(t)$ 出现的时间沿时间轴右移时间 t_0，得到 $\delta(t-t_0)$，同理可得

$$\int_{-\infty}^{\infty} \delta(t-t_0)x(t)dt = x(t_0) \tag{2-30}$$

脉冲函数的此性质称为采样性质或筛选性质，它是模拟信号离散化的理论基础。因为用一系列等幅的不同时刻出现的 $\delta(t)$ 函数去乘以模拟信号，可以使模拟信号离散化，实现采样。

(2) 频谱的等幅性。根据单位脉冲函数的筛选性，它的傅里叶变换是

$$\int_{-\infty}^{\infty} \delta(t)e^{-j\omega t}dt = e^{-j\omega t}\Big|_{t=0} = 1 \tag{2-31}$$

上式说明，脉冲函数中包含了全部的频率分量($\omega = 0 \sim \pm\infty$)，且各分量有相同的幅值，如图 2-13(b)所示。单位脉冲函数的这一性质是机械结构性能试验中常用的试验方法之一，也是冲击激振法的理论基础。

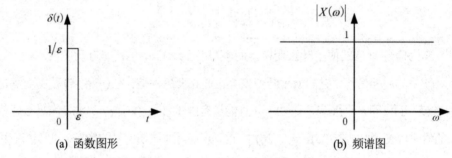

(a) 函数图形　　　　　　　　　　　　(b) 频谱图

图 2-13　单位脉冲函数 $\delta(t)$

$\delta(t)$ 函数的筛选性和频谱的等幅性在理论上和工程实用上都很有价值。

2) 闸门函数 $G_\tau(t)$

闸门函数(或矩形函数)的图形如图 2-14(a)所示，它的定义是

$$G_\tau(t) = \begin{cases} A & |t| \leqslant \tau/2 \\ 0 & |t| > \tau/2 \end{cases} \tag{2-32}$$

在动态测试过程中，对一个无限长的时间记录(称为样本函数)进行截取时得到的结果，实际上就是闸门函数与此样本函数的乘积。

此函数的傅里叶变换是

$$F(j\omega) = \int_{-\tau/2}^{\tau/2} Ae^{-j\omega t}dt = \frac{A}{j\omega}(e^{j\omega\tau/2} - e^{-j\omega\tau/2}) = A\tau\frac{\sin(\omega\tau/2)}{\omega\tau/2} \tag{2-33}$$

在 $F(j\omega)$ 中包含有 $\sin x/x$ 这种函数形式，这个函数在信号和系统中是很有用的。因此给它取了一个专门名称叫采样函数，并用专门符号 $S_a(x)$ 表示，即 $S_a(x) = \sin x/x$。利用此符号可将闸门函数的傅里叶变换写成

$$F(\mathrm{j}\omega) = A\tau S_a(\omega\tau/2) \tag{2-34}$$

闸门函数的频谱 $F(\mathrm{j}\omega)$ 如图 2-14(b)所示，可见它是振荡衰减的，频率越大，幅值越小。

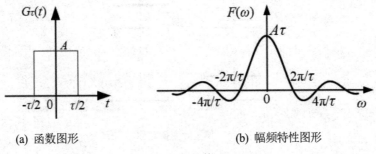

(a) 函数图形　　　　　　　　　(b) 幅频特性图形

图 2-14　闸门函数 $G_\tau(t)$

3. 傅里叶变换的主要性质

傅里叶变换一般有线性叠加性、对称性、时移性、频移性、时间尺度性、微积分性、时域卷积性和频域卷积性等性质。下面介绍工程测试中涉及的几个常用的性质。用双箭头 $x(t) \leftrightarrow X(\mathrm{j}\omega)$ 表示 $x(t)$ 和 $X(\mathrm{j}\omega)$ 存在傅里叶变换关系。

1) 叠加性质

如果 $x_1(t) \leftrightarrow X_1(\mathrm{j}\omega)$，$x_2(t) \leftrightarrow X_2(\mathrm{j}\omega)$，则对于任何常数 a_1、a_2 有

$$a_1 x_1(t) + a_2 x_2(t) \leftrightarrow a_1 X_1(\mathrm{j}\omega) + a_2 X_2(\mathrm{j}\omega)$$

对于有限项的线性运算，下述结果也是正确的：

$$a_1 x_1(t) + a_2 x_2(t) + \cdots + a_n x_n(t) \leftrightarrow a_1 X_1(\mathrm{j}\omega) + a_2 X_2(\mathrm{j}\omega) + \cdots + a_n X_n(\mathrm{j}\omega)$$

此性质的含义：傅里叶变换是一种线性变换，它表明时域内几个信号的线性组合变换到频域后其线性关系不变，反之亦然。其物理意义是：若时域信号增大 a 倍，则频谱亦增大 a 倍；若干个相加信号的频谱等于各个单独信号频谱相加。

2) 对称性质

如果 $x(t) \leftrightarrow X(\mathrm{j}\omega)$，则

$$X(t) \leftrightarrow 2\pi x(-\mathrm{j}\omega)$$

如果 $x(t)$ 是偶函数，则上式关系变为

$$X(t) \leftrightarrow 2\pi x(\mathrm{j}\omega)$$

此性质的含义：若 $x(t)$ 为偶函数，则傅里叶变换在时域和频域上的对称性完全成立，即 $x(t)$ 的频谱为 $X(\mathrm{j}\omega)$ 时，波形与 $X(\mathrm{j}\omega)$ 的时域信号 $X(t)$ 相同，其频谱形状与时域信号 $x(t)$ 相同，为 $x(\mathrm{j}\omega)$；若 $x(t)$ 不是偶函数，则变量 t 与 ω 之间差一负号，仍具有一定的对称性。

例如根据该性质可知，脉冲信号的频谱为常数，则常数(直流信号)的频谱必为脉冲函数，时域与频域信号的对称性如图 2-15 所示，可知直流信号的频谱是位于 $\omega = 0$ 处的脉冲函数。

同理，已知矩形函数的频谱为采样函数，如图 2-14 所示，按对称性质可推知，形如采样函

数的时域信号，其频谱必然具有矩形函数的形状。

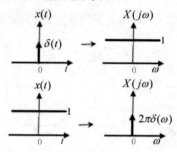

图 2-15　傅里叶变换对称性实例

3) 时移性质

如果 $x(t) \leftrightarrow X(\mathrm{j}\omega)$ ，则

$$x(t-t_0) \leftrightarrow X(\mathrm{j}\omega)\mathrm{e}^{-\mathrm{j}\omega t_0}$$

式中，$x(t-t_0)$ 表示将时间信号 $x(t)$ 后移 t_0 秒，而 $X(\mathrm{j}\omega)\mathrm{e}^{-\mathrm{j}\omega t_0}$ 则表示将复数矢量 $X(\mathrm{j}\omega)$ 的相位后移 $\theta = \omega t_0$ 弧度。

此性质的含义：信号在时域内延时 t_0 秒，不会改变信号的幅值谱，仅使其相位谱产生一个与频率成线性关系的相移 θ 。简单地说，信号在时域中的延时与频域中的相移对应。

4) 频移性质

如果 $x(t) \leftrightarrow X(\mathrm{j}\omega)$ ，则

$$x(t)\mathrm{e}^{\mathrm{j}\omega_0 t} \leftrightarrow X[\mathrm{j}(\omega-\omega_0)]$$

此性质的含义：将时间信号 $x(t)$ 乘以单位旋转矢量 $\mathrm{e}^{\mathrm{j}\omega_0 t}$ 后，与它对应的频谱是把 $X(\mathrm{j}\omega)$ 沿 ω 轴向右平移 ω_0 的距离。

5) 时间尺度性质

如果 $x(t) \leftrightarrow X(\mathrm{j}\omega)$ ，对于实常数 a ，则有

$$x(at) \leftrightarrow \frac{1}{|a|}X(\frac{\mathrm{j}\omega}{a})$$

该性质表明，若信号 $x(t)$ 在时间轴上被压缩至原信号的 $1/a$ ，则其频谱在频率轴上将展宽 a 倍，而其幅值相应地减小至原信号幅值的 $1/|a|$ 。因此，信号在时域上所占据时间的压缩对应于其频谱在频域中占有频带的扩展，反之，信号在时域上的扩展对应于其频谱在频域中的压缩。

6) 微分和积分性质

如果 $x(t) \leftrightarrow X(\mathrm{j}\omega)$ ，则

$$\frac{\mathrm{d}x(t)}{\mathrm{d}t} \leftrightarrow \mathrm{j}\omega X(\mathrm{j}\omega)$$

该微分性质可通过对式(2-25)进行时间微分而证明，如果重复时间微分，可以得到傅里叶变换的 n 阶微分性质

$$\frac{d^n x(t)}{dt} \leftrightarrow (j\omega)^n X(j\omega)$$

当 $X(0)=0$ 时，傅里叶变换的积分性质为

$$\int_{-\infty}^{t} x(t)dt \leftrightarrow \frac{1}{j\omega} X(j\omega)$$

如果 $X(0) \neq 0$，表明信号中包含直流分量，则积分的傅里叶变换中还包含一个脉冲函数，即

$$\int_{-\infty}^{t} x(t)dt \leftrightarrow \frac{1}{j\omega} X(j\omega) + \pi X(0)\delta(\omega)$$

7）卷积性质

如果 $x_1(t) \leftrightarrow X_1(j\omega)$，$x_2(t) \leftrightarrow X_2(j\omega)$，则

$$x_1(t) * x_2(t) \leftrightarrow X_1(j\omega)X_2(j\omega) \quad x_1(t)x_2(t) \leftrightarrow \frac{1}{2\pi} X_1(j\omega) * X_2(j\omega)$$

式中符号"*"表示卷积。根据卷积定义，信号 $x_1(t)$ 和 $x_2(t)$ 的卷积为

$$x_1(t) * x_2(t) = \int_{-\infty}^{\infty} x_1(\tau)x_2(t-\tau)d\tau \tag{2-35}$$

卷积性质表明，两个信号在时域内卷积的傅里叶变换是它们各自傅里叶变换的乘积，因此两个信号乘积的傅里叶变换是它们的傅里叶变换在频域内的卷积除以 2π。

4. 周期信号的傅里叶变换

前面在推导傅里叶变换时，我们将非周期信号看成是周期 $T \to \infty$ 时周期信号的极限，从而得到了频谱密度函数的概念。实际上，我们也可将此概念推广到求周期信号的频谱密度或傅里叶变换。

由于周期信号可以展开成傅里叶级数，即展开成一系列不同频率的复指数分量或正余弦三角函数分量的叠加，因此我们以它们为例说明周期信号的傅里叶变换。

1）复指数函数 $e^{\pm j\omega_0 t}$

前面由对称性指出：常数 1 的傅里叶变换为脉冲函数，即 $1 \leftrightarrow 2\pi\delta(\omega)$，则根据频移性质可知：

$$1 \cdot e^{\pm j\omega_0 t} \leftrightarrow 2\pi\delta(\omega \mp \omega_0)$$

此式表明，复指数函数 $e^{\pm j\omega_0 t}$ 的傅里叶变换为频移为 $\mp\omega_0$ 的频域脉冲函数。

2）余弦信号的傅里叶变换

因　　　　　　　$\cos\omega_0 t = \frac{1}{2}\left(e^{j\omega_0 t} + e^{-j\omega_0 t}\right)$

故　　　　　　　$\cos\omega_0 t \leftrightarrow \pi\left[\delta(\omega+\omega_0) + \delta(\omega-\omega_0)\right]$

3）正弦信号的傅里叶变换

因　　　　　　　$\sin\omega_0 t = \frac{1}{2j}\left(e^{j\omega_0 t} - e^{-j\omega_0 t}\right)$

故 $$\sin\omega_0 t \leftrightarrow \mathrm{j}\pi\left[\delta(\omega+\omega_0)-\delta(\omega-\omega_0)\right]$$

以上傅里叶变换结果说明，正弦、余弦信号的频谱为在 $\pm\omega_0$ 处的脉冲函数。

以上结果尽管只说明了复指数、正弦和余弦函数在频域是脉冲，实际上已表明任意周期函数都可以用脉冲的组合来表达，这是因为任意周期函数都可以展开成复指数或三角函数的傅里叶级数。因此我们从中得到重要的启示：尽管常数和周期信号不满足绝对可积条件，但在频域中引入 δ 函数后，则可以进行傅里叶变换。

需要强调的是，周期信号的傅里叶变换的一系列脉冲出现在离散的谐频点 $k\omega_0$ 处，它的脉冲强度等于该周期信号傅里叶级数系数的 2π 倍，因此它是离散的脉冲谱，而当周期信号采用傅里叶级数频谱表示时，它是离散的有限幅值谱，所以两者是有区别的。这是因为傅里叶变换反映的是频谱密度的概念，周期信号在各谐频点上具有有限幅值，在这些谐频点上其频谱密度趋于无限大，所以变成脉冲函数，这就说明傅里叶级数可看成傅里叶变换的一种特例。

一些常见信号的傅里叶变换如表 2-1 所示。

表 2-1　常见信号的傅里叶变换表

序号	时间信号 $x(t)$	傅里叶变换式 $X(\mathrm{j}\omega)$
1	脉冲信号 $\delta(t)$	1
2	常数 1	$2\pi\delta(\omega)$
3	阶跃信号 $u(t)$	$\pi\delta(\omega)+1/\mathrm{j}\omega$
4	单边指数衰减信号 $\mathrm{e}^{-at}u(t)$	$1/(a+\mathrm{j}\omega)$
5	$te^{-at}u(t)$	$1/(a+\mathrm{j}\omega)^2$
6	余弦信号 $\cos\omega_0 t$	$\pi\left[\delta(\omega+\omega_0)+\delta(\omega-\omega_0)\right]$
7	正弦信号 $\sin\omega_0 t$	$\mathrm{j}\pi\left[\delta(\omega+\omega_0)-\delta(\omega-\omega_0)\right]$
8	$\mathrm{e}^{-at}\cdot\cos\omega_0 t\cdot u(t)$	$\dfrac{a+\mathrm{j}\omega}{(a+\mathrm{j}\omega)^2+\omega_0^2}$
9	$\mathrm{e}^{-at}\cdot\sin\omega_0 t\cdot u(t)$	$\dfrac{\omega_0}{(a+\mathrm{j}\omega)^2+\omega_0^2}$

5. 离散傅里叶变换

对于有限长度的离散信号 $x(n)$，$0\leqslant n<N-1$，其频谱由离散傅里叶变换得到：

$$X(k)=\sum_{n=0}^{N-1}x(n)\mathrm{e}^{-\mathrm{j}\frac{2\pi}{N}nk}, k=0,1,2,\cdots,N-1 \tag{2-36}$$

式中 k 表示离散频率点的序号，$X(k)$ 为序列在离散频率 $\omega_k=2\pi k/N$ 处的幅值。$x(n)$ 和 $X(k)$ 都是离散的序列，因此可以利用计算机程序实现变换过程。由于离散傅里叶变换的运算量与 N^2 成比例，当序列较长时，通常采用离散傅里叶变换的快速算法，即快速傅里叶变换(Fast Fourier Transformation，FFT)来完成。

例 2-4　对某石油催化装置烟机机组测量其回转轴的轴向位移，获得的时域信号如图 2-16(a) 所示，其最大幅值对应的周期是 0.0111 秒，对应频率约为 90Hz，该机组回转轴转速为 5400rpm，其频率值恰好等于90Hz，说明该机组主要的振动幅值是由轴回转造成的。对时域信号进行傅里叶变换，得到如图 2-16(b)所示的幅值谱，由图可知，90Hz 处对应的幅值最大，同样可以判断轴的不平衡回转是产生振动位移的主要原因。另外，在 180Hz 处的幅值也较大，在时域信号中无法直接发现这一周期成分。

由该实例可知，对于同一问题，我们既可以在时域对信号进行分析，也可以在频域对信号进行分析，两者的结论是相同的。另一方面也可看出，对于复杂信号，频域分析更加清晰，这就是实际工程中常采用频域分析的原因。

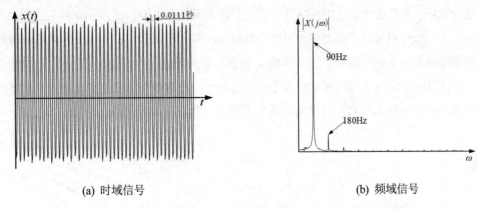

(a) 时域信号 　　　　　　　　　　　　　　　　 (b) 频域信号

图 2-16　某石油催化装置烟机机组的振动位移时域信号及其频域信号

2.3.3　随机信号的频谱分析

随机信号是随时间随机变化而不可预测的信号。它与确定性信号有很大的不同，其瞬时值是一个随机变量，具有各种可能的取值，不能用确定的时间函数描述。由于工程实际中直接通过传感器得到的信号大多数可视为随机信号，因此对随机信号进行研究具有更普遍的意义。随机信号不具备可积分条件，因此不能直接进行傅里叶变换。又因为其频率、幅值和相位是随机的，因此从理论上讲，可采用具有统计特性的功率谱密度来做信号的谱分析。

根据维纳—辛钦公式，平稳随机信号的自功率谱密度 $S_x(\omega)$ 与自相关函数 $R_x(\tau)$ 是一个傅里叶变换对，即

$$S_x(\omega) = \int_{-\infty}^{\infty} R_x(\tau) e^{-j\omega\tau} d\tau \tag{2-37}$$

$$R_x(\tau) = \frac{1}{2\pi} \int_{-\infty}^{\infty} S_x(\omega) e^{j\omega\tau} d\omega \tag{2-38}$$

其中自相关函数 $R_x(\tau)$ 由式(2-9)给出。

自功率谱密度函数为实偶函数。由于式(2-37)中谱密度函数定义在所有频率域上，一般称作双边谱。在实际应用中，用定义在非负频率上的谱更为方便，这种谱称为单边谱密度函数 $G_x(\omega)$，它们的关系(见图 2-17)为

$$G_x(\omega) = 2S_x(\omega) = 2\int_{-\infty}^{\infty} R_x(\tau) e^{-j\omega\tau} d\tau \qquad (\omega > 0) \tag{2-39}$$

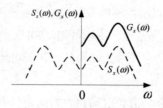

图 2-17　单边与双边功率谱密度函数

自功率谱的物理含义是随机信号的平均功率沿频率轴的分布密度，在工程测试和信号分析中有广泛的应用。典型信号的自相关函数和自功率谱密度函数如图 2-18 所示，可见，自功率谱不但能够用于分析随机信号，也适用于分析周期信号。对于周期信号，其自相关函数是与其同频率的周期性函数，设周期信号的频率为 ω_0，将其自相关函数带入式(2-39)得到位于 $\pm\omega_0$ 位置处的两个脉冲信号，如图 2-18(a)所示。对于周期信号与白噪声混合而成的随机信号，从自功率谱密度函数中可以分辨出周期信号所对应的频率成分，如图 2-18(g)所示。

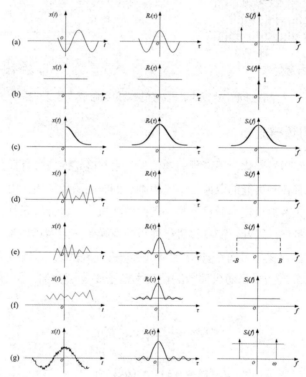

(a) 正弦波　(b) 直流　(c) 指数　(d) 白噪声　(e) 限带白噪声　(f) 直流+白噪声　(g) 正弦+白噪声

图 2-18　典型信号的自相关函数及功率谱密度函数

图 2-19(a)和 2-19(b)分别是某汽车变速箱在正常和故障两种情况下的振动加速度信号的自功率谱，比较两个信号的自功率谱可知，当发生故障时，在图 2-19(b)中出现了 9.2Hz 和 18.4Hz 两个额外谱峰，这两个频率为寻找对应的故障部位提供了线索。另外，14Hz 处的幅值与正常情况下相比也有所升高，但无法找到对应的运动部件，因此判断为其他因素产生的干扰成分。

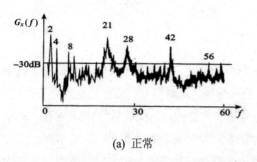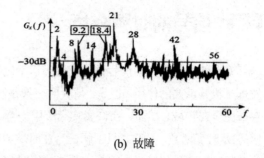

(a) 正常　　　　　　　　　　　　　　　　　　(b) 故障

图 2-19　汽车变速箱振动加速度信号的自功率谱

同理可定义两个随机信号 $x(t)$ 和 $y(t)$ 之间的互谱密度函数

$$S_{xy}(\omega) = \int_{-\infty}^{\infty} R_{xy}(\tau) \mathrm{e}^{-\mathrm{j}\omega\tau} \mathrm{d}\tau \tag{2-40}$$

$$R_{xy}(\tau) = \frac{1}{2\pi} \int_{-\infty}^{\infty} S_{xy}(\omega) \mathrm{e}^{\mathrm{j}\omega\tau} \mathrm{d}\omega \tag{2-41}$$

其中互相关函数 $R_{xy}(\tau)$ 由式(2-13)给出。

单边互谱密度函数为

$$G_{xy}(\omega) = 2\int_{-\infty}^{\infty} R_{xy}(\tau) \mathrm{e}^{-\mathrm{j}\omega\tau} \mathrm{d}\tau \qquad (\omega > 0) \tag{2-42}$$

因为互相关函数为非偶函数,所以互谱密度函数是一个复数,在实际应用中常用互谱密度的幅值和相位来表示,即

$$G_{xy}(\omega) = \left| G_{xy}(\omega) \right| \mathrm{e}^{-\mathrm{j}\theta_{xy}(\omega)} \tag{2-43}$$

显然互谱表示了两个信号之间的幅值及相位关系。典型的互谱密度函数如图 2-20 所示。

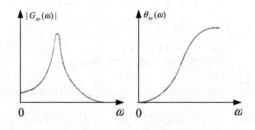

图 2-20　互谱密度函数

互谱密度不像自谱密度那样具有功率的物理含义,引入互谱这个概念是为了能在频率域描述两个平稳随机信号的相关性。在实际中,常利用测定线性系统的输出与输入的互谱密度来识别系统的动态特性。

2.4 信号的时频分析

基于傅里叶变换的信号频谱分析揭示了信号在频域的特征，它在信号分析与处理的发展中发挥了极其重要的作用。但是，傅里叶变换是一种整体变换，即对信号的表征要么完全在时域，要么完全在频域。然而，在许多实际应用场合，信号是非平稳的，其统计量(如相关函数、功率谱等)是时变函数。这时，只了解信号在时域或频域的全局特性是远远不够的，还希望得到信号频谱随时间变化的情况。因此，需要使用时间和频率的联合函数来表示信号，这种表示简称为信号的时频分析。

信号的时频分析是非平稳信号分析的有效工具，它可以同时反映信号的时间和频率信息，揭示信号的时间变化和频率变化特征，更好地描述非平稳信号所代表的被测物理量的本质。在机械工程领域，时频分析可应用于机电设备故障诊断的信号分析。常用的典型时频分析方法主要有短时傅里叶变换、Gabor 变换、小波变换等。在此仅对短时傅里叶变换进行介绍，其余的方法读者可参考有关的著作。

如前所述，傅里叶变换可以将时域信号变换到频域中。就信号分析来说，各频段的分量可以告诉我们信号的各个频率组成部分，表征着信号的不同来源和不同特征。通过中心在 t 的窗函数 $h(t)$ 乘以信号可以研究信号在时刻 t 的特性，即

$$x_t(\tau) = x(\tau)h(\tau - t) \tag{2-44}$$

其原理如图 2-21 所示。

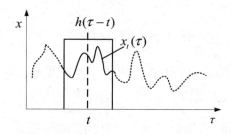

图 2-21　短时傅里叶变换原理

改变的信号 $x_t(\tau)$ 是两个时间的函数，即所关心的固定时间 t 和执行时间 τ。窗函数决定留下的信号围绕着时间 t 大体上不变，而离开所关心时间的信号衰减了许多，因此，它的傅里叶变换反映了围绕 t 时刻的频谱，即

$$X_t(f) = \int_{-\infty}^{\infty} x_t(\tau)e^{-j2\pi f\tau}d\tau = \int_{-\infty}^{\infty} x(\tau)h(t-\tau)e^{-j2\pi f\tau}d\tau \tag{2-45}$$

因此，在时刻 t 的能量分布密度是

$$P_{SP}(t,f) = |X_t(f)|^2 = |\int_{-\infty}^{\infty} x(\tau)h(t-\tau)e^{-j2\pi f\tau}d\tau|^2 \tag{2-46}$$

对于每个不同的时间，都可以得到不同的频谱，这些频谱的变化就是时频分布 $P_{SP}(t,f)$。

式(2-45)叫作信号在时刻 t 的短时傅里叶变换。由式(2-45)确定的 $P_{SP}(t,f)$ 函数曲面叫作时频分布。

例 2-5　旋转机械振动信号的短时傅里叶变换分析。

在实际工程中，旋转机械的转速除由齿轮箱啮合频率决定外，还由于外界环境的影响使其转速不稳定，导致测量的振动信号为非平稳信号。为了说明短时傅里叶变换对非平稳信号分析的作用，此处分析一个旋转机械的振动仿真信号。

对于某一旋转机械，由转速波动引起振动信号的模型可简化为阶数有限的调频信号：

$$x(t) = \sum_{k=1}^{3} B_k \cos\left\{2\pi kR(t) + \alpha_k\right\} \tag{2-47}$$

式中，k 为谐波阶次，此处仅考虑前 3 阶谐波分量；假如各阶谐波分量的幅值及相位角分别为 $B_1 = \pi/6$，$B_2 = -\pi/3$，$B_3 = \pi/2$，$\alpha_1 = 0.05$，$\alpha_2 = 0.04$，$\alpha_3 = 0.03$；$R(t)$ 为瞬时转频，其表达式如下：

$$R(t) = \left[2100 + 1000\sin\left(2\pi \times 0.5t\right)\right]/60 \tag{2-48}$$

将式(2-48)代入式(2-47)，则其描述的振动仿真信号的时域波形和频谱如图 2-22(a)所示，可见，从该频谱图中几乎无法分辨出其频率构成。使用短时傅里叶变换处理该信号后，获得图 2-22(b)所示的时频分布，它清晰地展示出了 3 阶谐波分量随时间的变化轨迹。

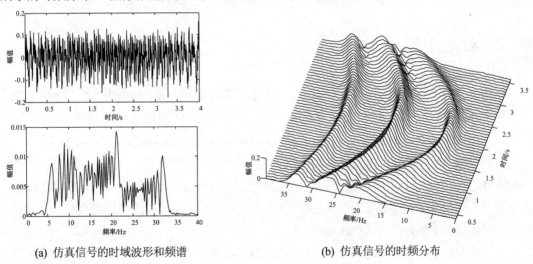

(a) 仿真信号的时域波形和频谱　　　　　(b) 仿真信号的时频分布

图 2-22　非平稳信号的短时傅里叶分析

例 2-6　压缩机机组喘振信号的短时傅里叶分析。

喘振是透平压缩机特有的现象，它不仅会引起生产效率的下降，而且会对机组造成严重的危害。喘振常常导致压缩机内部密封件、涡流导流板、推力轴承的损坏，严重时会导致外部器件的损坏，因此，它是透平机运行最恶劣、最危险的工况之一。图 2-23 所示是利用短时傅里叶变换对某石化厂一台 N_2(氮气)压缩机高压缸振动进行的时频分布。图中清楚地表现出喘振故障的振动特征：存在频率甚低(25.6Hz)而幅值甚大的分量沿时间轴方向的调幅现象。而当喘振频率甚低或处于初始阶段时，时频分布往往是唯一的故障识别方法。

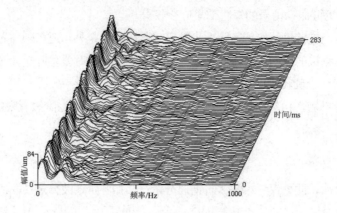

图 2-23 N_2 压缩机高压缸振动的时频分布

短时傅里叶变换的优势在于，它的物理意义明确，对于许多信号和情况，给出了与我们直观感知极为相符的时频构造。短时傅里叶变换中将信号划分成许多小的时间间隔，但这种间隔并不是越细越好。因为在变窄到一定的程度之后，得到的频谱就变得没有意义。而为了获得高的频率分辨率，需要采用较宽时窗作短时傅里叶变换，但是，加大时窗宽度是与短时傅里叶变换的初衷相悖的，它丢失了非平稳信号中小尺度短信号的时间局部信息。

2.5 本章小结

根据信号的不同特征，信号有不同的分类方法。采用信号"域"的描述方法可以突出信号不同的特征。信号的时域描述以时间为独立变量，其强调信号的幅值随时间变化的特征；信号的频域描述以角频率或频率为独立变量，其强调信号的幅值和相位随频率变化的特征。

一般周期信号可以利用傅里叶级数进行展开，包括三角函数和复指数展开。利用周期信号的傅里叶级数展开可以获得其离散频谱。常见周期信号的频谱具有离散性、谐波性和收敛性。

把非周期信号看作周期趋于无穷大的周期信号，有助于理解非周期信号的频谱。利用傅里叶变换可以获得非周期信号的连续频谱。

对于周期信号，同样可以利用傅里叶变换获得其离散频谱，该频谱和利用傅里叶级数的复指数展开的方法获得的频谱是一样的。

随机信号只能用概率和统计的方法来描述，以具有统计特性的功率谱密度来获得信号的频率结构。

信号的时频分析是非平稳信号分析的有效工具，它可以同时反映信号的时间和频率信息，揭示信号的时间变化和频率变化特征，更好地描述非平稳信号所代表的被测物理量的本质。

2.6　习题

一．填空题

1. 信号的描述方法包括_____、_____和时频域描述，相应的信号分析方法则分为_____、_____和时频分析。

2. 按照信号随时间变化的特点，可以将信号分为_____和_____两大类。

3. 确定性信号中不具有周期重复性的信号称为_____，这类信号又可以分为_____信号和_____信号两种。

4. 在时间间隔 T 内信号 $x(t)$ 的均方差为_____，均方根值为_____。

5. 当 $\tau =$ ____时，自相关函数具有最大值；周期信号的自相关函数仍然是_____的周期信号。

6. 周期性信号常用的频谱分析方法是_____，非周期信号常用的频谱分析方法是_____，随机信号常用的频谱分析方法是_____。

7. 已知某三角波的傅里叶级数展开式为 $g(t) = \dfrac{8A_0}{\pi^2}(\sin\omega_0 t - \dfrac{1}{3^2}\sin 3\omega_0 t + \dfrac{1}{5^2}\sin 5\omega_0 t + \cdots)$，则该信号的频率成分为_____；各频率的振幅为_____。

8. 周期性信号的幅值谱具有_____、_____和收敛性的特点。

9. 单位脉冲函数 $\delta(t)$ 具有_____和_____的性质，其中_____性质是冲击激振法的理论基础。

10. 根据傅里叶变换的频移性质，将时间信号 $x(t)$ 乘以单位旋转矢量 $e^{j\omega_1 t}$ 后，原频谱 $X(j\omega)$ 将会_____。

11. 正弦信号 $\sin\omega_0 t$ 的傅里叶变换是_____，余弦信号 $\cos\omega_0 t$ 的傅里叶变换是_____。

二．简答与计算题

1. 周期信号和非周期信号的频谱图各有什么特点？它们的物理意义有何异同？

2. 已知 $x(t) = e^{-t}$，求 $\int_{-\infty}^{\infty} x(t)\delta(t-1)\mathrm{d}t$。

3. 求出下列非周期信号的频谱图(见图 2-24)。

(1) 被截断的余弦信号 $x(t) = \begin{cases} A\cos\omega_0 t & (|t| \leqslant T) \\ 0 & (|t| > T) \end{cases}$

(2) 单一三角波。

(3) 单一半个正弦波。

(4) 衰减的正弦振荡 $x(t) = Ae^{-at}\sin\omega_0 t$　$(a > 0,\ t \geqslant 0)$。

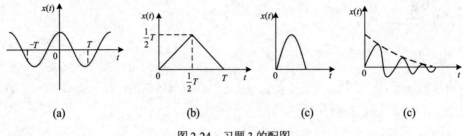

图 2-24　习题 3 的配图

4. 已知正弦信号 $x(t) = A\sin(\omega_0 t + \varphi)$，求其自相关函数和功率谱密度函数。

5. 简述短时傅里叶变换的原理。

∽ 第 3 章 ∾

测试系统的基本特性

教学提示： 研究测试系统的特性是为了使测试系统尽可能真实地反映被测物理量，同时也是为了对现有的测试系统的优劣提供客观评价。本章重点讲解具备怎样特性的测试系统才能满足以上要求，讲授测试系统的频率响应函数的描述方法。要阐明正确理解和应用测试系统不失真的条件，也要对一阶、二阶系统的特性和特征参数测定的实验方法阐述清楚。

教学要求： 本章主要应掌握测试系统的基本特性及其描述方法。其重点是让学生了解测试系统的静特性和动特性的基本描述参数，掌握测试系统不失真的测试条件，熟练掌握典型一阶、二阶测试系统的动态特性以及动态参数测试的实验方法，最后了解测试系统选用要求。

测试的基本任务是通过测试手段，对研究对象中有关信息量做出比较客观、准确的描述，使人们对其有一个恰当的、全面的认识，并达到进一步改进和控制研究对象的目的，即解决如何获取有关被测对象的状态、运动和特征等方面信息的问题。例如，弹簧在外力作用下产生变形的测量；一个回转体不平衡的测量；机械系统动态特性的测试等。

正如前面所述，一个完整的测量系统通常是由传感器、信号调理、信号处理、信号显示和记录等环节组成，必要时也可包含激励装置、标定装置等。依据测试任务的内容、目的和要求的不同，测量系统的组成可能也会存在很大的区别。如测量温度时，可以使用简单的液柱式温度计，也可以使用较为复杂的红外热像仪；测试机床主轴的动态特性时，则需要用到力锤(或激振器)、加速度传感器、电荷放大器、信号采集与分析仪等，构成一个复杂的测量系统，从而得到机床主轴的固有频率、阻尼、振型等模态参数。本章所讲的测量系统，既可以是复杂的测量系统，也可以是测量系统中的某一个环节，如一个传感器或者放大器等。

本章主要讨论测量系统及其输入、输出之间的关系，掌握测量系统静态、动态特性的评价方法和特性参数的测定方法，包括测量系统的频率响应函数的物理意义；熟悉测量系统在典型输入下的响应和实现不失真测试的条件；根据测试需要正确地选用仪器设备来组成合理的测试系统。

3.1 测试系统及其主要性质

3.1.1 测试系统定义与基本要求

测试系统是执行测试任务的传感器、仪器和设备的统称。当测试的目的、要求不同时，所用的测试装置差别很大。最简单的温度测试系统只是一个液柱式温度计，而较完整的机床动态特性测试系统，其组成相当复杂。本书中所说的"测试系统"既指由众多环节组成的复杂的测试系统，又指测试系统中的各组成环节，如传感器、信号调理器、记录仪器等。因此，测试系统的概念是广义的，在测试信号流通的过程中，任意连接输入/输出(I/O)并有特定功能的部分，均可视为测试系统。测试系统分析中一般有三类问题。

(1) 当输入已知，输出可测量时，可以通过它们推断出该系统的传输特性(系统辨识)。

(2) 当系统特性已知，输出可测量时，可以通过它们推断出导致该输出的输入量(载荷识别)。

(3) 如果输入和系统特性已知，则可以推断和估计该系统的输出量(响应预测)。

对于测试系统的基本要求而言，就是要求测试系统的输出信号能够真实地反映被测量的变化过程不使其发生畸变，即实现不失真测试。理想的测试系统应该具有单值的、确定的输入/输出关系，对于每一个输入量都应该只有单一的输出量与之对应，即知道其中一个量就可以确定另一个量。一般来说，希望输出与输入之间呈线性关系，而且系统的特性不应随时间的推移发生改变，满足上述要求的系统就是线性时不变系统，因此具有线性时不变特性的测试系统为最佳测试系统。在工程测试中，经常遇到的测试系统大多数近似于线性时不变系统，也有一些非线性系统或时变系统，在限定的工作范围和一定的误差允许范围内，可视为遵从线性时不变系统，因此本章所讨论的测试系统只限于线性时不变系统。

3.1.2 线性测试系统的基本性质

在绪论中已经讲述了测试系统的构成，即一般的测量系统(或测量装置)主要由传感器、信号调理、信号处理以及显示与记录四部分组成。基于广义测量系统的观点，测量系统及其组成部分是指能够产生连续输入、输出的某个功能模块，尽管测量系统的组成各不相同，但总可以将其抽象和简化。从功能上看，我们可以将测试系统整体看作一个功能模块，如在一个自动控制系统中，测量系统是获取和度量被控参数的一个功能模块；也可以将测量系统的一个部分(或多个部分的组合)看作一个功能模块，如传感器及其敏感元件是信号获取的功能模块，放大器、微分器、积分器等是信号调理的功能模块。

机械测试的实质是研究被测机械的输入(或称激励)信号、测试系统的传输特性和输出(测试结果或响应)三者之间的关系。如果将测试系统的一个功能模块简化为一个方框表示，并用 $x(t)$ 表示输入量，用 $y(t)$ 表示输出量，用 $h(t)$ 表示系统的传递特性，则输入、输出和测量系统之间的关系可用图 3-1 表示。

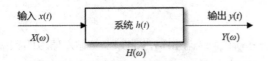

图 3-1　测量系统与输入和输出的关系

线性时不变系统的输入 $x(t)$ 和输出 $y(t)$ 之间的关系可用常系数线性微分方程描述，其微分方程的一般形式为

$$a_n \frac{\mathrm{d}^n y(t)}{\mathrm{d}t^n} + a_{n-1} \frac{\mathrm{d}^{n-1} y(t)}{\mathrm{d}t^{n-1}} + \cdots + a_1 \frac{\mathrm{d}y(t)}{\mathrm{d}t} + a_0 y(t)$$
$$= b_m \frac{\mathrm{d}^m x(t)}{\mathrm{d}t^m} + b_{m-1} \frac{\mathrm{d}^{m-1} x(t)}{\mathrm{d}t^{m-1}} + \cdots + b_1 \frac{\mathrm{d}x(t)}{\mathrm{d}t} + b_0 x(t) \tag{3-1}$$

式中，a_n，a_{n-1}，$\cdots$，a_1，a_0 和 b_m，b_{m-1}，$\cdots$，b_1，b_0 是与测试系统的物理特性、结构参数和输入状态有关的常数，不随时间变化；n 和 m 为正整数，表示微分的阶数，一般 $n \geqslant m$，并称 n 为线性系统的阶数。

线性时不变系统主要具有以下基本特性。

1. 叠加性

叠加性指同时加在线性时不变测试系统的几个输入量之和所引起的输出，等于几个输入量分别作用时所产生的输出量叠加的结果。即若 $x_1(t) \to y_1(t)$，$x_2(t) \to y_2(t)$，且 c_1 和 c_2 为常数，则有

$$[c_1 x_1(t) \pm c_2 x_2(t)] \to [c_1 y_1(t) \pm c_2 y_2(t)] \tag{3-2}$$

该特性表明，作用在线性时不变系统的各输入分量所引起的输出是互不影响的。因此，分析线性时不变系统在复杂输入作用下的总输出时，可以先将输入分解成许多简单的输入分量，求出每个简单输入分量的输出，再将这些输出叠加即可。这种方法可以给实际测试工作带来很大方便。

2. 可微性(可积性)

可微性指系统对输入微分的响应，等于对原输入响应的微分，即若 $x(t) \to y(t)$，则有
$$x'(t) \to y'(t), \quad x''(t) \to y''(t), \quad \cdots, \quad x^{(n)}(t) \to y^{(n)}(t) \tag{3-3}$$

同理可以证明，如果初始条件为零，则系统对输入信号积分的响应，等于对原输入相应的积分，即若 $x(t) \to y(t)$，则有

$$\int_0^t x(t) \mathrm{d}t \to \int_0^t y(t) \mathrm{d}t \tag{3-4}$$

可微性(可积性)在工程测试中具有实用价值，例如振动测试时，针对加速度计测量的振动加速度信号，经过积分器一次或两次积分后就可以得到振动速度或位移信号输出。

3. 同频性

同频性指线性时不变系统的稳态输出信号的频率与输入信号的频率相同。若输入为正弦信号 $x(t) = A\sin\omega t$，则输出函数为

$$y(t) = B\sin(\omega t + \varphi) \tag{3-5}$$

上式表明，稳态情况下线性系统输出的频率等于原输入的频率，但其幅值与相角均有变化。当系统处于线性工作范围内时，输入信号频率已知，则输出信号与输入信号具有相同的频率分量。如果输出信号中出现与输入信号频率不同的分量，说明系统中存在着非线性环节(噪声等干扰)或者超出了系统的线性工作范围，这时应采用滤波等方法进行处理。

线性系统的同频性在动态测试中具有重要作用。例如，在振动测试中，若已知输入的激励频率，则测得的输出信号就只有与激励频率相同的成分才可能是由该激励引起的振动，而其他频率的信号就是干扰，应予以剔除。利用这一特性，就可以采用相应的滤波技术，在有强噪声干扰的情况下，提取出有用的信息。

3.2 测试系统的静态特性

测量系统的特性分为静态特性和动态特性。如果测量系统的输入量和输出量不随时间变化，或变化极其缓慢(一定条件下可以忽略其变化)，则式(3-1)中输入量和输出量的各阶导数均为零，于是，有

$$y(t) = \frac{b_0}{a_0}x(t) = kx(t) \tag{3-6}$$

在此基础上所确定的测量系统的响应特性称为静态特性。简言之，静态特性就是在静态测量情况下描述实际测试系统与理想时不变线性系统的接近程度。

描述测量系统静态特性的主要参数有灵敏度、线性度、量程、精度、分辨力、稳定性、回程误差、重复性、漂移等。

1. 灵敏度

单位输入量变化所引起的输出量的变化称为灵敏度，通常用输出量与输入量的变化量之比来表示，即

$$S_s = \frac{\Delta y(t)}{\Delta x(t)} \tag{3-7}$$

对于线性测量系统而言，其灵敏度为常量(如图 3-2 所示)，即

$$S_s = \frac{\Delta y}{\Delta x} = \frac{b_0}{a_0} = 常数 \tag{3-8}$$

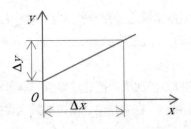

图 3-2　线性系统灵敏度

　　测量系统的静态灵敏度是由静态标定来确定的，即由实测该系统的输入、输出来确定。这种关系曲线称为标定曲线，而灵敏度可以定义为标定曲线的斜率，此斜率可以通过曲线拟合的方法得到，如采用"最小二乘法"拟合求得，即根据实测数据标定的曲线找到一条拟合的理想直线，使标定曲线上的所有点与此拟合直线间偏差的平方值之和最小。

　　灵敏度反映了测量系统对输入信号变化的反应能力。灵敏度量纲取决于输出量与输入量的量纲。若系统的输出量与输入量为同量纲，灵敏度就是该测量系统的放大倍数。

　　对于一个测量系统而言，其灵敏度越高，说明在相同的输入下，该测量系统可以得到越大的输出。但在设计或选择测量系统的灵敏度时，并非越高越好，因为通常情况下，测量系统的灵敏度越高，则其测量范围越窄，系统的稳定性往往也越差。

2. 线性度

　　理想的线性测量系统的标定曲线是直线，而实际测量系统是很难做到的。一般测量系统的标定曲线往往不是直线，而是具有某种形状的曲线。标定曲线与拟合直线之间的偏离程度称为线性度，也称为非线性误差，如图 3-3 所示。作为衡量线性度的技术指标，采用测量系统的标定曲线相对于拟合直线的最大偏差 ΔL_{max} 与满量程 A 之比值的百分数来表示，即

$$线性度 = \frac{\Delta L_{max}}{A} \times 100\%　　　　　　(3-9)$$

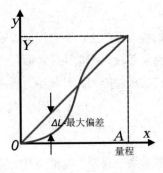

图 3-3　线性度

　　任何测量系统都有一定的线性测量范围，在线性范围内，输出与输入之间成比例关系，线性范围越宽，表明测量系统有效测量范围越大。测量系统工作在线性范围内是保证测量精度的基本条件。

线性度数值越小，表明该测量系统的线性特性越好。由于线性度是以所参考的拟合直线为基准得到的，因此拟合直线不同时，线性度的数值也不同。常用的确定拟合直线的方法有以下两种。

(1) 两点连线法。在测得的标定曲线上，把通过零点和满量程输出点的连线作为拟合直线，如图 3-3 所示。此方法简单但不精确，在使用时，易造成最大误差 ΔL_{max} 偏大，影响测量系统的使用精度。

(2) 最小二乘法。最小二乘法又称为线性回归法，其原则是使拟合直线在全量程范围内拟合精度最高，使它与标定曲线输出量偏差的平方和为最小，尽可能减小使用时的测量误差。这一方法比较准确，但计算较复杂。具体算法如下：

设标定过程中，分别输入 n 个不同的输入量 $x_i(i=1, 2, \cdots, n)$，得到对应的 n 个输出量 $y_i(i=1, 2, \cdots, n)$，运用数理统计的线性回归方法(即最小二乘法)可得到所确定的拟合直线的方程为

$$y=a+bx$$

式中

$$a = \frac{\left(\sum\limits_{i=1}^{n} x_i^2\right)\left(\sum\limits_{i=1}^{n} y_i\right) - \left(\sum\limits_{i=1}^{n} x_i\right)\left(\sum\limits_{i=1}^{n} x_i y_i\right)}{n\sum\limits_{i=1}^{n} x_i^2 - \left(\sum\limits_{i=1}^{n} x_i\right)^2}$$

$$b = \frac{n\sum\limits_{i=1}^{n} x_i y_i - \left(\sum\limits_{i=1}^{n} x_i\right)\left(\sum\limits_{i=1}^{n} y_i\right)}{n\sum\limits_{i=1}^{n} x_i^2 - \left(\sum\limits_{i=1}^{n} x_i\right)^2}$$

(3-10)

在实际应用中，只要能够满足精度要求，也可在近似线性的区间内工作，必要时可进行非线性补偿。

3. 量程

量程是指测量系统允许测量的输入量的上、下极限值。输入量超过允许承受的最大值时，称为过载。超量程使用时，不仅会引起较大测量误差，而且可能会造成测量装置损坏，一般是不允许的，但测量装置应具有一定的过载能力。过载能力通常用一个允许的最大值或者用满量程值的百分数来表示。

4. 精度

精度也称为精确度，是反映测量系统误差和随机误差的综合误差指标，即准确度和精密度的综合偏差程度。实质上，精度表征的是测量系统的测量结果 y 与被测真值 μ 的一致程度。通常有三种表示方法。

(1) 测量误差(绝对误差)。测量误差是指测量结果与被测量真值之间的差值，即

$$\delta = y - \mu$$

(3-11)

绝对误差用于评价同一测量值的测量精度，对于不同量值的测量就难以判断其精确度。

在实际应用中，被测量的真值无法真正得到，通常是用较高精度等级仪表或标准仪表的测量值来代替。

(2) 相对误差。相对误差反映测量误差与真值的比值大小，它本身是无量纲的，即

$$\varepsilon = \delta/\mu \times 100\% \tag{3-12}$$

相对误差可用于评价不同测量值的测量精度。例如，测量 100mm 的被测物时绝对误差为 0.05mm，其相对误差为 0.05%；而测量 10mm 的被测物时绝对误差为 0.02mm，其相对误差为 0.2%。比较可见，前者的相对误差小于后者，显然，前者的测量精度高于后者。

(3) 引用误差。引用误差适用于表示计量器具特性的情况，它是以测量仪表的绝对误差与其量程之比来表示的，即

$$a = \delta/A \times 100\% \tag{3-13}$$

式中，A 为测量仪表的满量程读数。这一指标通常用来表征测量仪表本身的精度，而不是测量的精度。通常测量仪表测量范围内的每个示值的绝对误差都不相同，为了方便起见，定义最大引用误差为：在公式(3-13)中，取绝对误差 δ 为最大允许值 δ_{max} 所得到的数值，并以此准确度的百分数定义为仪器的精度等级。例如，说"这种仪表为一级精度"，就是指的其准确度为 1%。

对于精度等级给定的测量仪器，不宜选用大量程来测量较小的量值，否则会使测量误差增大。因此，通常尽量避免让测量系统在小于 1/3 的量程范围内工作。另外，从误差理论分析可知，由若干台不同精度的测量仪器组成的测量系统，其测量结果的最终精度主要取决于精度最低的那台仪器，所以，实际当中应尽量选用同等精度的仪器来组成所需的测量系统。如果不能选用同等精度的仪器，则前面环节的精度应高于后面环节的精度。

5. 稳定性

稳定性表示测量装置在一个较长时间内保持其性能参数的能力，也就是在规定的条件下，测量装置的输出特性随时间的推移而保持不变的能力。一般以室温条件下经过一个规定的时间后，测量装置的输出量与起始标定时的输出量差异程度来表示其稳定性，例如：多少个月不超过百分之多少满量程输出。有时也采用给出标定的有效期来表示其稳定性。

影响稳定性的因素主要是时间、环境、干扰和测量装置的器件状况。选用测量装置时应该考虑其稳定性，特别是在复杂环境下工作时，应考虑各种干扰(如磁辐射和电网干扰等)的影响，提高测量装置的抗干扰能力和稳定性。

6. 重复性

重复性表示测量系统在同一工作条件下，按同一方向进行全量程多次(三次以上)测量时，对于同一个激励量其测量结果的不一致程度，如图 3-4 所示。重复性误差为随机误差，用正、反行程中最大偏差Δ_{max}与满量程输出 Y_{FS} 的百分数来表示，即

$$\eta = \Delta_{max}/Y_{FS} \times 100\% \tag{3-14}$$

重复性是测量系统最基本的技术指标，是其他各项指标的前提和保证。

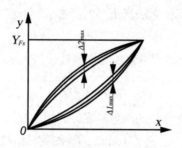

图 3-4　重复性特性曲线

7. 回程误差

回程误差也称滞后误差。实际测量系统在测量时，在同样的测试条件和全量程范围内，当输入量由小增大和再由大减小时，定标曲线并不重合，如图 3-5 所示。回程误差的技术指标是指对于同一个输入量，按不同的方向可得到两个数值，这两个输出量之间差值的最大者 $\Delta H_{\max}$ 与满量程输出的百分比来表示。

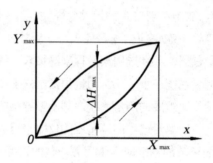

图 3-5　回程误差特性曲线

8. 分辨力

分辨力是指测量系统所能检测出来的输入量的最小变化量，通常以最小单位输出量所对应的输入量来表示。一个测量系统的分辨力越高，表示它所能检测出的输入量的最小变化量值越小。

9. 漂移

仪器的输入量未发生变化时，其输出量所发生的变化称为漂移。在规定条件下，对一个恒定的输入量在规定的时间内的输出量变化，称为点漂。在测量装置测试范围最低值处的点漂，称为零点漂移，简称零漂。随环境温度变化所产生的漂移称为温漂。

漂移常由仪器的内部温度变化和元件的不稳定性所引起，它反映了测量系统对各种干扰，包括温度、湿度、电磁场的适应能力。

3.3　一般测试系统的动态特性

测量系统的动态特性是指输入量随着时间变化时，其输出随着输入而变化的关系。动态特性仅解决系统对信号的响应问题，而测试结果的精度、误差等则取决于测试系统的静态特性。用于静态测量的测量装置，一般只需利用静态特性指标来考察其质量。在动态测量中，因为两方面的特性都将影响测量结果，所以不仅需要用静态特性指标，还需要用动态特性指标来描述测试仪器的质量。

测量系统的动态特性反映测量系统的输出对快速变化的输入信号的动态响应特性。对于测量动态信号的测量系统，要求它能迅速而准确地测出信号的大小和真实地再现信号的波形变化。换言之，就是要求测量系统在输入量改变时，其输出量能立即随之不失真地改变。在实际测试中，如果测量系统选用不当，输出量就不能跟随输入量的快速变化而变化，因而导致较大的测量误差。因此，研究测量系统的动态特性有着十分重要的意义。

线性系统的动态特性有许多描述方法。一般认为测量系统在所考虑的测量范围内是线性系统，因此，可以用式(3-1)在时域内描述测量系统输入量 $x(t)$ 与输出量 $y(t)$ 之间的关系。也可以采用传递函数和频率响应函数在频域内描述线性系统传输特性，其中传递函数 $H(s)$ 是在复频域中描述和考察系统特性的，与在时域中用微分方程来描述和考察系统的特性相比，有许多优点；频率响应函数 $H(j\omega)$ 则是在频域中描述和考察系统特性，在传递函数 $H(s)$ 中令 s 的实部为零，即 $s=j\omega$，便可求得频率响应函数 $H(j\omega)$。

3.3.1　测量系统频率响应函数

简谐信号是最基本的典型信号，为了便于研究测量系统的动态特性，经常以简谐信号作为输入量，求测量系统的稳态响应。频率响应函数(Frequency Response Function)是测量系统输出信号的傅里叶变换与输入信号的傅里叶变换之比。与传递函数相比，频率响应函数易通过实验来建立，并且物理概念明确。因此，频率响应函数成为实验研究系统的重要工具。

本节借助频率响应函数重点讨论测量系统的动态特性。

对于线性时不变测量系统，由式(3-1)可得频率响应函数为

$$H(j\omega) = \frac{Y(j\omega)}{X(j\omega)} = \frac{b_m(j\omega)^m + b_{m-1}(j\omega)^{m-1} + \cdots b_1(j\omega) + b_0}{a_n(j\omega)^n + a_{n-1}(j\omega)^{n-1} + \cdots a_1(j\omega) + a_0} \tag{3-15}$$

为了方便起见，这里的 $H(j\omega)$ 常简写成 $H(\omega)$，它是一个复函数。在测试技术课程中，之所以研究测量系统的频率响应函数特性，其目的是研究测量系统特性如何影响其测量结果，也就是说研究测量系统特性在什么情况下不会引起测量结果失真。

1. 幅频特性和相频特性

根据定常线性系统的同频性性质，测量系统在简谐信号 $x(t)= X_0\sin\omega t$ 的激励下，所产生的稳态输出也是简谐信号，$y(t)= Y_0\sin(\omega t +\varphi)$。 这一结论可从微分方程求解的理论得出。此时输

入和输出虽为同频率的简谐信号，但两者的幅值并不一样。其幅值比 $A = Y_0/X_0$ 和相位差 φ 都随频率 ω 而变，是 ω 的函数。

定常线性系统在简谐信号的激励下，其稳态输出信号和输入信号的幅值比被定义为该系统的幅频特性，记为 $A(\omega)$；稳态输出对输入的相位差被定义为该系统的相频特性，记为 $\varphi(\omega)$。两者统称为系统的频率特性。因此系统的频率特性是指系统在简谐信号激励下，其稳态输出对输入的幅值比、相位差随激励频率 ω 变化的特性。

注意到任何一个复数 $z = a + jb$，也可以表达为 $z = |z|e^{j\theta}$。其中，$|z| = \sqrt{a^2 + b^2}$；相角 $\theta = \arctan(b/a)$。现用 $A(\omega)$ 为模、$\varphi(\omega)$ 为幅角构成一个复数 $H(\omega)$

$$H(\omega) = A(\omega)e^{j\varphi(\omega)}$$

$H(\omega)$ 表示系统的频率特性，它是激励频率 ω 的函数。

2. 频率响应函数的获得方法

前面讲过，用频率响应函数来描述系统的最大优点是可以通过实验来求得的频率响应函数的原理比较简单明了。可依次用不同频率 ω_i 的简谐信号去激励被测系统，同时测出激励和系统的稳态输出的幅值 X_{0i}、Y_{0i} 和相位差 φ_i。这样对于某个 ω_i，便有一组 $Y_{0i}/X_{0i} = A_i$ 和 φ_i，全部的 A_i-ω_i 和 φ_i-ω_i，$i = 1, 2 \dots$ 便可表达系统的频率响应函数。

显然，也可在初始条件全为零的情况下，同时测得输入 $x(t)$ 和输出 $y(t)$，便可由其傅里叶变换 $X(\omega)$ 和 $Y(\omega)$ 求得频率响应函数 $H(\omega) = Y(\omega)/X(\omega)$。

需要特别指出，频率响应函数描述系统的简谐输入和相应的稳态输出的关系。因此，在测量系统频率响应函数时，应当在系统响应达到稳态阶段时才进行测量。

尽管频率响应函数是对简谐激励而言的，但如前一章所述，任何信号都可分解成简谐信号的叠加。因而在任何复杂信号输入下，系统频率特性也是适用的。这时，幅频、相频特性分别表征系统对输入信号中各个频率分量幅值的缩放能力和相位角前后移动的能力。

3. 幅频、相频特性的图像描述

将 $A(\omega)$-ω 和 $\varphi(\omega)$-ω 分别作图，即得幅频特性曲线和相频特性曲线。实际作图时，常对自变量 ω 或 $f = \omega/2\pi$ 取对数标尺，幅值比 $A(\omega)$ 的坐标取分贝(dB)数标尺，相角取实数标尺，由此所作的曲线分别称为对数幅频特性曲线和对数相频特性曲线，总称为伯德图(Bode 图)。

当然也可作出 $H(\omega)$ 的虚部 $Q(\omega)$、实部 $P(\omega)$ 和频率 ω 的关系曲线，即所谓的虚、实特性曲线；也可用 $A(\omega)$ 和 $\varphi(\omega)$ 来作极坐标图，即奈魁斯特(Nyquist)图，图中的矢量向径的长度和矢量向径与横坐标轴的夹角分别为 $A(\omega)$ 和 $\varphi(\omega)$。

3.3.2 实现不失真测量的条件

在测试过程中，为了使测量系统的输出能够真实、准确地反映被测对象的信息，就希望测量系统能够实现不失真测试。

设测量系统的输入为 $x(t)$，输出为 $y(t)$，若取公式(3-1)中所有微分项的系数均为 0，则有

$$a_0 y(t) = b_0 x(t) \tag{3-16}$$

上式就是零阶测量系统的表达式，也就是理想不失真测量系统的表达式。

令 $S_s = b_0/a_0$，假设输出信号比输入信号滞后 t_0，这时 $y(t)$ 满足

$$y(t) = S_s x(t - t_0) \tag{3-17}$$

式中，S_s 表示信号增益(或称为静态灵敏度)；t_0 表示滞后时间。

这样，输出信号 $y(t)$ 与输入信号 $x(t)$ 相比，只是在幅值上扩大 S_s 倍，时间上滞后 t_0，如图 3-6 所示，即输出波形不失真地复现输入波形。

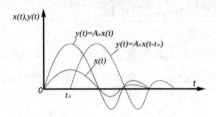

图 3-6　不失真测试的时域条件

对式(3-16)两边取傅里叶变换，得

$$Y(\mathrm{j}\omega) = S_s \mathrm{e}^{-\mathrm{j}\omega t_0} X(\mathrm{j}\omega)$$

系统的频响函数为

$$H(\mathrm{j}\omega) = \frac{Y(\mathrm{j}\omega)}{X(\mathrm{j}\omega)} = S_s \mathrm{e}^{-\mathrm{j}\omega t_0}$$

从而得到系统的幅频特性

$$A(\omega) = S_s = 常数$$

相频特性

$$\varphi(\omega) = -t_0 \omega$$

可见，在频域内实现不失真测试的条件，幅频特性是一条平行于 ω 轴的直线，相频特性是斜率为 $-t_0$ 的直线，分别如图 3-7(a) 和 (b) 所示。

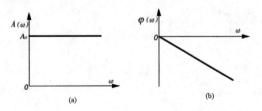

图 3-7　不失真测试的频域条件

特别指出，测量系统必须同时满足幅值条件和相位条件才能实现不失真测试。将 $A(\omega)$ 不等

于常数时所引起的失真称为幅值失真，$\varphi(\omega)$ 与 ω 之间的非线性关系所引起的失真称为相位失真。一般情况下，测量系统既有幅值失真又有相位失真，理想的精确测试是不可能实现的。为此，只能尽量地采取一定的技术手段，将波形失真控制在一定的误差范围之内。

当对测量系统有实时要求时，或将测量系统置入一个反馈系统中，那么系统输出对于输入的滞后可能会影响整个控制系统的稳定性。此时要求测量结果无滞后，即 $\varphi(\omega)=0$。

任何一个测量系统都不可能在非常宽广的频带内满足不失真测试的条件，往往只能在一定的工作频率范围内近似认为是可实现精确测量的。

3.4 常见测试系统的动态特性

人们希望测量系统是理想的不失真测量系统，但是实际当中是不可能实现的，常见的测量系统都是一阶或二阶的，任何高阶系统都可以等效为若干个一阶和二阶系统的并联或串联。因此，这里只介绍一阶和二阶测量系统的动态特性。

3.4.1 一阶测量系统的动态特性

在式(3-1)中，如果等式左边二阶以上的微分项的系数为零，而等式右边一阶以上的微分项的系数为零，则变为

$$a_1 \frac{\mathrm{d}y(t)}{\mathrm{d}t} + a_0 y(t) = b_0 x(t) \tag{3-18}$$

上式便是一阶系统的一般表达式，具有这种输入—输出关系的测量系统称为一阶测量系统。

例如忽略了质量的单自由度振动系统，如图 3-8(a)所示。输入量为力 $x(t)$，输出量为位移 $y(t)$，k 为弹簧刚度系数，c 为阻尼系数，其数学模型可表示为

$$c \frac{\mathrm{d}y(t)}{\mathrm{d}t} + ky(t) = x(t)$$

再如，一个简单的 RC 低通滤波电路，如图 3-8(b)所示。输入量为电压 $x(t)$，输出量为电压 $y(t)$，电阻为 R，电容为 C，其数学模型为

$$RC \frac{\mathrm{d}y(t)}{\mathrm{d}t} + y(t) = x(t)$$

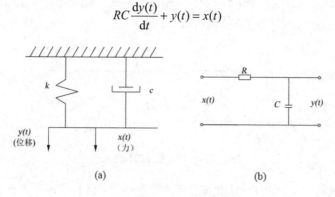

图 3-8　典型的一阶系统

由式(3-15)可知，一阶测量系统的频率响应函数为

$$H(\mathrm{j}\omega) = \frac{b_0}{a_1\mathrm{j}\omega + a_0} = \frac{b_0}{a_0} \times \frac{1}{1 + \left(\dfrac{a_1}{a_0}\right)\mathrm{j}\omega} = S_s\frac{1}{1 + \mathrm{j}\omega\tau} \tag{3-19}$$

式中，$S_s = b_0/a_0$ 为前面已定义的测量系统的静态灵敏度；$\tau = a_1/a_0$ 称为测量系统的时间常数。

由前面推导可知，若输入信号 $x(t) = x_0\mathrm{e}^{\mathrm{j}\omega t}$，对应的输出信号为 $y(t) = y_0\mathrm{e}^{\mathrm{j}(\omega t + \varPhi)}$，两者之间应符合公式

$$y_0\mathrm{e}^{\mathrm{j}\varPhi} = S_s\frac{1}{1 + \mathrm{j}\omega\tau}x_0\mathrm{e}^{\mathrm{j}\omega\tau} \tag{3-20}$$

或者

$$y_0\mathrm{e}^{\mathrm{j}\phi} = S_s\frac{1}{\sqrt{1 + (\omega\tau)^2}}x_0\mathrm{e}^{-\mathrm{j}\arctan\omega\tau} = S_s A(\omega)x_0\mathrm{e}^{\mathrm{j}\varPhi(\omega)} \tag{3-21}$$

式中，一阶测量系统的幅频特性与相频特性分别为

$$A(\omega) = \frac{1}{\sqrt{1 + (\omega\tau)^2}} \tag{3-22}$$

$$\varPhi(\omega) = -\arctan\omega\tau \tag{3-23}$$

上式中负号表示输出信号滞后于输入信号。在时域里滞后时间为零时，在频域里的滞后相位角就为零。

分析可得：$y_0 = S_s A(\omega)x_0$

定义动态灵敏度：$S_D = \dfrac{y_0}{x_0} = A(\omega)$

由于测量系统的 S_s 是常数，令 $S_s = 1$，以此归一化后，则

$$S_D = \frac{y_0}{x_0} = A(\omega)$$

此时，$A(\omega)$ 就是测量系统的动态灵敏度。

$A(\omega)$ 是 ω 的函数，它与 $\omega\tau$ 之间的关系被称为幅频特性。$\varPhi(\omega)$ 表示输出信号相对于输入信号滞后了一个相位角，它也是 ω 的函数，所以称之为测量系统的相频特性。

一阶系统频率响应特性曲线如图 3-9 所示，图中(a)为幅频特性曲线，(b)为相频特性曲线。

由此可见，时间常数 τ 越小，频率响应特性越好；当 $\omega\tau \ll 1$ 时，$A(\omega) \approx 1$，$\varphi(\omega) \approx 0$，表明系统输出与输入之间近似呈线性关系，且相位差很小，输出能够真实地反映输入的变化规律。显然，一阶系统相当于一个低通滤波器，它对于低频信号失真较小，而对于高频信号失真较大，所以一阶测量系统适用于测量静态或准静态信号。

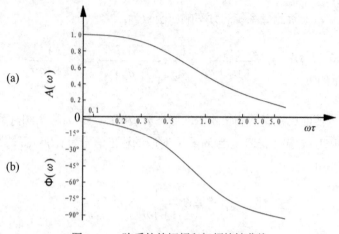

图 3-9　一阶系统的幅频和相频特性曲线

3.4.2　二阶测量系统的动态特性

二阶系统可用二阶微分方程描述。根据式(3-1)，二阶微分方程的一般形式可以写为

$$a_2 \frac{\mathrm{d}^2 y}{\mathrm{d}t_2} + a_1 \frac{\mathrm{d}y}{\mathrm{d}t} + a_0 y = b_0 x \tag{3-24}$$

具有这种输入—输出关系的测量系统叫作二阶系统或二阶测量系统。许多测量系统，如千分表、电感式量头、压电式加速度计、电容式测声计、电阻应变片式测力计、压力计、动圈式磁电仪表等，它们的输入—输出关系均可用式(3-24)这种二阶微分方程表示，只是系数的物理意义不同，所以，它们都是二阶测量系统。图 3-10 所示是三种典型的二阶系统的实例。

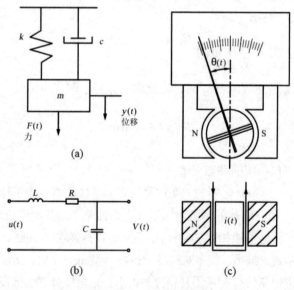

图 3-10　二阶系统实例

图 3-10(a)所示的质量弹簧阻尼系统中，输入量为力 $x(t)$，输出量为位移 $y(t)$，m 为物体质量，

k 为弹簧刚度系数，c 为阻尼系数，其数学模型可表示为

$$m\frac{\mathrm{d}^2 y(t)}{\mathrm{d}t^2} + c\frac{\mathrm{d}y(t)}{\mathrm{d}t} + ky(t) = F(t) \tag{3-25}$$

图 3-10(b)所示的 RLC 电路中，输入量为电压 $u(t)$，输出量为电压 $v(t)$，电感为 L，电阻为 R，电容为 C，其数学模型可表示为

$$LC\frac{\mathrm{d}^2 v(t)}{\mathrm{d}t^2} + RC\frac{\mathrm{d}v(t)}{\mathrm{d}t} + v(t) = u(t) \tag{3-26}$$

同理，图 3-10(c)所示的动圈式仪表振子系统中，输入电流为 $i(t)$，输出转角为 $\theta(t)$，其数学模型可表示为

$$J\frac{\mathrm{d}^2 \theta(t)}{\mathrm{d}t^2} + c\frac{\mathrm{d}\theta(t)}{\mathrm{d}t} + k_\theta\theta(t) = k_i i(t) \tag{3-27}$$

上式中，J 为振子转动部分的转动惯量；c 为阻尼系数；k_θ 为张紧弹簧的扭转刚度；k_i 为电磁转矩系数。

式(3-25)至式(3-27)均为二阶常系数线性微分方程，描述的系统是二阶线性定常系统，因此，称图 3-10 为二阶测量系统。

可见，所谓测量系统的数学描述，就是利用测量系统的物理特性建立测量系统的输入与输出之间的数学关系，即输入输出之间的微分方程。对于较复杂的系统，其数学模型可能是一个高阶微分方程，一般规定微分方程的阶数就是系统的阶数。

实际上，虽然以上三种实例的微分方程系数的物理意义不同，但都可以归结为式(3-24)的二阶测量系统表达形式。为了使微分方程各系数的物理意义更加明确，对式(3-24)的系数做一些变换，令

$$\omega_n + \sqrt{\frac{a_0}{a_2}} \tag{3-28}$$

$$\zeta = \frac{a_1}{2\sqrt{a_0 a_2}} \tag{3-29}$$

式中，ω_n 为测量系统的固有频率，ζ 为测量系统的阻尼比。不难理解，ω_n 和 ζ 都取决于测量系统本身的参数。测量系统一经组成或测量系统一经制造调试完毕，其 ω_n 和 ζ 也就随之确定。

经系数变换后，式(3-24)变为

$$\frac{\mathrm{d}^2 y}{\mathrm{d}t^2} + 2\zeta\omega_n\frac{\mathrm{d}y}{\mathrm{d}t} + \omega_n^2 y = S_s \omega_n^2 x \tag{3-30}$$

式中，$S_s = b_0/a_0$，前面已定义它是测量系统的静态灵敏度。

由式(3-15)和上式可知，二阶测量系统的频率响应函数为

$$H(j\omega) = S_s \frac{1}{1-(\omega/\omega_n)^2 + 2j\zeta(\omega/\omega_n)} = S_s A(\omega)\mathrm{e}^{j\Phi(\omega)} \tag{3-31}$$

式中，二阶系统的幅频特性与相频特性分别为

$$A(\omega) = \frac{1}{\sqrt{[1-(\omega/\omega_n)^2]^2 + 4\zeta^2(\omega/\omega_n)^2}} \tag{3-32}$$

$$\phi(\omega) = -\arctan\frac{2\zeta(\omega/\omega_n)}{1-(\omega/\omega_n)^2} \tag{3-33}$$

与一阶测量系统相同，当输入信号为简谐信号 $x(t)=x_0e^{j\omega t}$ 时，对应的输出信号为

$$y(t) = H(j\omega)x(t) = S_s A(\omega)x_0 e^{j[\omega t+\phi(\omega)]} = y_0 e^{j[\omega t+\phi(\omega)]}$$

由此可见，对于二阶测量系统，其 $A(\omega)$ 和 $\varphi(\omega)$ 的含义与一阶测量系统相同。$A(\omega)$ 是此测量系统归一化的动态灵敏度，$\varphi(\omega)$ 是输出信号相对于输入信号的相位滞后，或者说它规定了输出信号的滞后时间 $t = \varphi(\omega)/\omega$。

根据式(3-32)和式(3-33)，可以画出二阶测量系统的幅频、相频特性曲线，如图 3-11 所示。为了便于对不同的二阶系统进行比较，作图时以 $\omega/\omega_n=\eta$ 为横坐标，以 $A(\eta)$ 和 $\varphi(\eta)$ 为纵坐标。由式(3-32)和式(3-33)可见，$A(\eta)$ 和 $\varphi(\eta)$ 都是阻尼比 ζ 的函数。因此，给定 $\zeta=0$，0.05，0.1，$\cdots$，1 等一系列值时，可得到 $A(\eta)$ 和 $\varphi(\eta)$ 的特性曲线族。对于这些曲线族进行分析，可知其具有以下特点。

(1) 如图 3-11(a)所示，当 $\omega \ll \omega_n$ 时，$A(\eta)\approx 1$；当 $\omega \gg \omega_n$ 时，$A(\eta)\to 0$。

(2) 影响二阶系统动态特性的参数是固有频率和阻尼比。应以其工作频率范围为依据，选择二阶系统的固有频率 ω_n。在 $\omega=\omega_n$(即 $\eta=1$)附近，系统的幅频特性受阻尼比的影响极大。当 $\omega \approx \omega_n$ 时，系统将发生共振，作为实用测量装置，应该避开这种情况。然而，在测定系统本身的参数时，却可以利用这个特点。

(3) 当 $\omega \ll \omega_n$ 时，$\varphi(\eta)$ 非常小，并且与频率成正比增加；在 $\omega=\omega_n$(即 $\eta=1$)附近，这时 $A(\eta)=1/(2\zeta)$，$\varphi(\eta)=-\pi/2$，且不因阻尼比的不同而改变。当 $\omega \gg \omega_n$ 时，$\varphi(\eta)$ 趋近于 $-\pi$，即输出与输入相位相反。在 η 接近 1 的区间，$A(\eta)$ 随着频率的变化而剧烈变化，并且阻尼比 ζ 越小，变化越剧烈。

从测量工作的角度，总是希望测量装置在宽广的频带内，由于特性不理想所引起的误差尽可能小。为此，要选择适当的固有频率和阻尼比的组合，以便获得较小的误差。

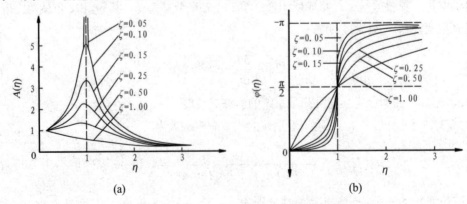

图 3-11　二阶测量系统的幅频、相频特性曲线

综上所述，从二阶测量系统的幅频特性来看，输入量与输出量的幅值之间不是线性关系，所以当输入信号是由多种频率构成的复杂信号时，测量系统对不同频率的输入信号有不同的灵敏度，由此也会引起幅值误差，甚至导致幅度失真；它的相频特性也不是一条过零点的直线，所以不同频率成分信号通过时，其延时时间也不等，从而会导致相位失真。显然，二阶测量系统也可以看成是一个低通滤波器。

3.5　动态测量误差及其补偿

对于静态测量系统，采用引用误差表示测量仪器的误差。在动态测量系统中，若测量系统的动态响应特性不理想，则输出信号的波形与输入信号的波形相比就会产生畸变，这种畸变造成的测量误差称为测量系统的动态测量误差。显然，动态误差是频率的函数。在测量动态信号的过程中，需要采取措施减小或消除动态误差。为此，本节首先给出常见一阶和二阶测量系统动态测量误差的求解方法，然后介绍动态测量误差的补偿方法。

3.5.1　测量系统的动态测量误差

实际测试当中，一般动态测量误差总是存在的，但只要使误差控制在一定范围内即可。通常定义所允许的动态测量误差为

$$\varepsilon = \left| \frac{A(\omega) - A(0)}{A(0)} \right| \times 100\% = \left| A(\omega) - 1 \right| \times 100\% \leqslant 某一给定值 \tag{3-34}$$

上式反映动态幅值误差。对于有相位要求的测量系统也应考虑相位误差，本节只限于讨论动态幅值误差及其补偿问题。

1. 一阶测量系统的动态测量误差

由上节知一阶测量系统的幅频特性为

$$A(\omega) = \frac{1}{\sqrt{1 + (\omega\tau)^2}} \tag{3-35}$$

由于一阶测量系统满足 $A(\omega) \leqslant 1$，根据式(3-34)可知，一阶测量系统允许的幅值误差为

$$1 - A(\omega) \leqslant \varepsilon \quad 或 \quad 1 - 1/\sqrt{1 + (\omega\tau)^2} \leqslant \varepsilon \tag{3-36}$$

显然，当其时间常数 τ 确定后，若再规定一个允许的幅值误差 ε，则允许它测量的最高频率 ω_h 也就确定。规定 $\omega = 1 \sim \omega_h$ 为可用频率范围，即当被测信号频率在此范围内时，幅值测量误差小于允许值 ε。

由此可见，为了恰当选择一阶测量系统，必须首先对被测信号有概略了解。除了要知道其幅值的变化范围，还要了解构成此信号的频率范围。显然，测量系统可测量的最高频率 ω_h、允许的幅值误差 ε 和测量系统的时间常数 τ 三者之间是相互制约的。

例 3-1 设有一阶测量系统，其时间常数 τ 为 0.1s。如果要求输出信号的幅值误差小于 6%，问可测频率范围为多大？这时输出信号的滞后角是多少？

解： 根据式(3-36)和题意，可知要求 $1-A(\omega)\leqslant0.06$，则 $A(\omega)\geqslant0.94$。

以 $\tau=0.1\mathrm{s}$ 代入式(3-36)，解出 $\omega\leqslant3.63\mathrm{rad/s}$。

此时可根据式(3-23)可求出输出信号的滞后角 $\varphi(\omega)= -\arctan0.1\times3.63 = -19.95°$。所以，可用频率范围为 0~3.63rad/s，即 0~0.58Hz，滞后角为-19.95°。

2. 二阶测量系统的动态测量误差

二阶测量系统的幅频特性为

$$A(\omega) = 1/\sqrt{[1-(\omega/\omega_n)^2]^2 + 4\zeta^2(\omega/\omega_n)^2} \tag{3-37}$$

由于二阶测量系统不满足 $A(\omega)\leqslant1$，根据式(3-34)可知，二阶测量系统允许的幅值误差为

$$1-\varepsilon \leqslant A(\omega) \leqslant 1+\varepsilon$$

或

$$1-\varepsilon \leqslant 1/\sqrt{[1-(\omega/\omega_n)^2]^2 + 4\zeta^2(\omega/\omega_n)^2} \leqslant 1+\varepsilon \tag{3-38}$$

由上式可见，允许的测量误差 ε 与频率比 η 及阻尼比 ζ 有关。当 ε 为 5% 时，不同阻尼比 ζ 对可用频率范围的影响如图 3-12 所示。可见当 $\zeta=0.59$ 时，可用频率比 η 范围为 0~0.867，它就是 5% 允许测量误差的最佳阻尼比。

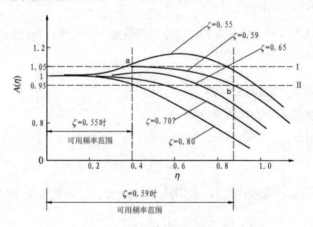

图 3-12 不同阻尼比 ζ 对可用频率范围的影响

不同测量误差 ε 对应着最佳阻尼比 ζ 和可用频率范围 η。但由于当 $\zeta\leqslant0.707$ 时，幅频特性是一条单调下降的曲线，可用频率范围会变窄，因此阻尼比的最大值不可大于 0.707。一般来讲，二阶测量系统的最佳阻尼比为 0.6~0.7，通常实际的可用频率范围为 0~0.6ω_n。

例 3-2 设有两个结构相同的二阶测量系统，其无阻尼自振频率 ω_n 相同，而阻尼比 ζ 不同，一个是 0.1，另一个是 0.65。如果允许的幅值测量误差是 10%，问：它们的可用频率范围各是多少？

解：求测量系统的可用频率范围，实际上是求其幅频特性曲线与 $A(\omega)= 1\pm\varepsilon$ 两根直线的交点的横坐标，如图 3-13 所示。

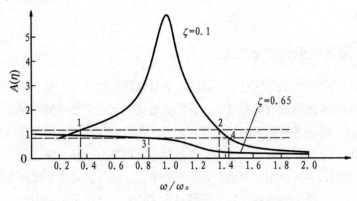

图 3-13 求解可用频率范围示意图

(1) 将 $A(\omega)= 1.1$ 和 $\zeta = 0.1$ 代入式(3-37)解得，$\omega/\omega_n= 0.304$ 和 1.366 分别为图 3-13 中点 1 和点 2 的横坐标。

(2) 将 $A(\omega)= 1.1$ 和 $\zeta=0.65$ 代入式(3-37)，方程无实解，这是因为 $\zeta=0.65$ 的幅频特性的极大值小于 1.1，所以两者无交点。

(3) 将 $A(\omega)= 0.9$ 和 $\zeta = 0.1$ 代入式(3-37)解得，$\omega/\omega_n= 1.44$ 为图 3-13 中点 4 的横坐标。

(4) 将 $A(\omega)= 0.9$ 和 $\zeta=0.65$ 代入式(3-37)解得，$\omega/\omega_n= 0.815$ 为图 3-13 中点 3 的横坐标。

由上面计算结果可知，对于 $\zeta=0.1$ 的测量系统，可用频率范围为 $\omega/\omega_n = 0\sim0.304$；对于 $\zeta= 0.65$ 的测量系统，可用频率范围为 $\omega/\omega_n = 0\sim0.815$。

由此例题可见，阻尼比 ζ 显著影响二阶测量系统的可用频率范围。当 ζ 由 0.1 增至 0.65 时，其可用频率范围由 $\omega/\omega_n = 0\sim0.304$ 增至 $0\sim0.815$，扩大了 1.68 倍。

因此，在进行动态测量时，测量系统的频响特性必须与被测信号的频率结构相适应，即要求被测信号的有意义的频率成分必须包含在测量系统的可用频率范围之内。另一个值得注意的是，测量系统的可用频率范围是与规定的允许幅值误差相联系的。允许的幅值误差越小，其可用频率范围越窄；反之，允许的幅值误差越大，其可用频率范围越宽。在选择测量系统和组成测量系统时，必须注意这两条规则，不可违背。

3. 动态测量误差与静态测量误差的区别

从误差的本质来看，动态测量误差与静态测量误差是一致的，都是测得值与真值之差。但在本书的介绍中，测量系统在频域的频响特性所引起的动态测量误差与在时域由非线性度等特性引起的静态测量误差不是一个概念。频响特性所造成的动态测量误差是由被测信号的频率变化引起的，而静态测量误差是由测量系统的非线性度、稳定性等因素所造成的，或者说是由被测信号的幅值大小变化或环境变化等引起的。当被测信号的频率构成比较简单，而幅值变化或环境变化等比较大时，主要考虑静态误差的减小或补偿，而动态误差可以通过系统标定来减小。当被测信号的频率构成比较复杂，而幅值变化或环境变化等较小时，主要考虑动态误差的减小或补偿，而静态误差可以通过系统标定来减小。当被测信号的频率构成比较复杂，并且幅值变化或环境变化等也比较大时，动态误差和静态误差必须同时考虑，计算测量总误差时，应该将这两种误差叠加。

3.5.2　动态测量误差的补偿方法

由于测量系统的频率响应范围总是有限的，而且幅频特性常常不是理想的平坦直线，因而被测信号中，各种频率的谐波有的被放大，有的被衰减甚至完全被滤掉；同样，由于其相频特性不是理想的直线，因而各种频率的谐波相互之间的相位差改变了。所有这些都使测量所得的输出信号与被测信号之间存在畸变，这种畸变虽然也可以算为一种系统误差，然而它与静态测量中的系统误差不同，不可能用一个修正系数去补偿它。这首先是由于畸变发生在整个频率特性曲线上，换句话说，整个特性曲线的波形都发生了畸变，显然不可能用一个修正系数加以修正和补偿的；其次由于这种畸变与被测信号本身的形状有关，或者说与被测信号的频谱有关，而实际当中被测信号的形状事先并不能确切了解，因此，这正是希望通过测试去了解的，然而通过测试得到的特性曲线又总是带有一定的失真，这是一个矛盾。由于这些特殊矛盾，不可能采用静态测量中经常采用的系统误差补偿(或修正)方法，而必须有其独特的方法。

动态测量误差补偿方法较多，包括频域动态误差补偿方法和时域动态误差补偿方法两大类。下面只进行简要介绍。

常用的频域动态误差补偿方法是基于正、反两次傅里叶变换来实现的，尽管可以采用 FFT 算法，但计算工作量仍较大，而计算误差也可能随之增大，因为离散傅里叶变换所固有的混叠、泄漏和栅栏效应都会在这种补偿过程中反映，并会形成新的补偿误差。

频域修正方法的改进可通过动态标定求得原始测量系统频域的传递函数，构造相应的修正传递函数，将误差修正传递函数与原始测量系统串联构成等效测量系统，使得等效测量系统具有我们所希望的理想测量系统的动态特性。

动态测量时域补偿方法也有多种形式，例如基于将被测参量的变化曲线近似为分段折线，并根据折线转折点及斜率采用外推法递推计算被测参量的方法。时域递推算法简单、实时性好，适合用微型计算机汇编语言实现，发挥"软测量"优势，成本低，灵活性好，具有智能性，普遍适用于测量传感器表现为惯性环节的各种物理系统。

动态误差补偿方法较为复杂，而且随着动态检测和控制技术不断发展，动态误差补偿技术也在进步。因此，本节只做了简要介绍，不再赘述，读者想更进一步了解可参阅有关的论著。

3.6　传感器与测量系统的标定

传感器的标定是指利用较高等级的标准器具对传感器的特性进行刻度。传感器在投入使用之前都要对其进行标定，以测定其各种性能指标。传感器在使用过程中定期进行检查，以判断其性能参数是否偏离初始标定的性能指标，是否需要重新标定或停止使用。传感器的标定分静态标定和动态标定，不同的传感器其标定方法有所不同，但其基本要求是一致的。

对于一个测量系统来说，在使用前必须确定其参数和静态或动态性能指标，使用一段时间后，系统的输入与输出关系也可能发生变化，为了确保测量的准确性，需要重新确定系统的输入和输出的关系，这一过程称为对测量系统的标定。测量系统的标定也包括静态标定和动态标定两种。

3.6.1 传感器与测量系统的静态标定

1. 传感器静态特性标定

传感器静态标定的目的是确定传感器的静态特性指标，如线性度、灵敏度、精度、迟滞性和重复性等。所以在标定时，所用的测量器具精度等级应比被标定的传感器精度等级至少高一级，并且要在一定的标准条件下进行静态标定。传感器静态标定的基本步骤如下。

(1) 将传感器全量程标准输入量分成若干个间断点，取各点的值作为标准输入值。

(2) 由小到大逐渐一点一点地输入标准值，并记录与各输入值相对应的输出值。

(3) 由大到小一点一点地输入标准值，同时记录与各输入值相对应的输出值。

(4) 按(2)和(3)所述过程，对传感器进行正反行程往复循环多次测试，将所得输出、输入数据用表格列出或画成曲线。

(5) 对测试数据进行必要的分析和处理，以确定该传感器的静态特性指标。

2. 测量系统静态标定

对于一个测量系统，通过静态标定可以获取其静态模型，并可研究和分析其静态特性。测量系统静态标定是指在规定的标准条件下(如水平放置、温度范围、大气压力和湿度等)，由准确度更高一级的输入量发生器给出一系列数值已知的、准确的、不随时间变化的输入量，或用比被校验的测量系统更高一级准确度的测量系统与被校验的测量系统一起测量一系列被测量。将测得的数值经过误差处理后，采用列表、绘制曲线或求得输入/输出关系的表达式等形式，来表达系统的输入/输出关系，即静态特性。如果工作条件偏离了标定的标准工作条件，则将发生附加误差，需要对读数进行修正。各个标定点的数值称为校准值或标定值。

3.6.2 传感器与测量系统的动态标定

任何一个传感器或测试系统，都必须对其测量动态信号的可靠性进行验证，即需要通过实验的方法来确定系统的输入/输出关系，这个过程就称为动态标定。要使测量结果精确可靠，所采用的经过校准的"标准"输入量，其误差应是系统测量结果要求误差的 1/3～1/5 或更小。而且，即使是已经标定的测试系统，也应当定期校准，这实际上也就是要测定系统的特性参数。

传感器动态特性标定的目的是确定传感器的动态特性参数，如时间常数、上升时间或工作频率、通频带等。各类传感器动态标定的方法不同，同一类传感器也有多种标定方法，但基本要求是相同的。此时传感器输入信号应该是一个标准的激励函数，如阶跃函数、正弦函数等；

传感器输出、输入信号间建立时域函数或频域函数，并由此函数标定传感器时域或频域特性参数。

测量系统的动态标定是为了研究和分析系统的动态性能指标，在此基础上分析其动态特性，或首先建立系统的动态模型，针对动态模型研究和分析系统的动态特性。对测量系统进行动态标定的过程要比静态标定的过程复杂得多，目前也没有统一的方法。

测量系统的动态特性可以从时域或频域两方面进行研究和分析。对时域，主要针对系统在阶跃输入、回零过渡过程、脉冲输入下的瞬态响应进行分析；对频域，主要针对系统在正弦输入下的稳态响应的幅值增益和相位差进行分析。通过上述时域或频域的典型响应，就可以分析或计算系统的有关动态响应指标。

对测量系统进行动态标定，除获取系统的动态模型、动态性能指标外，还可以在确定系统的动态性能不满足动态测试需求时，设计一个动态补偿环节的模型，以改善系统的动态性能指标。

下面主要介绍基于频域分析的稳态响应法和基于时域分析的脉冲响应法获取传感器或测量系统动态特性的方法。

1. 稳态响应法

稳态响应法就是对系统施以频率各不相同、但幅值不变的已知正弦激励，对于每一种频率的正弦激励，在系统的输出达到稳态后测量出输出与输入的幅值比和相位差，这样，在激励频率由低到高依次改变时，便可获得系统的幅频和相频特性曲线。

(1) 测定一阶系统的参数。

对于一阶系统，在测出了 $A(\omega)$ 和 $\varphi(\omega)$ 特性曲线后，可以通过式(3-39)来直接求出一阶系统的动态特性参数，即时间常数 τ。

$$\begin{cases} A(\omega) = \dfrac{1}{\sqrt{1+(\omega\tau)^2}} \\ \varphi(\omega) = -\arctan(\omega\tau) \end{cases} \tag{3-39}$$

(2) 测定二阶系统的参数。

对于二阶测量系统，在测得了系统的幅频和相频特性曲线之后，从理论上讲可以很方便地用相频特性曲线来确定其动态特性参数 ω_n(固有频率)和 ζ(阻尼比)。因为在 $\omega=\omega_n$ 处，输出的相位总是滞后输入 90°，该点的斜率直接反映了阻尼比的大小。但由于要准确地测量相角比较困难，因而通常都是通过其幅频曲线(见图 3-14)来估计其动态特性参数 ω_n 和 ζ，对于 $\zeta<1$ 的系统，在最大响应幅值处的频率 ω_r 与系统的固有频率 ω_n 存在如下关系：

$$\omega_r = \omega_n\sqrt{1-2\zeta^2} \tag{3-40}$$

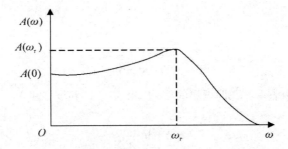

图 3-14　利用幅频曲线求二阶系统的动态特性参数

故在确定了系统的阻尼比 ζ 之后，便有

$$\omega_n = \frac{\omega_r}{1 - 2\zeta^2} \tag{3-41}$$

对于阻尼比 ζ 的估计，只要测得了幅频曲线的峰值 $A(\omega_r)$ 和频率为零时的幅频特性值 $A(0)$，便可根据式(3-42)来确定。

$$\frac{A(\omega_r)}{A(0)} = \frac{1}{2\zeta\sqrt{1 - \zeta^2}} \tag{3-42}$$

2. 脉冲响应法

对于二阶系统，如果它是机械装置，通常可采用脉冲响应法来求取其动态特性参数。最简单的测定方法就是用一个大小适当的锤子敲击一下装置，同时记录下响应波形，如图 3-15 所示。

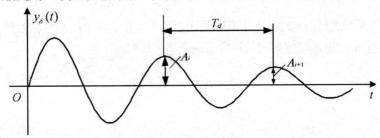

图 3-15　用脉冲响应求二阶系统的动态特性参数

因为锤子的敲击相当于给系统输入一个脉冲信号，当 $\zeta < 1$ 时，二阶系统的脉冲响应为

$$y_\delta(t) \frac{\omega_n}{1 - \zeta^2} \cdot \mathrm{e}^{-\zeta\omega_n t} \cdot \sin(\sqrt{1 - \zeta^2} \cdot \omega_n t) \tag{3-43}$$

式(3-43)描述的是一个幅值按指数形式衰减的正弦振荡，其振幅为

$$A = \frac{\omega_n}{\sqrt{1 - \zeta^2}} \cdot \mathrm{e}^{-\zeta\omega_n t} \tag{3-44}$$

振荡频率为

$$\omega_d = \sqrt{1 - \zeta^2} \cdot \omega_n \tag{3-45}$$

振荡周期为

$$T_d = \frac{2\pi}{\omega_d} = \frac{2\pi}{\omega_n \sqrt{1-\zeta^2}} \tag{3-46}$$

只要从响应曲线中测得相邻两振幅的值 A_i 和 A_{i+1} ，并令

$$\delta = \ln \frac{A_i}{A_{i+1}} \tag{3-47}$$

称 δ 为对数衰减率或对数减缩。由于

$$\frac{A_i}{A_{i+1}} = \frac{\dfrac{\omega_n}{\sqrt{1-\zeta^2}} \cdot e - \zeta\omega_n t_i}{\dfrac{\omega_n}{\sqrt{1-\zeta^2}} \cdot e^{-\zeta\omega_n(t_i+T_d)}} = e^{\zeta\omega_n T_d}$$

故有

$$\delta = \ln \frac{A_i}{A_{i+1}} = \zeta \cdot \omega_n \cdot T_d = \zeta \cdot \omega_n \cdot \frac{2\pi}{\omega_n \sqrt{1-\zeta^2}} = \frac{2\pi\zeta}{\sqrt{1-\zeta^2}} \tag{3-48}$$

整理后

$$\zeta = \frac{\delta}{\sqrt{4\pi^2 + \delta^2}} \tag{3-49}$$

在对实际的系统进行测定时，由于其阻尼比 ζ 较小，相邻两个振幅峰值的变化不明显，故往往会测出相隔 n 个振幅峰值之间的对数衰减率 δ_n。这时有

$$\delta_n = \ln \frac{A_i}{A_{i+n}} = n \cdot \delta \tag{3-50}$$

故有

$$\zeta = \frac{\dfrac{\delta_n}{n}}{\sqrt{4\pi^2 + \left(\dfrac{\delta_n}{n}\right)^2}} \tag{3-51}$$

在确定了系统的阻尼比 ζ 之后，再根据响应曲线上的时标测出系统的振荡频率 ω_d，便可利用 $\omega_d = \omega_n \cdot \sqrt{1-\zeta^2}$ 求得系统的固有频率。

例 3-3 对一个典型二阶系统输入一脉冲信号，从响应的记录曲线上测得其振荡周期为4ms，第三个和第十一个振荡的单峰幅值分别为 12mm 和4mm。试求该系统的固有频率 ω_n 和阻尼比 ζ。

解：输出波形的对数衰减率为

$$\frac{\delta_n}{n} = \frac{\ln(12/4)}{8} = 0.1373265$$

振荡频率为

$$\omega_d = \frac{2\pi}{T_d} = \frac{2\pi}{4\times10^{-3}} = 1570.796 \text{rad/s}$$

该系统的阻尼率为

$$\zeta = \frac{\delta_n/n}{\sqrt{4\pi^2 + (\delta_n/n)^2}} = \frac{0.1373265}{\sqrt{4\pi + 0.1373265^2}} = 0.02185$$

该系统的固有频率为

$$\omega_n = \frac{\omega_d}{\sqrt{1-\zeta^2}} = \frac{1570.796}{\sqrt{1-0.02185^2}} = 1571.171 \text{ rad/s}$$

3.7 本章小结

测试的目的是准确了解被测物理量的信息,而被测物理量经过测试系统的各个环节传递后,其输出量是否能够真实地反映被测物理量信息与测试系统的特性密切相关。因此,本章较系统地讨论了测试系统的基本特性。

线性常系数测量系统具有的特性:叠加性、可微性和同频性。测试系统的静态特性包括:灵敏度、非线性度、精度(准确度)、稳定性和回程误差等。

测试系统动态特性的描述:重点是频率响应函数、幅频特性曲线和相频特性曲线。

测试系统动态不失真测试条件:$A(\omega)=A_0$ 和 $\varphi(\omega)=-t_0\omega$,无时间延迟时 $t_0=0$,$\varphi(\omega)=0$。

主要阐明了常见的一阶、二阶测试系统的频率响应特性以及它们的测量误差分析方法。

测试系统动态特性参数的实验测试方法:稳态响应法、脉冲响应法。

3.8 习题

一. 填空题

1. 典型的测试系统由_____、_____、_____和_____几个环节组成,其中_____环节又由_____、_____和_____三部分组成。

2. 在稳态条件下,测试装置输出信号微变量 dy 和输入信号微变量 dx 之比,称之为_____;如输出/输入信号同量纲时,又称为_____。

3. 测试装置的静态特性主要以_____、_____和_____等表征。

4. 选用仪器时应注意到:灵敏度越高,仪器的测量范围越_____,其稳定性越_____。

5. 线性常系数系统的三个重要特性为_____、_____和_____。

6. 线性系统具有_____保持性，即若系统输入一个正弦信号，则其稳态输出的_____保持不变，但输出的_____和_____一般会发生变化。

7. 要使一阶测试装置的动态响应快，就应使_____。

8. 实现不失真测试的条件是：该测试装置的幅频特性_____、相频特性_____。

9. 正弦输入时系统的响应称_____，它表示系统对_____中不同频率成分的传输能力。

10. 在频域中，测试装置的输出 $Y(\omega)$ 与输入信号 $X(\omega)$ 之间的关系是_____，在时域中，测试装置输出 $y(t)$ 与输入 $x(t)$ 之间的关系是_____。

二. 简答与计算题

1. 通常在结构及工艺允许的条件下，为什么都希望将二阶测试装置的阻尼比 ζ 确定在 0.7 附近？

2. 二阶系统可直接用相频特性 $\varphi(\omega)=90°$ 所对应的频率 ω 作为系统固有频率 ω_n 的估计，这种估计值与系统的阻尼比 ζ 是否有关？为什么？

3. 若压电式力传感器灵敏度为 90pC/MPa，电荷放大器的灵敏度为 0.05V/pC，若压力变化 25MPa，为使记录笔在记录纸上的位移不大于 50mm，则笔式记录仪的灵敏度应选多大？

4. 用时间常数为 2s 的一阶装置测周期为 2s、4s 的正弦信号，试求周期为 4s 装置产生的幅值误差和相位滞后量分别是 2s 装置的几倍？

5. 使用时间常数为 0.2s 的一阶装置测量正弦信号：$x(t)=\sin 4t+0.4\sin 40t$（$K=1$），试求其输出信号。

6. 用一阶系统作 200Hz 正弦信号的测量，如果要求振幅误差在 10%以内，则时间常数应取多少？如用具有该时间常数的同一系统作 50Hz 正弦信号的测试，问此时的振幅误差和相位差是多少？

7. 用时间常数为 0.5s 的一阶装置进行测量，若被测参数按正弦规律变化，若要求装置指示值的幅值误差小于 2%，问被测参数变化的最高频率是多少？如果被测参数的周期是 2s 和 5s，问幅值误差是多少？

8. 已知一个二阶测量系统，阻尼比 $\xi=0.65$，$f_n=1200$Hz，问：输入 240Hz 和 480Hz 的信号时 $A(\omega)$ 和 $\varphi(\omega)$ 各是多少？若阻尼比 ξ 变为 0.5 和 0.707，$A(\omega)$ 和 $\varphi(\omega)$ 又各是多少？

9. 一种力传感器可作为二阶系统处理。已知传感器的固有频率为 800Hz，阻尼比为 0.14。问使用该传感器作频率为 500Hz 和1000Hz 正弦变化的外力测试时，其振幅和相位角各为多少？

∞ 第4章 ∞
常用传感器

学习提示：本章首先介绍传感器的定义、结构组成及传感器的分类；然后阐述各种常用传感器的工作原理和应用，包括参数式传感器、发电式传感器和几种新型传感器的基本原理及其应用。

教学要求：熟悉传感器的定义、结构组成和分类；熟练掌握电阻传感器、电容传感器、电感传感器、电涡流传感器等常用参数式传感器的工作原理和应用场合；掌握压电式传感器、磁电式传感器、霍尔式传感器、热电偶传感器和红外探测器这几种常用发电式传感器的工作原理和应用场合；了解薄膜传感器、超声传感器和工业CT技术等几种新型传感器的基本原理及其应用。

4.1 概述

如图 4-1 所示的人体系统与机器系统的对应关系可见，作为模拟人体感官的"电五官"(传感器)，是系统对外界获取信息的"窗口"。生物体的感官就是天然的传感器，如人的"五官"——眼、耳、鼻、舌、皮肤分别具有视、听、嗅、味、触觉。人们的大脑神经中枢通过五官的神经末梢(感受器)就能感知外界的信息。传感器被誉为"电五官"，是测试系统中的第一级，是感受和拾取被测信号的装置，是获取数据的来源。

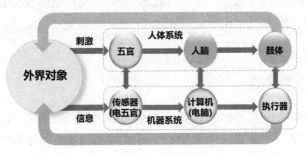

图 4-1 人体系统与机器系统的对应关系

4.1.1 传感器的定义

国家标准(GB7665—2005)对传感器的定义：能感受被测量并按照一定的规律转换成可用输

出信号的器件或装置，通常由敏感元件和转换元件组成。

一个指定的传感器，只能感受规定的物理量，输入输出关系服从一定规律，传感器的输出信号中载有被测量信息。传感器是机械量检测中不可缺少的首要环节，它的精度直接影响测试系统的整体测试精度，它是信息检测的必要工具，也是生产自动化、科学测试、计量核算、监测诊断等系统中不可缺少的基础环节，工程实际中俗称测量头、检测器等，也称为一次仪表。

传感器的主要作用是把非电量(如力、温度、光、声等)转换为电参量(电阻、电感、电容等)或电量(如电压、电流、电荷等)。例如：金属电阻应变片是将机械应变量的变化转换为电阻值的变化；压电式测力传感器可以将交变力的变化转换为电荷量的变化等。

4.1.2　传感器结构组成

由上面内容已知，当今的传感器是一种能把非电输入信息转换成电信号输出的器件或装置，通常由敏感元件、转换元件和转换电路组成，其典型的组成及功能如图 4-2 所示。

- 敏感元件：是指直接感受被测量(如位移)并将其转换为有确定关系的、易变成电参数的其他物理量(如应变)，是构成传感器的核心，如机械类传感器中的弹性元件。
- 转换元件：是指将其他物理量直接转换为有确定关系的电参量的元件，如电阻应变片。
- 转换电路：将转换元件输出的电参量(如电阻)转换为电量(如电压)。

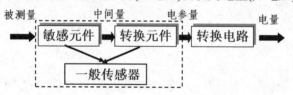

图 4-2　传感器典型组成和功能框图

需要指出的是，有一些传感器的敏感元件和转换元件是合二为一的，如固态压阻式压力传感器等；同时，还有一些传感器内部也集成了一些测量电路(转换电路)，它的功能是把转换元件输出的电参量变为便于处理、显示、记录、控制的可用电信号的电路。测量电路的类型视转换元件的不同而定，经常采用的有电桥电路和其他特殊电路，如高阻抗输入电路、脉冲电路、振荡电路等。

4.1.3　传感器的分类

用于测控技术的传感器种类繁多，一种被测量可以用不同类型的传感器来测量，而同一原理的传感器通常又可测量多种非电量，因此传感器分类方法各不相同，目前尚没有统一的分类方法。为了加深理解和便于应用传感器，根据传感器输入输出功能可以有以下几种分类法。

(1) 按被测物理量分类：可分为温度、压力、位移、速度、湿度等传感器。这种分类有利于选择传感器、应用传感器，适合于用户和销售商，便于很明确地根据用途选用传感器。

(2) 按转换原理分类：按照传感器把被测的非电量转换为哪一种类型的电参量或电信号的转换原理进行分类，可分为电阻应变式传感器、电容式传感器、电感式传感器、光电式传感器等。这种分类方法有利于传感器的设计和应用。

(3) 按敏感元件的物理现象分类：可分为结构型传感器和物性型传感器。结构型传感器利用敏感元件的结构参数变化实现信号的转换，如电阻应变式力传感器、电容式压力传感器等。物性型传感器利用敏感元件的物理性质的变化实现信号转换，如热电式、压电式、光电式、霍尔式传感器等。

(4) 按能量关系分类：可分为参数式传感器和发电式传感器。

将输入的工程参数变化转换为电参数变化的传感器，被称为参数式传感器。这种传感器由于在工作时其本身没有内在的能量转换，而不能产生电信号输出，需要外加供电电源才能工作并产生电信号，故常常也被称为无源传感器。常用的有电阻、电感和电容式三种基本类型传感器。

将输入的工程参数信号直接转变为电信号输出的传感器，被称为发电式传感器。与参数式传感器的工作原理不同，发电式传感器在工作时其本身具有内在的能量转换，且能够产生电信号输出，不需要外加供电电源，通过自身吸收其他能量，经过转换就能够输出电信号，故常常也被称为有源传感器。常用的压电式、磁电式、光电式、霍尔式及热电式传感器等就属于这种类型。

(5) 按输出量是模拟量或数字量分类：可分为模拟式传感器和数字式传感器两类。模拟式传感器的输出量为模拟电信号，数字式传感器的输出量为数字电信号。

4.2 参数式传感器

4.2.1 电阻式传感器

电阻式传感器是将非电量变化转换为电阻变化的传感器，有电阻应变式、热电阻式等常用类型。

1. 电阻应变式传感器

1) 电阻应变片工作原理——应变效应

电阻传感器是根据导体的电阻 R 与其电阻率 ρ 及长度 l 成正比、与截面积 A 成反比的关系，即对于横截面均匀的导体或半导体，其阻值为

$$R = \rho \frac{l}{A} \tag{4-1}$$

式中，l 为导体或半导体长度；ρ 为导体或半导体电阻率；A 为导体或半导体截面积。

应变式电阻传感器的敏感元件是电阻应变片，导体或半导体材料在受到外力(拉力或压力)作用下产生机械变形时，其 ρ、l、A 均发生变化，因此电阻值也随之变化，这种现象称为"应变效应"。通过对式(4-1)微分并整理，可得电阻的相对变化量

$$\frac{\mathrm{d}R}{R} = \frac{\mathrm{d}\rho}{\rho} + \frac{\mathrm{d}l}{l} - \frac{\mathrm{d}A}{A} \tag{4-2}$$

式中，dl/l=ε_t 为材料的轴向应变，工程上常用单位微应变 $\mu\varepsilon$（$1\mu\varepsilon$=$1\times10^{-6}\varepsilon$）表示。

由上式可见，材料电阻相对变化由两部分引起，第一部分由于几何尺寸变化所致，第二部分是受力后电阻率变化所致。根据材料的泊松比定律，材料沿轴向伸长时，径向尺寸缩小，反之亦然。因此，轴向应变 ε_t 与径向应变 ε_r 之间存在 ε_r=$-v\varepsilon_t$ 关系，由此可推得

$$\frac{dA}{A} = 2(\frac{\mathrm{d}r}{r}) = 2\varepsilon_r = -2v\varepsilon_t \tag{4-3}$$

式中，r 为半导体的半径，v 为材料的泊松比。

对于金属材料，实验证明，电阻率的相对变化率与其轴向应变成正比，即

$$\frac{\mathrm{d}\rho}{\rho} = C\frac{\mathrm{d}V}{V} = C(\frac{\mathrm{d}l}{l} + \frac{\mathrm{d}A}{A}) = C(1-2v)\varepsilon_t \tag{4-4}$$

式中，C 是一个由其材料及加工方式决定的常数，通常 C=1.13~1.15。

将式(4-3)、式(4-4)代入式(4-2)，可得金属材料发生形变时电阻相对变化率为

$$\frac{\Delta R}{R} \approx \frac{\mathrm{d}R}{R} = \left[(1+2v) + C(1-2v)\right]\varepsilon_t = S_m\varepsilon_t \tag{4-5}$$

式中，S_m=(1+2v)+C(1-2v) 称为金属材料的应变灵敏度。

对于半导体材料，当材料受到应力作用时，其电阻率会发生变化，这种现象称为"压阻效应"。由半导体理论可知，硅、锗等单晶半导体材料电阻率相对变化与轴向应力 σ 成正比

$$\frac{\mathrm{d}\rho}{\rho} = \pi\sigma = \pi E\varepsilon_t \tag{4-6}$$

式中，π 为半导体材料沿受力方向的压阻系数；E 为半导体材料的弹性模量；ε_t 为轴向应变。

将式(4-3)、式(4-6)代入式(4-2)，则半导体材料受力作用后电阻相对变化率为

$$\frac{\Delta R}{R} \approx \frac{\mathrm{d}R}{R} = \left[(1+2v) + \pi E\right]\varepsilon_t = S_\rho\varepsilon_t \tag{4-7}$$

式中，S_ρ=(1+2v)+πE 称为半导体材料的应变灵敏度。

对于金属材料，电阻应变效应主要来自结构尺寸的变化，一般情况下，$v \approx 0.3$，因此金属材料的灵敏度较小，约为 2.0。对于半导体材料，电阻应变效应主要来自压阻效应，由于 $\pi E \gg (1+2v)$，因此半导体材料的灵敏度较大，为 50~200，分散性也较大。

2）电阻应变片的类型

电阻应变片种类繁多，形式多样，一般根据敏感栅材料与结构的不同，可分为金属丝式应变片、金属箔式应变片和半导体应变片三种，它们的外形结构如图 4-3 所示。

图 4-3 为电阻应变片的典型结构，它由基底、敏感栅、覆盖片和引线组成。其中敏感栅是应变片的核心部分，实现应变—电阻的转换；敏感栅通常粘贴在绝缘基底上，其上再粘贴起保护作用的覆盖片，两端焊接引出导线。目前较常用的是金属箔式应变片，它是利用光刻、腐蚀

等工艺制成金属箔栅，可以根据测量需要制成各种形状，称为应变花。而半导体应变片通常制成单根形状。

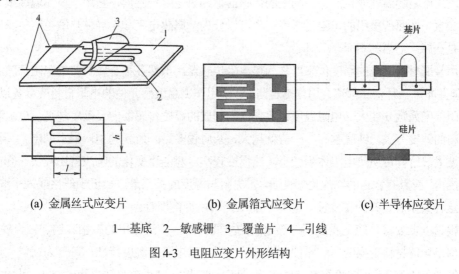

(a) 金属丝式应变片　　　　(b) 金属箔式应变片　　　　(c) 半导体应变片

1—基底　2—敏感栅　3—覆盖片　4—引线

图4-3　电阻应变片外形结构

3) 电阻应变片的特性

应变片种类很多，测量前应首先选定合适的应变片类型。一般可以根据试验环境、应变性质、试件状况以及测试精度等因素，选择合适的应变片。表 4-1 给出了金属应变片和半导体应变片的典型工作特性。

表4-1　金属应变片和半导体应变片的典型工作特性

参数	金属应变片	半导体应变片
测量范围/$\mu\varepsilon$	0.1~50000	0.001~3000
灵敏度	1.8~4.5	50~200
标称阻值/Ω	120，350，600，…，5000	1000~5000
电阻容差	0.1%~0.35%	1%~2%
有效栅长度/mm	0.4~150 标准值：3~10	1~5

4) 应变片的安装

应变片的测量精度与测量可靠性，主要取决于敏感栅材料和结构、基底材料、黏结剂和黏结方法、应变片的保护以及测量电路等。也就是说，它受到自身特性、粘贴工艺和测量电路的综合影响。可见，应变片的安装质量是关键因素之一，应予以高度重视。

应变片安装方法有三种：粘贴法、焊接法和喷涂法，其中粘贴法最为常用。应变片粘贴前应首先对其外观进行检查。为使应变片粘贴牢固，需要事先对试件表面进行机械、化学处理，然后按照贴片定位、涂底胶、贴片、干燥固化、贴片质量检查、引线焊接与固定、导线防护与屏蔽等步骤完成应变片的安装。

2. 热电阻式传感器

利用电阻随温度变化的特性制成的传感器称为热电阻传感器，它用于检测温度或与温度有关的参数。按照所采用的电阻材料不同，可以分为金属热电阻和半导体热敏电阻传感器，前者材料是金属，后者材料是半导体。

用金属材料制成的温度传感器称为热电阻传感器。虽然各种金属材料的电阻都随温度而变化，但并非每一种金属都适合用作热电阻。适于用作测温敏感元件的电阻材料应具备以下特点：①电阻温度系数 α 要大。电阻温度系数越大，制成的温度传感器的灵敏度越高；电阻温度系数与材料的纯度有关，纯度越高，α 值就越大，杂质越多，α 值就越小，且不稳定。②材料的电阻率要大。这样可使热电阻体积较小，热惯性较小，对温度变化的响应就比较快。③在整个测量范围内，应具有稳定的物理化学性质。④电阻与温度的关系最好接近于线性或为平滑的曲线，而且这种关系有良好的重复性。⑤易于加工复制，价格便宜。

根据以上要求，纯金属是制造热电阻的主要材料，广泛应用的有铂、铜、镍、铁等。

用半导体材料制成的热敏器件称为热敏电阻。按电阻—温度特性，可分为三类：负温度系数热敏电阻(NTC)、正温度系数热敏电阻(PTC)和临界温度系数热敏电阻(CTC)。其中 PTC 和 CTC 型在一定温度范围内，阻值随温度剧烈变化，因此常用作开关元件。温度测量主要使用 NTC 型热敏电阻。

负温度系数热敏电阻是一种氧化物的复合烧结体，通常用它测量-100~300℃范围内的温度。与热电阻相比，它具有以下特点：①电阻温度系数大，灵敏度高；②结构简单，体积小，可测量点温度；③电阻率高，热惯性小，适于动态测量。

热电阻传感器根据传感元件的材料性质的不同，有铂电阻和铜电阻传感器等。在工业上广泛应用于-200℃～+500℃范围的温度检测，这些热电阻传感器的传感元件采用不同材料的电阻丝，电阻丝将温度(热量)的变化转变成电阻的变化。因此它们必须接入信号转换调理电路中，将电阻的变化转换成电流或电压的变化，再进行后续测量。下面介绍几种常用的热电阻式传感器及其性能。

1) 铂电阻温度传感器

铂金属的优点是物理化学性能极为稳定，容易提纯，便于加工，并具有良好的工艺性，是较常用的金属热电阻材料；其缺点是电阻温度系数较小。铂电阻温度传感器是用铂金属丝双绕在云母和陶瓷支架上，端部引出连线，外面再套上玻璃或陶瓷护套构成，如图4-4所示。

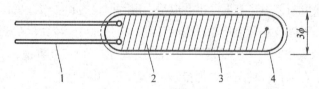

1—导线　2—铂金芯线　3—玻璃套　4—陶瓷线圈架

图 4-4　铂电阻温度传感器构造(玻璃密封型)

铂电阻温度传感器除用于一般工业测温外，在国际实用温标中，还作为在-259.34~ 630.74℃

温度区间的温度基准。铂电阻与温度之间的关系近似直线，可表示为

在-200~0℃范围内

$$R_t = R_0\left[1 + At + Bt^2 + C\left(t - 100\,℃\right)t^3\right] \tag{4-8}$$

在 0~650℃范围内

$$R_t = R_0\left(1 + At + Bt^2\right) \tag{4-9}$$

式中，R_0、R_t 分别为 0 ℃和 t ℃的电阻值；A、B、C 是系数，对于工业铂电阻：$A = 3.96847\times10^{-3}℃$，$B = -5.847\times10^{-7}/℃^2$，$C = -4.22\times10^{-12}/℃^4$。

铂电阻温度传感器的精度等级与铂的提纯程度有关，通常用百度电阻比 $W(100)= R_{100}/R_0$ 来表征铂的纯度，R_{100} 和 R_0 分别是 100℃和 0℃时的电阻值。国内工业用标准铂电阻要求其百度电阻比 $W(100)\geqslant1.391$。

目前我国工业上用于测量 73K 以上温度用铂电阻，分度号为 BA1 和 BA2 两种。BA1 和 BA2 的 R_0 分别为 46Ω 和 100Ω，铂的纯度为 R_{100}/R_0=1.391。选定铂电阻后根据式(4-8)和式(4-9)即可列出铂电阻分度表，使用时只要测出热电阻 R_t，通过查分度表就可确定被测温度。

2) 铜电阻温度传感器

铜电阻温度传感器一般用于-50~150℃范围内的温度测量。在该测温范围内，其电阻值与温度间的关系呈近似线性关系，表达式为

$$R_t = R_0\left(1 + \alpha t\right) \tag{4-10}$$

铜电阻温度系数 α 高于其他金属的值，$\alpha = 4.25\times10^{-3}/℃$，价格低廉，易于提纯。其缺点是电阻率小，$\rho = 0.017Ω\cdot mm^2/m$，故铜电阻丝必须做得细而长，从而使它的机械强度降低；易氧化，只能用于无侵蚀性介质中。

镍和铁电阻虽然也适合做热电阻，但由于易氧化、非线性严重，较少应用，在此不做介绍。

3) 半导体温度传感器(热敏电阻)

热敏电阻为一种半导体温度传感器，具有负温度系数的热敏电阻的特性曲线是非线性的，如图 4-5 所示。

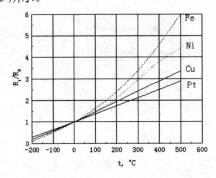

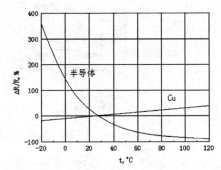

(a) 常见金属的电阻—温度特性曲线　　　(b) 半导体和铜的电阻—温度特性曲线的比较

图 4-5　常用热电阻电阻—温度特性曲线

锗是最常用的半导体材料，纯锗在低温下电阻率太大，对温度的灵敏度也不高，因此必须掺杂微量的杂质，其特点为：具有负的电阻温度系数；温度降低时，其电阻值增加，灵敏度增大；电阻温度关系很稳定，重复性很好，是迄今所研究过的半导体中最理想的低温测量元件；标定一次可长期使用，而且它的测量精度可达到 0.005K，许多国家将锗电阻温度计作为 4.2K~20K(低温)的标准测温仪表。

热敏电阻的电流值通常限制在毫安量级，主要是为了不使它产生自发热现象，从而保证在所测量的温度范围内具有线性的关系。此外还常采用线性化电路与热敏电阻相连，目的是扩大它们的测量范围。热敏电阻的灵敏度较高，一般为-150~-20Ω/℃，比热电偶的灵敏度高许多。尽管热敏电阻不如铂电阻温度计那样具有长时间的稳定性，但它们足以满足大多数应用的要求。

3. 电阻式传感器的应用

用应变片贴于弹性元件上制成的传感器，可测量各种能使弹性元件产生应变的物理量，如压力、流量、位移、加速度等。因为这时被测的物理量使弹性元件产生与之成正比的应变，这个应变再由应变片转换成其自身电阻的变化。根据应变效应可知，应变片电阻的相对变化与应变片所感受的应变成比例，从而通过电阻与应变、应变与被测量的关系即可测得被测物理量的大小。图 4-6 给出了几种典型的应变式传感器的例子。

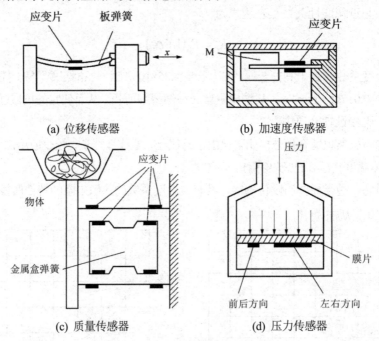

(a) 位移传感器　　　　　　　　　(b) 加速度传感器

(c) 质量传感器　　　　　　　　　(d) 压力传感器

图 4-6　应变式电阻传感器应用举例

图 4-6(a)是位移传感器。位移 x 使板弹簧产生与之成比例的弹性变形，板弹簧上的应变片感受板的应变并将其转换成电阻的变化量。

图 4-6(b)是加速度传感器。它由质量块 M、悬臂梁、基座组成。当外壳与被测振动体一起振动时，质量块 M 的惯性力作用在悬臂梁上，梁的应变与振动体(即外壳)的加速度在一定频率

范围内成正比，贴在梁上的应变片把应变转换成为电阻的变化。

图 4-6(c)是质量传感器。质量引起金属盒的弹性变形，贴在盒上的应变片也随之变形，从而引起其电阻变化。

图 4-6(d)是压力传感器。压力使膜片变形，应变片也相应变形，使其电阻发生变化。

4.2.2 电容式传感器

电容式传感器是将被测非电量的变化转换为电容量变化的一种传感器。这类传感器的特点是结构简单、高分辨力、可非接触测量，并能在高温、辐射和强烈振动等恶劣条件下工作。随着集成电路技术和计算机技术的发展，各种用途的微机械结构集成化电容传感器将成为一种很有发展前途的传感器。

1. 电容式传感器工作原理

电容传感器的转换原理可用图 4-7 所示的平板电容器来说明。平板电容器的电容为

$$C = \frac{\varepsilon A}{\delta} = \frac{\varepsilon_0 \varepsilon_r A}{\delta} \tag{4-11}$$

式中，A 为极板相互覆盖面积(m^2)；ε_0 为真空的介电常数，$\varepsilon_0 = 8.85 \times 10^{-12}\text{F/m}$；$\varepsilon_r$ 为两极板间介质的相对介电常数，δ 为极板间距；C 为电容量(F)。

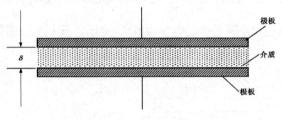

图 4-7　平板电容器

由式(4-11)知，当被检测参数(如位移、压力等)使式中的 ε、A 或 δ 变化时，都能引起电容器电容量的变化，从而实现对被测参数到电容的变换。在实际应用中，通常是使 ε、A 和 δ 三个参数中的两个保持不变，只改变其中的一个参数来使电容产生变化。所以电容式传感器可分为以下三大类：变极板间距型电容传感器、变面积型电容传感器和变介电常数型电容传感器。

1) 变极板间距型电容传感器

如图 4-8(a)所示，上极板为固定极板，下极板为动极板，当平行极板中的动极板上移时，极板间距由初始距离 δ_0 变为 $\delta_0 - \Delta\delta$，当电容器的两平行板的重合面积及介质不变，而动板因受被测量控制而移动时，仅改变了极板间距 δ，引起电容器电容量的变化，达到将被测参数转换成电容量变化的目的。若电容器的极板面积为 A，初始极距为 δ_0，极板间介质的介电常数为 ε，由式(4-11)可知，电容器的初始电容量为

$$C_0 = \frac{\varepsilon A}{\delta_0}$$

当间隙 δ_0 减小 $\Delta\delta$，则电容量增加 ΔC，其电容量为

$$C = C_0 + \Delta C = \frac{\varepsilon A}{\delta_0 - \Delta\delta} \tag{4-12}$$

电容的相对变化量为

$$\frac{\Delta C}{C_0} = \frac{\Delta\delta}{\delta_0 - \Delta\delta} = \frac{\Delta\delta}{\delta_0}(1 - \frac{\Delta\delta}{\delta_0})^{-1} \tag{4-13}$$

因为 $\dfrac{\Delta\delta}{\delta_0}$ <<1 时，将式(4-13)按级数展开并忽略二次以上高次项后可得

$$\frac{\Delta C}{C_0} = \frac{\Delta\delta}{\delta_0}\left[1 + \frac{\Delta\delta}{\delta_0} + \left(\frac{\Delta\delta}{\delta_0}\right)^2 + \cdots\right] \approx \frac{\Delta\delta}{\delta_0} \tag{4-14}$$

上式表明，变极板间距型电容传感器电容的变化与位移之间的关系是非线性的，如图 4-8(b)所示，线性关系仅在小位移时成立，因此，此类传感器适合测量微小位移(0.001mm 至零点几毫米)。

电容传感器的灵敏度为

$$S = \frac{\Delta C}{\Delta\delta} \approx \frac{C_0}{\delta_0} = \frac{\varepsilon A}{\delta_0{}^2} \tag{4-15}$$

上式表明，灵敏度 S 与 δ_0 平方成反比，减小 δ_0 可提高灵敏度。但 δ_0 减小，会导致 $\dfrac{\Delta\delta}{\delta_0}$ 增大，非线性误差增大，并且 δ_0 过小容易引起电容器击穿，因此，变极板间距型电容传感器通常采用差动式结构。

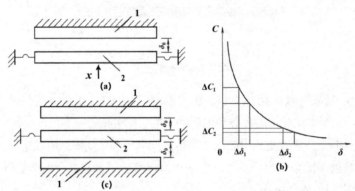

(a) 变极板间距型　　　(b) 电容与极板间距之间的关系　　　(c) 差动式结构

1—定极板　2—动极板

图 4-8　变极板间距型电容传感器

差动式结构如图 4-8(c)所示，中间一片极板为动片，两边的极板是定片。当动片在被测量作用下发生位移 $\Delta\delta$ 后，上、下两对极板间距分别为 $\Delta\delta-\delta_0$ 和 $\Delta\delta+\delta_0$，电容为

$$C_1 = C_0\left[1 + \frac{\Delta\delta}{\delta_0} + \left(\frac{\Delta\delta}{\delta_0}\right)^2 + \left(\frac{\Delta\delta}{\delta_0}\right)^3 + \cdots\right] \tag{4-16}$$

$$C_1 = C_0 \left[1 - \frac{\Delta\delta}{\delta_0} + \left(\frac{\Delta\delta}{\delta_0}\right)^2 - \left(\frac{\Delta\delta}{\delta_0}\right)^3 + \cdots \right] \tag{4-17}$$

这样构成差动平行极板电容器的总电容量变化为

$$\Delta C = C_1 - C_2 = C_0 \left[2\frac{\Delta\delta}{\delta_0} + 2\left(\frac{\Delta\delta}{\delta_0}\right)^3 + \cdots \right] \tag{4-18}$$

忽略三次以上高次项后得

$$\frac{\Delta C}{C_0} \approx 2\frac{\Delta\delta}{\delta_0} \tag{4-19}$$

灵敏度为

$$S = \frac{\Delta C}{\Delta\delta} \approx 2\frac{C_0}{\delta_0} = 2\frac{\varepsilon A}{{\delta_0}^2} \tag{4-20}$$

2) 变面积型电容传感器

如图 4-9(a)所示，当平行极板受被测量作用发生水平方向位移 x，与位移方向垂直的极板宽度为 b，如两极板间面积变化 $\Delta A = bx$，相应电容量也发生变化，即

$$\Delta C = C - C_0 = -\frac{\varepsilon_r \varepsilon_0 b}{\delta_0} x \tag{4-21}$$

其灵敏度为

$$S = \left| \frac{\Delta C}{x} \right| = \frac{\varepsilon_r \varepsilon_0 b}{\delta_0} \tag{4-22}$$

由式(4-22)可知，变面积型电容传感器的输出特性是线性的，灵敏度是常数，增大 b 或减小 δ_0 可以增大灵敏度。它常用于测量 1~10cm 中等大小的位移。变面积型电容传感器中也常采用差动工作方式，其结构形式如图 4-9(b)、(c)所示，其中图 4-9(b)为平板电容，图 4-9(c)为圆筒电容。

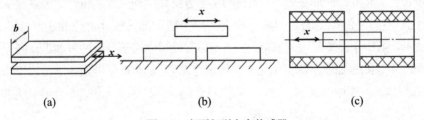

(a)　　　　　　　　(b)　　　　　　　　(c)

图 4-9　变面积型电容传感器

3) 变介电常数型电容传感器

被测参数使介电常数发生变化而引起传感器电容量的变化，这类传感器被称为介质变化型电容式传感器。它们大多用来测量材料的厚度、液体的液面、容量及温度、湿度等能导致极板间介电常数变化的物理量。

图 4-10(a)所示电容式传感器为极间介质的厚度变化导致极间介电常数改变，可用来测量纸张等固体介质厚度；图 4-10(b)为极间介质本身的介电常数在温度、湿度或体积容量改变时发生变化，可用于测量温度、湿度或容量。

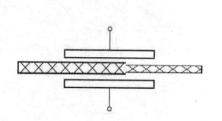 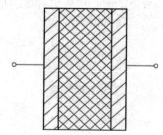

(a) 介质厚度变化导致介电常数改变　　　　(b) 温度或湿度的变化引起的介电常数的变化

图 4-10　变介电常数型电容传感器

2. 电容传感器的应用

1) 电容式差压传感器

电容式差压传感器是一种典型的变间隙式电容传感器。图 4-11 是电容式差压传感器结构示意图。这种传感器结构简单，灵敏度高，响应速度快(约 100ms)，能测微小压差(0~0.75Pa)。

电容式差压传感器由两个玻璃圆盘和一个金属(不锈钢)膜片组成。在两玻璃圆盘上的凹面上镀金属作为电容式传感器的两个固定极板，而夹在两凹圆盘中的膜片则为传感器的可动电极，两个定极板和一个动极板构成传感器的两个差动电容 C_1、C_2。当两边压力 p_1、p_2 相等时，膜片处在中间位置，左、右固定电极与动极板之间间距相等，因此两个电容相等；当 $p_1 \neq p_2$ 时，膜片弯向一侧，则两个差动电容一个增大、一个减小，且变化量大小相同；当压差反向时，差动电容变化量也反向。这种差压传感器也可以用来测量真空或微小绝对压力，此时只要把膜片的一侧密封并抽成高真空(10^{-5}Pa)即可。

2) 电容式微加速度传感器

利用微电子技术加工的加速度计一般也利用电容变化原理进行测量，它可以是变间距型，也可以是变面积型。图 4-12 所示的是一种变间距型硅微加速度计。微加速度计芯片外形如图 4-12(a)所示，其中 1 是加速度测试单元，2 是信号处理电路部分，两者加工在同一芯片上。图 4-12(b)和图 4-12(c)是加速度测试单元的结构示意图，它是由在硅衬底上制造出三个多晶硅电极 4、5 和 6 组成的。图中 3 是硅衬底，4 为底层多晶硅，称为下电极；5 是中间层多晶硅，称为振动片；6 是顶层多晶硅，称为上电极。

上、下电极固定不动，而振动片是左端固定在衬底上的悬臂梁，可以上下微动。当它感受到上下振动时，与上、下极板构成的电容器 C_1、C_2 差动变化。测得振动片位移后的电容变化就可以算出振动加速度的大小。与加速度测试单元封装在同一壳体中的信号处理电路，将 $\triangle C$ 转换成直流电压输出。它的激励源也做在同一壳体内，所以集成度很高。由于硅的弹性滞后很小，且悬臂梁的质量很轻，因此频率响应可达 1kHz 以上，允许加速度范围可达 10g 以上。如果在壳体内的三个相互垂直方向安装三个加速度传感器，就可以测量三维方向的振动或加速度。

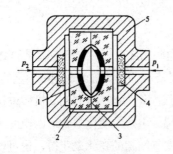 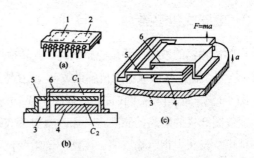

1—金属镀层　2—凹形玻璃　3—膜片　　　　1—加速度测试单元　2—信号处理电路　3—硅衬底

4—过滤器　5—外壳　　　　　　　　　　　4—底层多晶硅　5—中间层多晶硅　6—顶层多晶硅

图 4-11　电容式差压传感器结构示意图　　　　　图 4-12　硅微加速度计

3) 电容式传声器

传声器是将声音信号转换为电信号的能量转换器件，广泛应用于声音的测量中。传声器按照声电转换原理可分为电动式、电容式、压电式、磁电式等。其中，电容式传声器是声音测量中最为常用的传声器。

电容式传声器结构和原理如图 4-13 所示，配置有一个张紧的金属膜片，厚度为 0.025~0.05mm。该膜片组成空气介质电容器的一个动极板。可变电容器的定极板是背极，上面有多个孔和槽，用作阻尼器。膜片运动时产生的气流通过这些孔或槽来产生阻尼，从而抑制膜片的共振振幅。

传声器的可变电容器和一个高阻值的电阻串联，并由一个 100~300V 的直流电压所极化。极化电压起着电路激励源和确定无声压时膜片中性位置的作用，因为在电容器两极板间存在一个静电吸引力。在恒定的膜片偏移情况下，没有电流流经电阻，因而也没有输出电压。因此，对膜片两端的静态电压差没有响应。当膜片上作用有一个动态压力差，即有声压作用时，导致电容发生变化，于是有电流流经电阻，产生一个输出电压 $E(t)$，即

$$E(t) = E_{bias} \frac{d'(t)}{d_0} \tag{4-23}$$

式中，E_{bias} 为极化电压；d_0 为极板间的原始间距；$d'(t)$ 为由声压波动导致的极板间距变化。

图 4-14 所示为 MA231 型电容式传声器，其内置有前置放大器，具有 ICCP 低阻抗输出、频响和动态范围宽、灵敏度高、测量距离长、成本低等功能和特点，在声学测量中应用广泛。

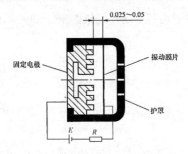 

图 4-13　电容式传声器结构和原理图　　　　　图 4-14　MA231 型电容式传声器

4.2.3 电感式传感器

电感传感器的敏感元件是电感线圈，其转换原理基于电磁感应原理。它把被测量的变化(如位移、压力、振动)转换成线圈自感系数 L 或互感系数 M 的变化而达到被测量到电参量的转换。

图 4-15 是简单自感式装置的原理图。当一个简单的单线圈作为敏感元件时，机械位移输入会改变线圈产生的磁路的磁阻，从而改变自感式装置的电感。电感的变化由合适的电路进行测量，就可从表头上指示输入值。磁路的磁阻变化可以通过空气间隙的变化来获得，也可以通过改变铁心材料的数量或类型来获得。

采用两个线圈的互感装置如图 4-16 所示。当一个激励源线圈的磁通量被耦合到另一个传感线圈上，就可从这个传感线圈得到输出信号。输入信息是衔铁位移的函数，它改变线圈间的耦合。耦合可以通过改变线圈和衔铁之间的相对位置而改变。这种相对位置的改变可以是线位移，也可以是转动的角位移。

电感式传感器种类很多，本节主要介绍自感型、互感型两种，比较特殊的互感型电涡流传感器将在 4.2.4 节单独介绍。

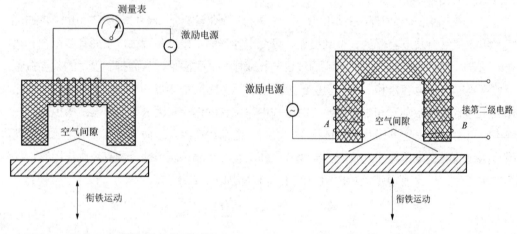

图 4-15　简单自感式装置的工作原理图　　　　图 4-16　双线圈互感装置

1. 电感式传感器工作原理

1) 自感型(变磁阻)电感式传感器工作原理

变磁阻式传感器是典型的自感型传感器，其结构如图 4-17 所示，它由线圈、铁心、衔铁三部分组成。设线圈匝数为 N，线圈自感 L 的定义为

$$L = \frac{N^2}{R_m} \tag{4-24}$$

式中，R_m 为磁路磁阻，它由铁心磁阻 R_f 和气隙磁阻 R_δ 两部分组成，即

$$R_m = R_f + R_\delta \tag{4-25}$$

其中

$$R_f = \sum_i \frac{l_i}{\mu_i S_i}, \quad R_\delta = \frac{2\delta}{\mu_0 S}$$

式中，μ_i 为铁心各段磁导率；l_i 为铁心各段长度；S_i 为铁心各段截面积；S 为气隙截面积；δ 为气隙长度；μ_0 为空气磁导率。

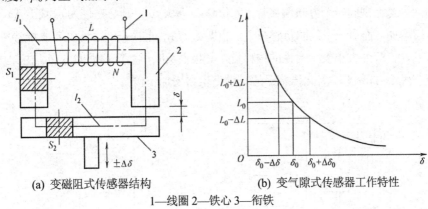

(a) 变磁阻式传感器结构   (b) 变气隙式传感器工作特性

1—线圈 2—铁心 3—衔铁

图 4-17　变磁阻式传感器及其工作特性

由于铁心磁导率远远大于空气磁导率，$R_f \ll R_\delta$，则该电感传感器的自感为

$$L \approx \frac{N^2 \mu_0 S}{2\delta} \tag{4-26}$$

当外部被测量引起衔铁产生位移使气隙面积或气隙长度发生改变时，都会引起磁路磁阻变化，从而导致自感的变化。因此，相应的变磁阻式电感传感器有两种工作方式：变气隙式和变面积式。

由式(4-26)可知，L 与 S 之间是线性关系，与 δ 之间是非线性关系。设电感传感器初始气隙长度为 δ_0，初始电感量为 L_0，衔铁位移引起的气隙变化量为 $\Delta\delta$，相应的电感变化量为 ΔL，当衔铁上移时，气隙减小，电感增大；反之，电感减小。上移时，有

$$L = L_0 + \Delta L = \frac{N^2 \mu_0 S}{2(\delta_0 - \Delta\delta)} = \frac{L_0}{1 - \Delta\delta / \delta_0} \tag{4-27}$$

当 $\Delta\delta / \delta_0 \ll 1$ 时，上式用泰勒级数展开可得电感相对增量，即

$$\frac{\Delta L}{L_0} \approx \frac{\Delta\delta}{\delta_0}[1 + \frac{\Delta\delta}{\delta_0} + (\frac{\Delta\delta}{\delta_0})^2 + (\frac{\Delta\delta}{\delta_0})^3 + \cdots]$$

忽略高次项后，可得到变气隙式电感传感器的灵敏度为

$$s_L = \frac{\Delta L / L_0}{\Delta\delta} = \frac{1}{\delta_0} \tag{4-28}$$

由上式可见，要增大灵敏度则应减小 δ_0，但 δ_0 的减小要受到安装工艺的限制。为保证一定

的测量范围和线性度，对于变气隙式电感传感器，通常取 $\delta_0 = 0.1 \sim 0.5\text{mm}$，$\Delta\delta = (1/5\sim1/10)\delta_0$，即一般用作小位移的测量。

为了提高自感型传感器的灵敏度，增大传感器的线性工作范围，实际中较多的是将两结构相同的自感线圈组合在一起形成所谓的差动式电感传感器。如图 4-18 所示，当衔铁位于中间位置时，位移为零，两线圈上的自感相等。此时电流 $i_2=i_1$，负载 Z_1 上没有电流通过，$\Delta i = 0$，输出电压 $u_1=0$。当衔铁向一个方向偏移时，若位移 δ_1 增大 $\Delta\delta$，则必定使为 δ_2 减小 $\Delta\delta$，其中的一个线圈自感增加，而另一个线圈自感减小，也即 $L_1 \neq L_2$，此时 $i_2 \neq i_1$，负载 Z_1 上流经电流 $\Delta i \neq 0$，输出电压 $u_1 \neq 0$。u_1 的大小表示衔铁的位移量，其极性反映了衔铁移动的方向。由此，使通过负载的电流产生 $2i$ 的变化，因此传感器的灵敏度也将增加 1 倍。

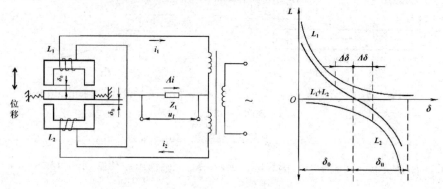

图 4-18　差动式自感型传感器工作原理及输出特性

变面积式电感传感器的工作特性是线性的，但灵敏度较低，较少使用；变气隙式电感传感器灵敏度很高，是常用的电感式传感器。

2) 互感型(差动变压器)电感式传感器工作原理

互感型传感器是将被测非电量转换为线圈互感变化的传感器，典型应用是差动变压器。螺线管式差动变压器是一种常用的互感型电感传感器，主要用于测量位移。其等效电路如图 4-19(a) 所示。图中，W_1 为变压器一次绕组，二次绕组 W_{21} 与 W_{22} 是两个完全对称的线圈，反极性串联；衔铁 T 插入螺线管并与测量头相连。

当二次侧开路时，一次电流 $i_1 = \dfrac{u_i}{r_1 + j\omega L_1}$，一次绕组与二次绕组之间的互感分别为 M_1 和 M_2，则二次侧开路时输出电压为

$$u_0 = u_{21} - u_{22} = -\frac{j\omega(M_1 - M_2)u_i}{r_1 + j\omega L_1} \tag{4-29}$$

初始状态衔铁 T 处于中间位置，磁路两边对称，则与二次绕组 W_{21} 与 W_{22} 对应的互感 $M_1=M_2$，因此二次绕组产生的差动电动势 $u_0=0$；有位移时，衔铁偏离中间位置，$M_1 \neq M_2$，故输出电动势 $u_0 \neq 0$，输出电动势的大小取决于衔铁移动的距离 x，而输出电动势的相位取决于位移的方向。差动变压器的灵敏度一般可达 0.5~5V/mm，行程越小，灵敏度提高。为了提高灵敏度，励磁电压在 10V 左右为宜，电源频率以 1 ~10kHz 为好。差动变压器线性范围为线圈骨架长度

的 1/10~1/4，配用相敏检波电路测量。

图 4-19(b)给出了输出电压 u_o 与位移 x 的关系曲线，虚线为理论特性曲线，实线为实际特性曲线。当衔铁位于中心位置时，差动变压器输出电压并不为零，将零位移时的输出电压称为零点残余电压，记作 U_r。零点残余电压主要是由于二次绕组电气参数和几何尺寸不对称造成的，一般在几十毫伏以下，实际使用时，应设法减小 U_r，否则会影响测量结果。

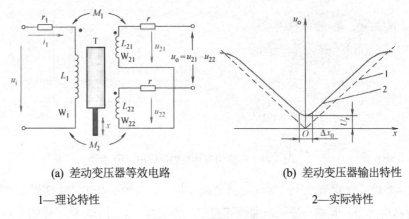

(a) 差动变压器等效电路 (b) 差动变压器输出特性

1—理论特性 2—实际特性

图 4-19 差动变压器等效电路与输出特性

2. 电感式传感器的应用

(1) 自感型压力传感器。图 4-20 所示为自感型压力传感器结构原理。图 4-20(a)是变气隙式自感压力传感器，弹性敏感元件是膜盒，当压力变化时，膜盒带动衔铁位移，根据所测的自感变化量，可以计算出压力的大小。此类压力传感器适合测量较小压力。图 4-20(b)是变气隙差动式自感压力传感器，由 C 形弹簧管充当弹性敏感元件。流体进入弹簧管后，其自由端向外伸展，带动衔铁移动，引起电感变化，通过测量电感变化量，可计算出压力值。

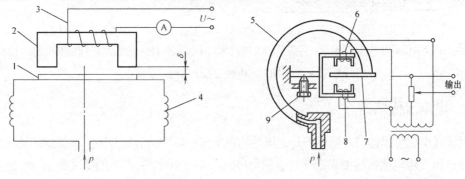

(a) 变气隙式自感压力传感器 (b) 变气隙差动式自感压力传感器

1、7—衔铁 2—铁心 3、6、8—线圈 4—膜盒 5—C 形弹簧管 9—机械零点调零螺钉

图 4-20 自感型压力传感器结构原理

(2) 自感型位移传感器。自感型传感器常用于非接触式测量位移和角度，以及可转换为上述两个量的其他物理量。传感器的测量范围一般为 1μm~1mm，其最高测量分辨力为 0.01μm。图 4-21 为两种应用实例，图 4-21(a)为测量透平轴与其壳体间的轴向相对伸长；图 4-21(b)为确定磁性材料上非磁性涂覆层的厚度。

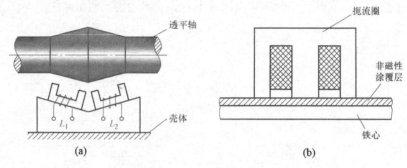

图 4-21　自感型位移传感器应用实例

(3) 互感型轴向电感测微计。轴向电感测微计是一种典型的互感型传感器。这是一种常用的接触式位移传感器，其核心是一个螺线管式差动变压器，常用于测量工件的外形尺寸和轮廓形状。

图 4-22 给出了其结构示意图，其中测端 10 将被测试件 11 的形状变化通过测杆 8 转换为衔铁 3 的位移，线圈 4 接收该信号获得相关信息。

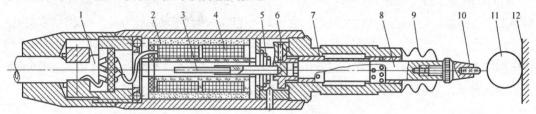

1—引线电缆　2—固定磁筒　3—衔铁　4—线圈　5—测力弹簧　6—防转销
7—钢球导轨(直线轴承)　8—测杆　9—密封套　10—测端　11—被测试件　12—基准面
图 4-22　轴向式电感测微计结构示意图

4.2.4　电涡流传感器

涡流式电感传感器的转换原理是金属导体在交变磁场中的涡流效应。根据电磁感应定律，当一个通以交流电流的线圈靠近一块金属导体时，交变电流 I_1 产生的交变磁通 Φ_1 通过金属导体，在金属导体内部产生感应电流 I_2，I_2 在金属板内自行闭合形成回路，称为"涡流"。涡流的产生必然要消耗磁场的能量，即涡流产生的磁通 Φ_2 总是与线圈磁通 Φ_1 方向相反，使线圈的阻抗发生变化。传感器线圈阻抗的变化与被测金属的性质(电阻率 μ、磁导率 ρ 等)、传感器线圈的几何参数、激励电流的大小与频率、被测金属的厚度以及线圈到被测金属之间的距离等有关。因此，可把传感器线圈作为传感器的敏感元件，通过其阻抗的变化来测定导体的位移、振幅、厚度、转速，导体的表面裂纹、缺陷、硬度和强度等。

1. 电涡流传感器工作原理

涡流式电感传感器可分为高频反射式和低频透射式两种类型。

1) 高频反射式涡流传感器

高频反射式涡流传感器的工作原理如图 4-23(a)所示。交流电流通过导体时，由于感应作用引起导体截面上电流分布不均匀，越接近导体表面，电流密度越大，这种现象称为集肤效应。集肤效应使导体的有效电阻增加。交流电的频率越高，集肤效应越显著。在金属板一侧的电感线圈中通以频率在数兆赫兹以上的激励电流时，线圈便产生高频磁场，该磁场作用于金属板，由于集肤效应，高频磁场不能透过有一定厚度 h 的金属板，而是作用于表面薄层，并在这薄层中产生涡流。涡流 I_2 又会产生交变磁通 Φ_2 反过来作用于线圈，使得线圈中的阻抗发生变化。显然涡流的大小随线圈与金属板之间的距离 x 而变化。因此可以用高频反射式涡流传感器来测量位移量 x 的变化。图 4-23(b)是高频反射式电涡流传感器的等效电路图。

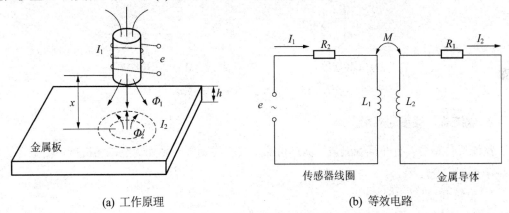

(a) 工作原理   (b) 等效电路

图 4-23　高频反射式涡流传感器

图 4-24 是电涡流位移传感器结构示意图。

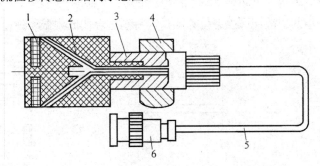

1—线圈　2—框架　3—框架衬套　4—支架　5—电缆　6—插头

图 4-24　电涡流位移传感器结构示意图

2) 低频透射式涡流传感器

低频透射式涡流传感器是利用互感原理工作的,它多用于测量材料的厚度。其工作原理如图 4-25(a)所示。发射线圈 W_1 和接收线圈 W_2 分别置于被测材料的两边;当低频(1000Hz 左右)电压加到线圈 W_1 的两端后,线圈 W_1 产生一交变磁场,并在金属板中产生涡流,这个涡流损耗了部分磁场能量,使得贯穿 W_2 的磁力线减少,从而使 W_2 产生的感应电势 e_2 减少。金属板的厚度 h 越大,涡流损耗的磁场能量也越大,e_2 就越小。因此 e_2 的大小就反映了金属板的厚度 h 的大小。低频透射式涡流传感器的输出特性即 e_2 与 h 的关系如图 4-25(b)所示。

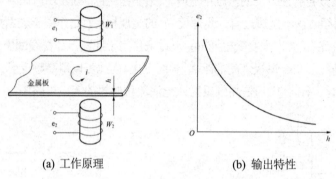

(a) 工作原理　　　　　　　　(b) 输出特性

图 4-25　低频透射式涡流传感器

2. 涡流式传感器的应用

涡流式传感器具有非接触测量、简单可靠、灵敏度高等一系列优点,在机械、冶金等工业领域中得到广泛应用。

1) 位移和振幅测量

图 4-26(a)是电涡流传感器在测转轴的径向位移,其检测范围为 0.01~40 mm,分辨力一般可达满量程的 0.1%。图 4-26(b)是电涡流传感器测量片状机件的振幅。振动幅值测量范围从几微米到几毫米。图 4-26(c)是电涡流传感器测构件的振型。涡流式传感器的频率特性在零到几十千赫的范围内是平坦的,故能作静态位移测量,特别适合作低频振动测量。

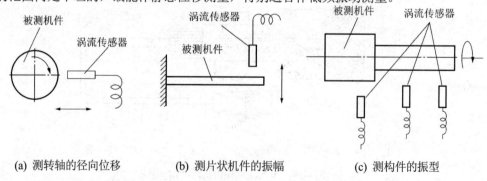

(a) 测转轴的径向位移　　　(b) 测片状机件的振幅　　　(c) 测构件的振型

图 4-26　涡流传感器检测在位移和振幅测量中的应用

2) 转速测量

在旋转体上开一个或数个槽或齿,如图 4-27 所示,将电涡流传感器安装在旁边,当转轴转动时，电涡流传感器周期性地改变着与转轴之间的距离，于是它的输出也周期性地发生变化，即输出周期性的脉冲信号，脉冲频率与转速之间有如下关系：

$$n = \frac{f}{z} \times 60 \tag{4-30}$$

式中，n 为转轴的转速(r/min)；f 为脉冲频率(Hz)；z 为转轴上的槽数或齿数。

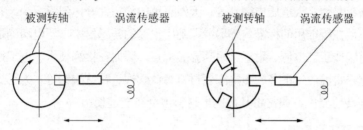

图 4-27　用涡流传感器检测转速

3) 金属零件表面裂纹检查

用电涡流传感器可以探测金属零件表面裂纹、热处理裂纹和焊接裂纹等。探测时，传感器贴近零件表面，当遇到有裂纹时，涡流传感器等效电路中的涡流反射电阻与涡流反射电感发生变化，导致线圈的阻抗改变，输出电压随之发生改变。

4.3　发电式传感器

前面讲述了参数式传感器及其应用，即被测量的变化首先通过敏感元件转换为电阻、电感、电容参数的变化，然后利用相应的后续电路将电参数转换为电信号。本节介绍常用的发电式传感器及其工程应用，包括压电式传感器、磁电式传感器、霍尔传感器、热电偶传感器和红外探测器等。此外，虽然一些光电传感器也属于发电式传感器的范畴，但考虑到机械工程领域光电检测技术的应用越来越普遍，本书将其单列一章专门进行介绍。

4.3.1　压电式传感器

压电式传感器是一种典型的发电式传感器，其核心是压电元件，是利用压电材料的压电效应实现机械量到电量的转换的。

1. 压电效应与压电材料

压电式传感器的传感元件是力敏感元件，它可测量那些最终能变为力的物理量，例如力、力矩和加速度等。压电式传感器具有响应快、灵敏度高、信噪比大、结构简单、性能可靠等优点，因此在机械工程领域中得到了广泛应用。通常压电式传感器包括压力传感器、振动传感器及声传感器等多种类型。

压电式传感器是利用某些物质的压电效应制成的传感器。所谓压电效应，是指当某些电介质沿一定方向受到外力作用而发生变形时，在其一定方向的两个表面上将产生异号电荷，并且当作用力方向改变时，电荷极性随之改变，当外力去掉后，电介质又恢复到不带电的状态，这种现象称为电介质的正压电效应。相反，当在电介质的极化方向施加电场时，该介质在一定方向上将产生机械变形或机械力，当外电场撤去后，变形或应力也随之消失，这种现象称为逆压电效应，也就是说，压电效应具有可逆性。具有压电效应的电介质材料就称为压电材料，这类材料包括天然石英晶体、人造压电陶瓷等。天然石英的稳定性好，但资源少，并且大都存在一些缺陷，一般只用在校准用的标准传感器或准确度很高的传感器中。压电陶瓷是通过高温烧结的多晶体，具有制作工艺方便、耐湿、耐高温等优点，因而在检测技术、电子技术和超声等领域应用得最普遍。目前应用最多的压电陶瓷材料有钛酸钡、锆钛酸铅等。为了提高压电式传感器的灵敏度，在传感器中，通常将几片压电材料组合在一起使用。

2. 压电传感器工作原理

将石英晶片等压电材料安装好电极和引线就构成了压电传感器的核心，即压电元件，如图 4-28(a) 所示。根据压电材料的特性可知，压电元件相当于一个力控电荷源，电荷量正比于受力的大小，电荷源的方向取决于受到的是压力还是拉力。由于两个极板上的电荷异号，极板间的电容量可以用平板电容公式计算，即

$$C_a = \frac{\varepsilon_0 \varepsilon_r A}{d} \tag{4-31}$$

式中，A 为极板相互覆盖面积(m^2)；ε_0、ε_r 分别为空气的介电常数和压电材料的相对介电常数；d 为两极板的间距。

因此，压电元件可以等效为图 4-28(b) 所示的电荷源与电容并联的等效电路。由于两个极板上电荷正负相反，极板之间的电压为 $U_a = Q/C_a$，因此，也可以等效为图 4-28(c) 所示的电压源与电容串联的等效电路。

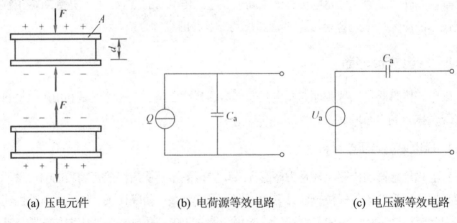

(a) 压电元件   (b) 电荷源等效电路   (c) 电压源等效电路

图 4-28　压电元件及其等效电路

考虑到单片压电元件产生的电荷量非常小，输出电量很弱，因此在实际使用中常采用两片或两片以上同型号的压电元件组合在一起。由于压电材料产生的电荷是有极性的，因此压电元件的接法也有两种，如图 4-29 所示。

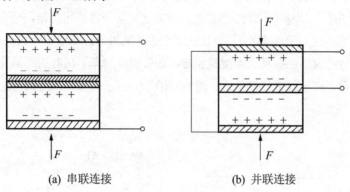

(a) 串联连接　　　　　　(b) 并联连接

图 4-29　压电晶片的连接方式

如果将两片压电晶片不同极性端黏结在一起，如图 4-29(a)所示，则相当于两个电容器的串联接法，在总的输出端 A、B 之间输出的电荷量不变，输出电压比单片增大一倍，总的电容量为单片的 1/2，所以，串联接法适用于电压输出场合，由于系统时间常数减小，适合测量快速变化的信号。

图 4-29(b)是将两片压电晶片的负端黏结在一起，中间引出负极输出端，另外两个正极板引线连接在一起后引出正极输出端，从电路角度看，相当于两个电容器的并联，电容量增大一倍，等效电容为 $C = 2C_a$，在总电压不变的情况下，则总的输出电荷量增大一倍。因此，当同一个力作用于压电晶片时，并联接法输出总的电荷量增大一倍，传感器的电荷灵敏度增大一倍，但是由于电容也增大一倍，若用 R_a 表示压电传感器的电阻，则时间常数 $\tau = RC = 2R_aC_a$ 也会增大。因此，并联接法适用于测量缓变的信号，以及以电荷量输出的场合。

压电元件是一种可以将力转换为电荷的敏感元件，可以通过测量电荷量求出待测力的大小。但是 Q 的测量都十分困难。压电传感器的调理电路通常采用前置放大器，电荷放大器对应于压电传感器以电荷形式进行信号的放大。电荷放大器输出电压与压电传感器的电荷量成正比，与电缆电容无关，可以有效减小测量误差。

此外，压电传感器只适于测量动态参数，交变的力可以不断补充极板上的电量，减小放电带来的误差。

3. 压电式传感器的安装方法

测量时，压电加速度传感器的安装方法会影响测量精度和测量范围，必须加以重视。图 4-30 所示为常用的几种附着安装方法。图 4-30(a)是将加速度传感器直接用螺栓安装在振动表面上，这种安装方法共振频率最高，可测频率范围达到几十千赫兹，是安装加速度传感器的理想方法；图 4-30(b)所示方法与图 4-30(a)相似，不同之处是将加速度传感器与振动表面通过绝缘螺栓或者云母片绝缘相连，该方法在需要绝缘的时候使用；但是这两种方法都需要在被测物体表面穿孔套丝，较为复杂，有时因条件不允许而常常受到限制。在精度要求不高的振动测量中，常使用如图 4-30(c)所示的蜡膜黏附方法，但由于加速度传感器与振动面不是刚性连接，这种方法会导致加速度传感器安装系统的共振频率低于加速度传感器自身固有振动频率，使得测量频率范围降低。图 4-30(d)为手持探棒与振动表面接触，该方法可自由移动传感器，适合多点测量，但这种方法的被测频率不宜高于 1000Hz，且往往由于手颤的影响，测量误差较大。图 4-30(e)则是通过磁铁与具有铁磁性质的振动表面磁性相连，如果测量频率不高且振动加速度幅值不大，该方法由于方便可靠，在工程中经常使用。图 4-30(f)、(g)所示为黏结剂连接方法，这种方法适用于单点加速度的测量。

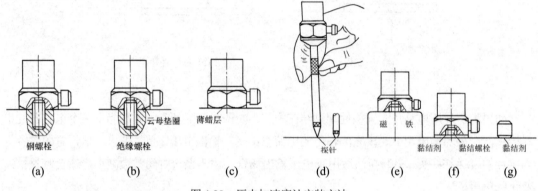

图 4-30　压电加速度计安装方法

4. 压电式传感器的应用

压电式传感器具有响应快、灵敏度高、信噪比大、结构简单、性能可靠等优点，最常用于力、加速度的测量。

1) 力测量

图 4-31(a)、(b)是压电式单向测力传感器结构示意图及其特性曲线。当被测力 F(或压力 P)通过外壳上的传力上盖作用在压电晶片上时，压电晶片受力，上下表面产生电荷，电荷量与作用力 F 成正比。电荷由导线引出接入测量电路(电荷放大器)。图 4-32 是此类传感器用于机床动态切削力测量的示意图。

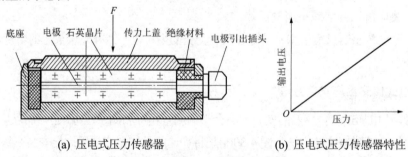

(a) 压电式压力传感器　　　　　　　(b) 压电式压力传感器特性

图 4-31　压电式压力传感器及其特性

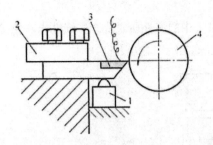

1—压电传感器　2—刀架　3—车刀　4—工件

图 4-32　机器动态切削力测量示意图

2) 加速度测量

压电式传感器另一个重要应用是测量加速度，根据牛顿第二定律 $F = ma$，如果质量 m 已知，则只要测出力 F 就可以知道加速度 a 的量值。图 4-33(a)是一种加速度传感器的结构原理图，它主要由压电元件、质量块、预压弹簧、基座及外壳等组成，整个部件装在外壳内，并用螺栓加以固定。当加速度传感器和被测物一起受到冲击振动时，压电元件受到质量块惯性力的作用，产生电荷 Q，只要测量出传感器输出的电荷量，就得到了待测加速度 a。图 4-33(b)是常见的一些压电加速度传感器。

压电加速度传感器尺寸小、重量轻、坚固性好，测量频率范围一般为 1Hz~22kHz，测量加速度范围为 0~2000g，温度范围为-150~+260℃，输出电平为 5~72mV/g。因此，压电加速度传感器广泛应用于振动测量。

(a) 压电加速度传感器结构　　　　　　(b) 常见压电加速度传感器

1—压电元件　2—预压弹簧　3—外壳　4—质量块　5—基座

图 4-33　压电加速度传感器

3) 阻抗头

在对机械结构进行激振试验时，为了测量机械结构每一部位的阻抗值(力和响应参数的比值)，需要在结构的同一点上激振并测定它的响应。阻抗头就是专门用来传递激振力和测定激振点的受力及加速度响应的特殊传感器，其结构如图 4-34(a)所示。使用时，阻抗头的安装面与被测机械紧固在一起，激振器的激振力输出顶杆与阻抗头的激振平台紧固在一起。激振器通过阻抗头将激振力传递并作用于被测结构上，如图 4-34(b)所示。激振力使阻抗头中检测激振力的压电晶体片受压力作用产生电荷，并从激振力信号输出端口输出。机械受激振力作用后产生受迫振动，其振动加速度通过阻抗头中的惯性质量块产生惯性力，使检测加速度的压电晶体片受力作用产生电荷，从加速度信号输出端口输出。

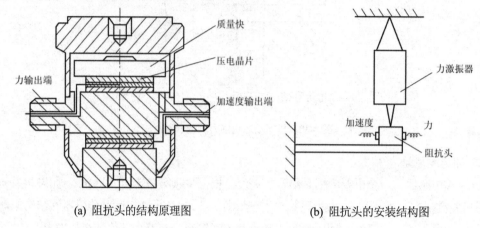

(a) 阻抗头的结构原理图   (b) 阻抗头的安装结构图

图 4-34　阻抗头的原理及结构图

4) 安全气囊用加速度计

作为汽车的一种安全装置，现在的汽车上都安装了安全气囊，当遇到前后方向碰撞时，它能起到保护驾驶员的作用。如图 4-35 所示，它在汽车前副梁左右两边各安装一个能够检测前方碰撞的加速度传感器，在液压支架底座连接处检测单元的前室内，也安装有两个同样的传感器。前副梁上的传感器一般设置成当受到 40g 以上的碰撞时能自动打开气囊开关。40g 以上的碰撞，相当于汽车以 50km/h 的速度与前面障碍物相撞时产生的冲击。

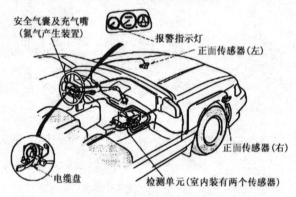

图 4-35　压电式加速度传感器在安全气囊中的应用示意图

4.3.2　磁电式传感器

磁电式传感器是一种将被测物理量转换成为感应电势的有源传感器，也称为电动式传感器或磁电感应式传感器。

根据电磁感应定律，一个匝数为 N 的运动线圈在磁场中切割磁力线时，穿过线圈的磁通量 Φ 发生变化，线圈两端就会产生出感应电势，其大小为

$$e = -N\frac{\mathrm{d}\Phi}{\mathrm{d}t} \tag{4-32}$$

式中，负号表明感应电势的方向与磁通变化的方向相反。线圈感应电势的大小在线圈匝数一定的情况下，与穿过该线圈的磁通变化率 $\dfrac{\mathrm{d}\Phi}{\mathrm{d}t}$ 成正比。传感器的线圈匝数和永久磁钢选定后，磁场强度就确定了。使穿过线圈的磁通发生变化的方法通常有两种：一种是让线圈和磁力线做相对运动，即利用线圈切割磁力线而使线圈产生感应电势；另一种则是把线圈和磁钢都固定，靠衔铁运动来改变磁路中的磁阻，从而改变通过线圈的磁通。因此，磁电式传感器可分成两大类型：动圈式(即动磁式)及变磁阻式(即可动衔铁式)。

1. 动圈式磁电传感器

1) 动圈式磁电传感器工作原理

动圈式磁电传感器可按结构分为线速度型与角速度型传感器。图 4-36(a)是线速度型传感器。在永久磁铁产生的直流磁场内，放置一个可动线圈，当线圈在磁场中随被测体的运动而做直线运动时，线圈便由于切割磁力线而产生感应电势，其感应电势的大小为

$$e = NBl\frac{\mathrm{d}x}{\mathrm{d}t}\sin\alpha \tag{4-33}$$

式中，N 为线圈匝数；B 为磁场的磁感应强度；l 为线圈的长度；$\dfrac{\mathrm{d}x}{\mathrm{d}t}$ 为线圈与磁场相对运动速度；α 为线圈运动方向与磁场方向的夹角。在设计时，若使 $\alpha = 90°$，则式(4-33)可写为

$$e = NBl\frac{\mathrm{d}x}{\mathrm{d}t} \tag{4-34}$$

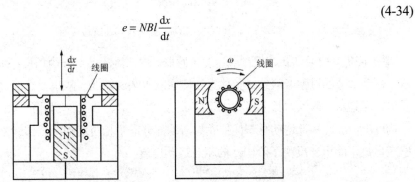

(a) 线速度型传感器　　　　(b) 角速度型传感器

图 4-36　动圈式磁电传感器

显然，当磁场强度 B 和线圈的匝数 N 及有效长度 l 一定时，感应电势与线圈和磁场的相对运动速度成正比，因此，这种动圈式磁电传感器又称为速度计。如果将图 4-36(a)中线圈固定，让永久磁铁随被测体的运动而运动，则成为动铁芯式磁电传感器。

图 4-36(b)是角速度型传感器工作原理图。线圈在磁场中转动时产生的感应电势为

$$e = kNBA\omega \tag{4-35}$$

式中，k 为与结构有关的系数，通常 $k<1$；N 为线圈匝数；B 为磁场的磁感应强度；A 为单匝

线圈的截面积；ω 为线圈转动的角速度。

式(4-35)表明，当传感器结构一定，N、B、A 均为常数时，感应电势 e 与线圈相对磁场的角速度 ω 成正比，所以这种传感器常用来测量转速。

2) 动圈式磁电式传感器的应用

图 4-37 是商用动圈式绝对式速度传感器，它由工作线圈、阻尼器、心棒和软弹簧片组合在一起构成传感器的惯性运动部分。弹簧的另一端固定在壳体上，永久磁铁用铝架与壳体固定。使用时，将传感器的外壳与被测机体联结在一起，传感器外壳随机件的运动而运动。当壳体与振动物体一起振动时，由于心棒组件质量很大，产生很大的惯性力，阻止心棒组件随壳体一起运动。当振动频率高到一定程度时，可以认为心棒组件基本不动，只是壳体随被测物体振动。这时，线圈以振动物体的振动速度切割磁力线而产生感应电势，此感应电势与被测物体的绝对振动速度成正比。

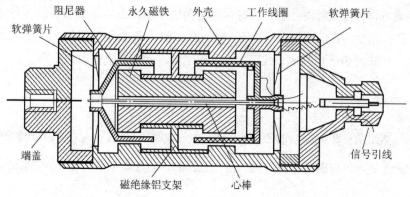

图 4-37　CD-1 型绝对式速度传感器

图 4-38 是商用动圈式相对式速度传感器。传感器活动部分由顶杆、弹簧和工作线圈联结而成，活动部分通过弹簧联结在壳体上。磁通从永久磁铁的一极出发，通过工作线圈、空气隙、壳体再回到永久磁铁的另一极构成闭合磁路。工作时，将传感器壳体与机件固接，顶杆顶在另一构件上，当此构件运动时，使外壳与活动部分产生相对运动，工作线圈在磁场中运动而产生感应电势，此电势反映了两构件的相对运动速度。

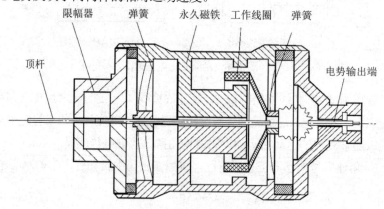

图 4-38　CD-2 型相对式速度传感器

2. 变磁阻式磁电传感器

1) 变磁阻式磁电传感器工作原理

变磁阻式磁电传感器常用来测量旋转体的角速度，其结构如图 4-39 所示。线圈和永久磁铁均静止不动，测量齿轮安装在被测旋转体上，随之一起转动，每转过一齿，它与软铁之间构成的磁路磁阻变化一次，穿过线圈的磁通就变化一次，线圈中就会产生周期变化的感应电动势。感应电动势的变化频率为

$$f = \frac{nz}{60} \tag{4-36}$$

式中，n 为测量齿轮的转速($r \cdot min^{-1}$)，z 为测量齿轮的齿数。

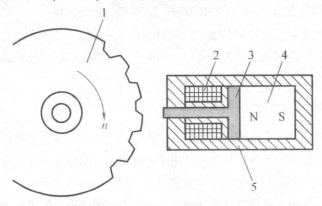

1—齿形圆盘　2—线圈　3—软铁芯　4—永久磁铁　5—铁轭

图 4-39　变磁阻式磁电传感器

这种传感器结构简单，但需在被测对象上加装齿轮，使用不便，且因在高速轴加装齿轮会带来不平衡，因此不易测高转速。

由以上对两类磁电式传感器的工作原理分析可知，磁电式传感器只适用于动态测量，可直接测量振动物体的速度或角速度。如果在测量电路中接入积分电路或微分电路，那么还可用来测量位移或加速度。

2) 变磁阻式磁电传感器的应用

图 4-40 表示了变磁阻式磁电传感器应用于转速、偏心量、振动的测量。

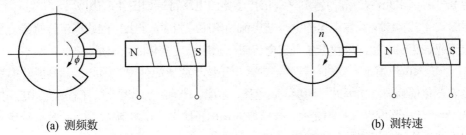

(a) 测频数　　　　　　　　　　　　　　　　　(b) 测转速

图 4-40　变磁阻式磁电传感器的应用

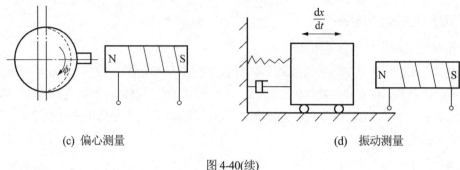

(c) 偏心测量   (d) 振动测量

图 4-40(续)

4.3.3 霍尔传感器

霍尔传感器是基于霍尔效应的一种传感器。1879 年，物理学家霍尔首先在金属材料中发现了霍尔效应，但由于金属材料的霍尔效应太弱而没有得到应用。随着半导体技术的发展，研究人员发现半导体材料的霍尔效应显著，开始使用半导体材料制成霍尔元件，才使得霍尔传感器有了广泛应用。

1. 霍尔传感器的工作原理

将金属或半导体薄片置于磁场中，当有电流流过薄片时，在垂直于电流和磁场的方向上将产生电动势，这种物理现象称为霍尔效应。由于半导体材料的霍尔效应显著，人们一般称半导体薄片为霍尔元件，以霍尔元件为核心制成的传感器称为霍尔传感器。

霍尔效应的产生是由于电荷受到磁场中洛伦兹力作用的结果。如图 4-41(a)所示，在与磁感应强度 B 垂直的半导体薄片中通以电流 I，设材料为 N 型半导体，则其中多数载流子为电子。电子 e 沿着与电流相反的方向运动，在磁场中受到洛伦兹力的作用，电子在此力作用下向一侧偏转，并使该侧形成电子积累，与它相对的一侧，由于电子迁移后带正电，这样就在两个横向侧面之间建立起电场 E_E，因此电子又要受到此电场的作用，其作用力为 F_E，当 $F_L=F_E$ 时，电荷的积累就达到动平衡。这时在两个横向侧面之间建立的电场 E_H 称为霍尔电场，两者之间的电位差称为霍尔电压 U_H。霍尔电压 U_H 与通过电流 I 和磁感应强度 B 成正比，即

$$U_H = K_H I B \tag{4-37}$$

式中，K_H 为霍尔灵敏度，它表示在单位磁感应强度和单位控制电流下得到的开路霍尔电压。对给定型号的霍尔元件，K_H 为常数。霍尔传感器的电路符号如图 4-41(b)所示。

根据式(4-37)可知，霍尔电压的大小与电流和磁感应强度成正比，因此霍尔传感器一般用来测量电流或磁感应强度，或者测量引起电流或磁感应强度变化的被测量。

(1) 当输入电流恒定不变时，传感器的输出正比于磁感应强度。因此，凡是能转换为磁感应强度 B 变化的物理量均可进行测量，如位移、角度、转速和加速度等，工程领域中应用较广。

(2) 当磁感应强度 B 保持恒定时，传感器的输出正比于工作电流 I。因此，凡能转换为电流变化的物理量均可进行测量和控制。

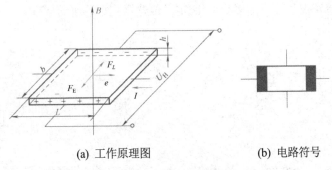

(a) 工作原理图　　　　　　　　(b) 电路符号

图 4-41　霍尔传感器

(3) 由于霍尔电压正比于工作电流 I 和磁感应强度 B 的乘积，相当于一个乘法器，因此可以用来测量功率等物理量。

霍尔效应产生的电压与磁场强度成正比。为减小元件的输出阻抗，使其易于与外电路实现阻抗匹配，半导体霍尔元件多数都采用十字形结构，如图 4-42 所示。霍尔元件多采用锑化铟以及硅等半导体材料制成。由于材料本身对弱磁场的灵敏度较低，因此，在使用时要加入磁通密度为数特斯拉的偏置磁场，使元件处于强磁场的范围内工作，从而可以检测微弱的磁场变化。

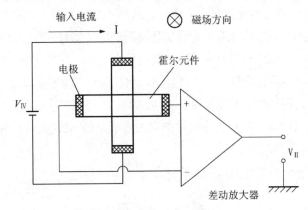

图 4-42　半导体霍尔元件的结构

2. 霍尔传感器的应用

霍尔传感器具有体积小、成本低、灵敏度高、性能可靠、频率响应宽、动态范围大的特点，并可采用集成电路工艺，因此被广泛用于电磁测量以及转速、压力、加速度、振动等方面的测量。

1) 转速测量

利用霍尔传感器测量转速的方案较多，图 4-43 是几种不同布局形式的霍尔转速传感器测量方案。转盘 2 的输入轴 1 与被测转轴相连，图 4-43(a)、(d)是在转盘上安装小磁铁，做成磁性转盘，当被测转轴转动时，磁性转盘随之转动，固定在磁性转盘附近的霍尔传感器 4 便可在小磁铁 3 通过时产生一个相应的脉冲；图 4-43(b)、(c)形式略有不同，磁铁和传感器都静止不动，通过翼片改变磁路磁阻，形成周期性信号。而后续脉冲整形电路和计数电路可以自动检测出单位时间的脉冲数，除以转盘翼片数或转盘上安装的磁铁数，就可得出被测转速。磁性转盘上小磁铁数目的多少(或遮挡翼片数量的多少)，决定了传感器测量转速的分辨力。

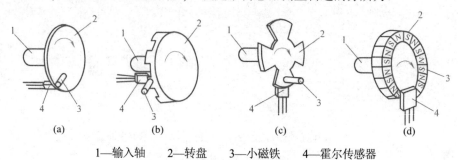

1—输入轴　　2—转盘　　3—小磁铁　　4—霍尔传感器

图 4-43　几种霍尔转速传感器的结构

近年来，霍尔传感器在汽车工业领域应用较多。由于霍尔式转速传感器能克服电磁式转速传感器输出信号电压幅值随车轮转速变化而变化，响应频率不高，以及抗电磁波干扰能力差等缺点，因而其被广泛应用于汽车防抱死制动系统。在现代汽车上大量安装防抱死制动系统，既有普通的制动功能，又可以在制动过程中随时调节制动压力防止车轮锁死，使汽车在制动状态下仍能转向，保证其制动方向稳定性，防止侧滑和跑偏。

在 ABS 系统中，速度传感器是十分重要的部件。ABS 系统工作原理如图 4-44 所示。在制动过程中，ABS 电控单元接收来自车轮轮速传感器的脉冲信号，通过数据处理得到车辆的滑移率和减速信号，按照控制逻辑及时准确地向制动压力调节器发出指令，调节器及时做出响应，使得制动气室根据指令执行充气、保持或放气，调节制动气室的制动压力，以防止车轮抱死，达到抗侧滑、甩尾，提高制动的安全性和制动过程中的可驾驶性。在这个系统中，霍尔传感器作为车轮转速传感器，是制动过程中实时数据采集器，是 ABS 关键部件之一。

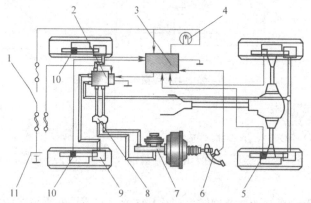

1—点火开关　　2—制动压力调节器　　3—ABS 电控单元　　4—ABS 警告灯　　5—后轮速度传感器
6—制动灯开关　　7—制动主缸　　8—比例分配阀　　9—制动轮缸　　10—前轮速度传感器　　11—蓄电池

图 4-44　ABS 系统工作原理

2) 钢丝绳断丝检测

图 4-45 表示一种利用霍尔元件探测 MTC 钢丝绳断丝的工作原理。这种探测仪的永久磁铁使钢丝绳磁化，当钢丝绳有断丝时，在断口处出现漏磁场，霍尔元件通过此漏磁场将获得一个

脉动电压信号。此信号经放大、滤波、A/D 转换后进入计算机分析，识别出断丝根数和断口位置。该项技术已成功应用于矿井提升钢丝绳、起重机械钢丝绳、载人索道钢丝绳等断丝检测，获得了良好的效益。

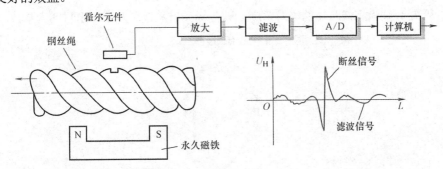

图 4-45　MTC 型钢丝绳断丝检测工作原理

4.3.4　热电偶传感器

温度是工业生产和科学研究实验中的一个非常重要的参数。物体的许多物理现象和化学性质都与温度有关，许多生产过程都需要控制在一定温度范围内，因此，需要温度测量和控制的场合极多，温度测量范围也很广。测量温度的传感器种类比较多，工业领域中应用最多的是热电偶传感器，它是一种能将温度变化转换为热电势输出的传感器。

1. 热电偶传感器的工作原理

如果将两种不同的导体或合金导体 A 和 B 串接成一个闭合回路，当导体 A 和 B 的两接点处温度不同时，回路中便会产生电动势，这种现象称为热电效应。由此效应产生的电动势通常称为热电动势。热电效应是由塞贝克(Seebake)在 1821 年首先发现的，因此又称为塞贝克效应。

这两种材料组成的器件称为热电偶，A、B 两种导体就称为热电偶的电极，两个接点分别称为工作端(也称为热端)和参考端(或冷端)。若热电偶材料一定，冷端温度固定，则回路中热电势是热端温度的单值函数，所以，热电偶就是利用热电效应来工作的。

热电偶中的热电势包括接触电势和温差电势。接触电势的成因如图 4-46 所示，A、B 电极由于材料不同，其内部自由电子密度也不同，当两电极紧密接触时，自由电子密度大的必然向对侧扩散，导致一方得到电子带负电，失去电子的带正电，接点处就形成了一个接触电势，表示为 $e_{AB}(T)$，代表导体 A、B 在接点温度为 T 时形成的接触电势。可用下式表示：

$$e_{AB}(T) = \frac{kT}{e} \ln \frac{N_A(T)}{N_B(T)} \tag{4-38}$$

式中，k 和 e 分别为波兹曼常数和电子电量；$N_A(T)$ 和 $N_B(T)$ 分别为导体 A、B 自由电子密度，与温度有关。

由于一种金属导体两端温度不同，导体中自由电子能量就不同，则温度高处的电子能量大，温度低处的电子能量小，在导体中能量大的电子就会向低能级区扩散，于是在导体的两端就形成了电位差，这就是温差电势，表示为 $e_A(T, T_0)$，代表导体 A 在两端温度分别为 T 和 T_0 时形成的温差电势；T 和 T_0 分别为高低两端的绝对温度。可用下式表示：

$$e_A(T, T_0) = \int_{T_0}^{T} \sigma_A \mathrm{d}T \tag{4-39}$$

式中，T 和 T_0 分别为高低两端的绝对温度；σ_A 为汤姆逊系数，对于一定材料为常数。

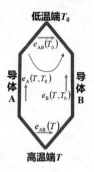

图 4-46　热电偶工作原理

从图 4-46 所示的热电偶工作原理可见，热电偶中总的热电势是 4 个电势的代数和，即

$$e_{AB}(T, T_0) = e_{AB}(T) + e_B(T, T_0) - e_{AB}(T_0) - e_A(T, T_0) \tag{4-40}$$

一般来讲，由于温差电势远远小于接触电势，对于导体来说，其电子密度受温度影响并不显著，可近似认为对于一定材料，自由电子密度基本不变。热电偶中的热电势是两个接点温差的函数，如果要测量热端温度 T，首要条件是冷端温度 T_0 保持不变，这样热电偶输出的热电势才是待测温度 T 的单值函数。

2. 热电偶的基本定律

热电偶是利用热电效应把温度转换为热电势，但是，如何选用热电极，以及怎样测量热电势，还必须遵循热电偶基本定律。热电偶基本定律有以下三个。

(1) 均质导体定律。在用同一种均质材料组成的闭合回路中，不论热电偶长度、直径如何，不管接点温度如何改变，回路中都不会产生电势。

根据此定律可知，若要构成一热电偶，必须采用两种不同性质的材料。此外，若用同一种材料组成的回路中有电势产生，则材料一定是非均质的。

(2) 中间导体定律。将导体 A、B 构成的热电偶的一个接点打开，插入第三种导体 C，如图 4-47 所示。只要保证导体 C 两端的温度不变，则不会影响原来热电偶回路中的热电势。此时热电势可表示为：

$$e_{AB}(T, T_0) = e_{AC}(T, T_0) + e_{CB}(T, T_0) \tag{4-41}$$

中间导体定律为测量仪表的引入提供了依据。由于热电偶输出电势信号需要电压表跨接在端口测量，为此，冷端必须连接测量导线和仪表。这条定律告诉我们，可以将导线和仪表看作第三种导体，只要保证接入的中间导体两端温度相同，则不会对热电偶的热电势有影响。

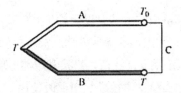

图 4-47　中间导体定律

(3) 中间温度定律。热电偶在两接点温度为 T、T_0 时的热电势，等于同一个热电偶在温度区间分别为$(T，T_n)$和$(T_n，T_0)$时对应的热电势的代数和，即

$$e_{AB}(T,T_0) = e_{AB}(T,T_n) + e_{AB}(T_n,T_0) \tag{4-42}$$

这就是中间温度定律。该定律为热电偶的温差测量提供了依据，即：只要已知 T_1 和 T_2 任一温度下的热电势，则对应于 T_1 和 T_2 温差下的热电势便为已知。

此外，中间温度定律为使用分度表提供了帮助。工程实践中，通常把标准热电偶的温度与热电势之间关系制成表格，如表 4-2 所示。测量出热电势后，查表就可以知道待测的温度。这个表就称为热电偶分度表，标准热电偶材料都配备有分度表，测量时可直接查阅。

表 4-2　镍铬—镍硅热电偶分度表(冷端温度为 T_0)　　　　分度号：K

测量端	0	10	20	30	40	50	60	70	80	90
温度/℃	热电势/mV									
−0	−0.000	−0.392	−0.777	−1.156	−1.527	−1.889	−2.243	−2.586	−2.920	−3.242
+0	0.000	0.397	−0.798	1.203	1.611	2.022	2.436	2.850	3.266	3.681
100	4.095	4.508	4.919	5.327	5.733	6.137	6.539	6.939	7.338	7.737
200	8.137	8.537	8.938	9.341	9.745	10.151	10.560	10.969	11.381	11.793
300	12.207	12.623	13.039	13.456	13.874	14.292	14.712	15.132	15.552	15.974
400	16.395	16.818	17.241	17.664	18.088	18.513	18.938	19.363	19.788	20.214
500	20.640	21.066	21.493	21.919	22.346	22.772	23.198	23.624	24.050	24.476
600	24.902	25.327	25.751	26.176	26.599	27.022	27.445	27.867	28.288	28.709
700	29.128	29.547	29.965	30.383	30.799	31.214	31.629	32.042	32.455	32.866
800	33.277	33.686	34.095	34.502	34.909	35.314	35.718	36.121	36.524	36.925
900	37.325	37.724	38.122	38.519	38.915	39.310	39.703	40.096	40.488	40.897
1000	41.269	41.657	42.045	42.432	42.817	43.202	43.585	43.968	44.349	44.729
1100	45.108	45.486	45.863	46.238	46.612	46.985	47.356	47.726	48.095	48.462
1200	48.828	49.192	49.555	49.916	50.276	50.633	50.990	51.344	51.697	52.049
1300	52.398									

3. 热电偶的冷端温度补偿

从热电偶测温原理可知，热电偶的热电势大小不仅与热端的温度有关，而且与冷端温度有关，它是热端和冷端温度差的函数。只有当热电偶的冷端温度保持不变，热电势才是被测温度的单值函数。在实际使用时，由于热电偶的热端与冷端离得很近，冷端又暴露于空气中，很容易受到环境温度的影响。如果不进行处理直接测量，势必引入误差，因此为了使冷端温度保持恒定，必须进行冷端温度补偿。常用的方法有以下几种。

(1) 冰浴法。所谓冰浴法是将热电偶冷端放入冰水混合物的容器中，保证冷端温度为0℃。这种办法既可以保证冷端温度恒定不变，还可以直接利用热电偶分度表。然而，该方法在生产现场使用不方便，所以仅限于在实验室中校准热电偶时使用。

(2) 冷端温度修正法。一般来讲，制分度表时，热电偶冷端温度都是0℃，而在实际测量工况中，热电偶冷端通常是环境温度，一般不为0℃。当热电偶冷端温度不是0℃而是 T_n 时，根据热电偶中间温度定律公式(4-42)可以推出，当冷端温度为 T_n 时，可按下式处理

$$e_{AB}(T, 0) = e_{AB}(T, T_n) + e_{AB}(T_n, 0) \tag{4-43}$$

也就是说，实际测量的热电势是 $e_{AB}(T, T_n)$，查分度表可知从0℃到环境温度 T_n 的温度区间热电偶对应的热电势为 $e_{AB}(T_n, 0)$，利用式(4-43)可求出 $e_{AB}(T, 0)$，然后利用热电偶分度表获得被测温度。

例4-1 用镍铬－镍硅热电偶测量工业炉温时，当冷端处于室温温度 $T_n = 30$℃的环境中时，热电偶输出端的热电势为39.17mV，试问所测炉温是多少？

解： 由于冷端不是分度表给出的参考温度0℃，想要利用热电偶分度表，应先将冷端温度换算成0℃。根据中间温度定律，需要在测得的热电势39.17mV上加上 $(T_n, 0) = (30, 0)$ 区间对应的热电势 $e_{AB}(30, 0)$。这段温度区间对应的热电势可从表4-2查出：$e_{AB}(30, 0) = 1.203$mV，则有

$$e_{AB}(T, 0) = e_{AB}(T, 30) + e_{AB}(30, 0) = 39.17\text{mV} + 1.203\text{mV} = 40.373\text{mV}$$

查表4-2可知，该热电势数值处于40.096mv和40.488mv之间，对应的温度在970℃和980℃之间，可通过线性插值计算出：$T = 977$℃。

4. 热电偶传感器的应用

理论上讲，任何两种不同的金属材料均可装配成热电偶，但在实际中并非如此。首先是热电极材料的要求较高，一般要求物理化学性质稳定，电阻温度系数小，力学性能好，所组成的热电偶灵敏度高，复现性好，而且希望热电势与温度之间的函数关系尽可能呈线性关系。因此，可以满足上述特性的材料是有限的，可组成的热电偶种类也有限。此外，一般热电偶的灵敏度随温度降低而明显下降，这是热电偶进行低温测量的主要困难。

我国工业领域使用的热电偶通常可分为标准热电偶和非标准热电偶。所谓标准热电偶，是指国家标准规定了其热电势与温度的关系、允许误差，并有统一的标准分度表的热电偶，通常也配套有显示控制仪表，是推荐使用的。

非标准热电偶在使用范围或数量级上均不及标准热电偶，一般也没有统一的分度表，主要用于某些特殊场合的测量。

热电偶的结构形式通常可分为普通型和铠装型两类。普通型热电偶主要用于测量气体、蒸汽和液体等介质的温度，可根据测量条件和测量范围来合理选用。为了防止有害介质对热电极的侵蚀，工业用的普通热电偶一般都有保护套管，因此也称为装配式热电偶，其结构示意图如图4-48所示。如果发生断偶，装配时可以只更换偶丝，而不必更换其他部件。

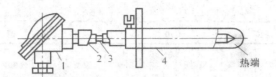

1—接线盒　2—绝缘材料　3—热电极　4—保护套管

图 4-48　普通型热电偶结构示意图

铠装型热电偶是将热电极、绝缘材料、金属保护管组合在一起，拉伸加工成为一个整体，如图 4-49 所示。铠装型热电偶具有很大的可挠性，其最小弯曲半径通常是热电偶直径的 5 倍。此外它还具有测温端热容量小、动态响应快、强度高、寿命长及适用于狭小部位测温等优点，是新近发展起来的特殊结构形式的热电偶。

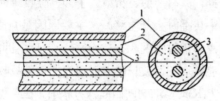

1—金属保护管　2—绝缘材料　3—热电极

图 4-49　铠装型热电偶结构示意图

在生产过程的温度测量中，热电偶应用极其广泛，它具有结构简单、制造方便、测量范围广、精度高、惯性小和输出信号便于远距离传输等优点，且由于热电偶是一种有源传感器，测量时不需要外加电源，使用方便，所以常被用于测量炉子、管道内的气体或液体的温度以及固体表面的温度。

4.3.5　红外探测器

红外探测器的原理本质上也属于热电式传感器，但由于其工作原理是由光转化为热，进而转化为电，与前者有一定区别，故将其单独描述。

1. 红外探测器的工作原理

任何物体，当其温度高于绝对零度(-273.15℃)时，都将有一部分能量向外辐射，物体温度越高，则辐射到空间去的能量越多。辐射能以波动的方式传播，其中包括的波长范围很宽，可从几微米到几千米，包括 γ 射线、X 射线、紫外线、可见光、红外线，一直到无线电波，它们构成了整个无限连续的电磁波谱，如图 4-50 所示。红外辐射是其中的一部分。红外线的波长在 $0.76\sim1000\mu m$ 的波谱范围之内，相对应的频率范围为 $4\times10^4\sim3\times10^{11}Hz$。通常又按红外线与红色光的远近分为四个区域，即近红外、中红外、远红外和极远红外。

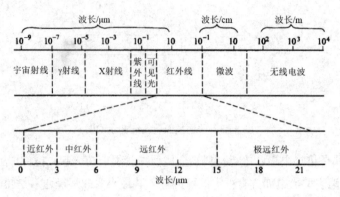

图 4-50　电磁波谱

红外线和所有电磁波一样，具有反射、折射、干涉、吸收等性质，它在空中传播的速度为 $3×10^8$m/s。红外辐射在介质中传播时会产生衰减，主要原因是介质的吸收和散射作用。

按照普朗克定律绘制的黑体辐射强度 M_λ 与波长 λ 及温度之间的关系如图 4-51 所示。所谓黑体，是指在任何温度下，能够对任何波长的入射辐射能全部吸收的物体。处于热平衡状态下的理想黑体，在热力学温度 T(K)时，均匀向四面八方辐射，在单位波长内沿半球方向上。自单位面积所辐射出的功率称为黑体的光谱辐射强度，记为 M_λ，单位为 $W/(m^2 \cdot \mu m)$。

由图 4-51 可见，辐射的峰值点随着物体温度的降低而转向波长较长的一边，热力学温度 2000K 以下的光谱曲线峰值点所对应的波长是红外线。也就是说，低温或常温状态的种种物体都会产生红外辐射。此性质使红外测试技术在工业、农业、军事、宇航等各领域获得了广泛应用。

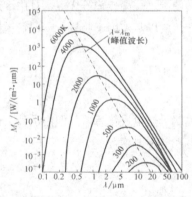

图 4-51　黑体辐射强度与波长及温度之间的关系

红外探测器就是将红外辐射能转换为电能的一种传感器。按其工作原理可分为热探测器和光子探测器。热探测器是利用红外辐射引起探测元件的温度变化，进而测定所吸收的红外辐射量；光子探测器的工作原理是基于半导体材料的光电效应。

2. 红外探测器的应用

1) 热探测器

热探测器分为热电偶型和气动型两种。

(1) 热电偶型。热电偶型探测器将热电偶冷端置于环境温度下，将热端涂上黑层置于辐射中，可根据产生的热电势来测量入射辐射功率的大小。

为了提高热电偶探测器的探测率，通常采用热电堆型。热电堆是由数对热电偶以串联形式相接，冷端彼此分离又靠近并屏蔽起来，热端分离但相连接构成热电堆，用来接收辐射能。电堆型探测器的探测率约为 $1\times10^9\mathrm{cm}\cdot\mathrm{Hz}^{1/2}\cdot\mathrm{W}^{-1}$，响应时间从数毫秒到数十毫秒。

(2) 气动型。气动型探测器是利用气体吸收红外辐射后，温度升高、体积增大的特性，来反映红外辐射的强弱，其结构原理如图 4-52 所示。红外辐射通过红外透镜 11、透红外窗口 2 照射到吸收薄膜 3 上，此薄膜将吸收的能量传送到气室 4 内，气体温度升高，气压增大，以致使柔镜 5 膨胀。在气室的另一边，来自可见光源 8 的可见光束通过光学透镜 12、栅状光栏 6 聚焦在柔镜上，经柔镜反射回来的栅状图像 7 又经过栅状光栏 6、反射镜 9 投射到光电管 10 上。当柔镜因气体压力增大而移动时，栅状图像与栅状光栏发生相对位移，使落到光电管上的光量发生变化，光电管的输出信号反映了入射红外辐射的强弱。

气动型探测器的光谱响应波段很宽，从可见光到微波，其探测率约为 $1\times10^{10}\mathrm{cm}\cdot\mathrm{Hz}^{1/2}\cdot\mathrm{W}^{-1}$，响应时间为 15ms，一般用于实验室内，作为其他红外器件的标定基准。

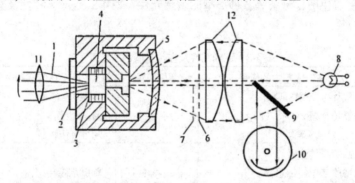

1—红外辐射　2—透红外窗口　3—吸收薄膜　4—气室　5—柔镜　6—栅状光栏
7—栅状图像　8—可见光源　9—反射镜　10—光电管　11—红外透镜　12—光学透镜

图 4-52　气动型探测器结构原理

2) 光子探测器

光子探测器一般有光电、光电导及光生伏特等探测器。制造光子探测器的材料有硫化铅、锑化铟等。由于光子探测器是利用入射光子直接与束缚电子相互作用，因此灵敏度高，响应速度快。又因为光子能量与波长有关，所以光子探测器仅对具有足够能量的光子有响应，存在着对光谱响应的选择性。光子探测器通常在低温条件下工作，因此需要制冷设备。光子探测器的性能指标一般为：响应波段 2~14μm，探测率 $(0.1\text{~}5)\times10^{10}\mathrm{cm}\cdot\mathrm{Hz}^{1/2}\cdot\mathrm{W}^{-1}$，响应时间 $10^{-5}\mathrm{s}$，工作温度 70~300K。这种探测器一般用于测温仪、热像仪等。

红外测温仪常由光学系统、红外探测器、信号处理系统、温度指示器等组成。光学系统用来收集被测目标的辐射能量，使之汇聚于红外探测器的接收光敏面上；红外探测器把接收到的红外辐射能量转换成电信号输出；信号处理系统则完成探测器产生的微弱信号的放大、线性化处理、辐射率调整、环境温度补偿、抑制噪声干扰以及输出供计算机处理的数字信号等功能。

红外热像仪的作用是将人眼看不见的红外热图形转变成人眼可见的电视图像或照片。红外热图形是由被测物体各点温度分布不同，因而红外辐射能量不同而形成的热能图形。

红外测温仪及红外热像仪在军事、空间技术及工农业科技领域里发挥了重大作用。在机械制造中，已被用于机床热变形、切削温度、刀具寿命控制等试验研究中。

4.4 其他常用传感器

4.4.1 薄膜传感器

在基底上用各种工艺方法制出导电材料或介质材料的薄层称为薄膜。现代薄膜的制作工艺主要有高真空蒸镀工艺、阴极溅射工艺、化学气相淀积工艺等。薄膜厚度从零点几微米到几微米。薄膜技术为许多领域提供了新颖的功能材料，发展了新型的功能器件。它的优点是有利于传感器的微型化、薄型化、轻量化、集成化和智能化。因此，国内外都利用薄膜技术批量生产压力、温度、光敏、色敏、磁敏等各种类型的敏感元件。表 4-3 是薄膜特性及其在传感器中的应用。

表 4-3 薄膜特性及在传感器中的应用

薄膜特性	在传感器中的应用	薄膜特性	在传感器中的应用
化学特性	气体传感器(SnO_2) 氧传感器(ZrO_2、TiO_2) 湿度传感器	电特性	半导体传感器 薄膜传感器 超导膜传感器
热特性	热流量传感器 薄膜热电偶传感器 测温电阻(Pt，Ni)传感器	辐射特性	辐射剂量传感器
机械特性	压力传感器 应变片传感器 尿素薄膜传感器	光学特性	光电传感器(CdS.GaAs) 红外传感器

1. 薄膜力敏传感器

用金属、合金、半导体锗和硅等材料均可制成薄膜力敏元件，也称薄膜应变片，如图 4-53(a)所示。

一般地，敏感元件并不等于传感器，将薄膜应变片粘贴在弹性体上，如图 4-53(b)所示，再加上附加电路装置就构成完整的传感器，如图 4-53(c)所示，这个由薄膜应变片组成的整体称为薄膜压力传感器的芯片，它密封在传感器的壳体中，传感器以一定的方式同传压杆相连接。当传感器承受压力时，感压薄片通过传压杆将分布力变成集中力，传至钢梁自由端，梁的表面应变使薄膜应变片电阻值产生变化，接入电桥电路，产生输出电压。

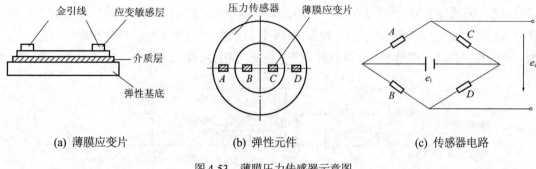

(a) 薄膜应变片   (b) 弹性元件   (c) 传感器电路

图 4-53　薄膜压力传感器示意图

2. 薄膜热敏元件

薄膜热敏元件是热敏元件家族中一种比较新的元件。由于薄膜的热容量小，因此具有响应速度快的特点。

如图 4-54(a)所示，碳化硅(SiC)高温型薄膜热敏电阻以 Al_2O_3 瓷片为基底，其厚度约为 0.4mm，先在基底表面用印制法形成二元合金梳状电极，然后用射频溅射法淀积一层约 5μm 厚的 SiC 薄膜作为热敏电阻层。成膜后将大的瓷片划分为一个个小的片芯，焊上铂(Pt)丝作电极引线。片芯外用硼酸玻璃封装。

SiC 高精度快速型薄膜热敏电阻是以硅片为基底的 SiC 薄膜热敏元件。由于硅的电导率较大，因此响应速度较快。这种薄膜热敏电阻的制作工艺与前述 SiC 薄膜热敏电阻相似，封装结构如图 4-54(b)所示。

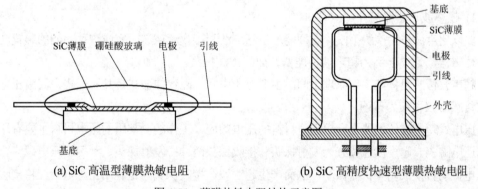

(a) SiC 高温型薄膜热敏电阻   (b) SiC 高精度快速型薄膜热敏电阻

图 4-54　薄膜热敏电阻结构示意图

4.4.2　超声波传感器

1. 超声波及其物理性质

质点振动在弹性介质内的传播形成机械波。超声波和人耳所能听到的声波都是机械波。根据声波频率范围，声波可分为次声波、声波和超声波。其中，频率在 20Hz 和 20kHz 之间，能被人耳听到的机械波，称为声波；频率低于 20Hz 的机械波，称为次声波；频率高于 20kHz 的机械波，称为超声波，如图 4-55 所示。

超声波的特性是频率高、波长短、绕射小。它最显著的特性是方向性好，在液体、固态中衰减很小，穿透能力强，特别是对不透光的固体，超声波能穿透几十米的厚度。超声波在传播到介质分界面处会产生反射和折射等现象。超声波的这些特性使其在检测技术中获得广泛应用，如超声无损探伤、超声测距、超声测厚、流速测量、超声成像等。

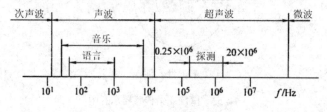

图 4-55　声波的频率界限

超声波在介质中传播时，能量的衰减取决于超声波的扩散、散射和吸收。在理想介质中，超声波的衰减仅来自超声波的扩散，就是随着声波传播距离的增加，在单位面积内声能将会减弱。散射衰减就是声波在固体介质中颗粒界面上散射，或在流体介质中有悬浮粒子使超声波散射。吸收衰减是由介质的导热性、黏滞性及弹性等造成的，随声波频率的升高而增加。衰减系数 α 因介质材料的性质而异，一般晶粒越粗，超声波频率越高，则衰减越大。最大探测厚度往往受衰减系数所限制。通常以 dB/cm 或 dB/mm 为单位表示衰减系数。在一般探测频率上，材料的衰减系数在 1 和几百分贝每毫米之间。例如衰减系数为 1dB/mm 的材料，表示超声波每穿透 1mm 衰减 1dB。

2. 超声波传感器及其应用

1) 超声波传感器简介

要以超声波作为检测手段，必须能产生超声波和接收超声波。完成这种功能的装置就是超声波传感器，习惯上称为超声波换能器，或超声波探头。

超声波传感器按其工作原理不同，主要有压电式、磁致伸缩式等几种形式，其中压电式超声波传感器应用最为普遍。

压电式超声波传感器是利用压电材料的压电效应来工作的。常用的压电材料主要有压电晶体和压电陶瓷。超声波探头分为发射探头和接收探头两种。发射探头是利用逆压电效应原理将高频电振动转换成高频机械振动，从而产生超声波。接收探头则是利用正压电效应将接收的超声振动转换成电荷信号，进而再被转换成电压信号放大后送测量电路，最后记录或显示。发射探头和接收探头的结构如图 4-56 所示。有时同一探头可兼作发射和接收两种用途。

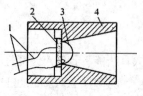
(a) 发射探头

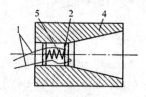
(b) 接收探头

1—导线　2—压电晶片　3—音膜　4—锥形罩　5—弹簧

图 4-56　压电式超声波探头结构

2) 超声波传感器的应用

图 4-57 所示为超声波测距原理，首先由超声波发射探头向被测物体发射超声脉冲，然后关闭发射探头，同时打开超声波接收探头检测回声信号。由定时电路计算超声波在空气中的传播时间，它从发射探头发射超声波开始计时，直到接收器检测到超声波为止，超声波传播时间的一半与声波在介质中的传播速度的乘积即为被测物体与传感器之间的距离。

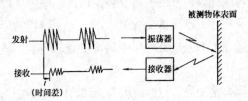

图 4-57 超声波测距原理

4.4.3 工业 CT 成像

1. 工业 CT 成像技术简介

CT 是 Computed Tomography 的缩写，即计算机断层成像技术。它是一种重要的无损检测技术，是物理学与计算机科学的发展产物。它是基于射线与物质的相互作用原理，通过投影重建方法获取被检测物体数字图像的一种无损检测技术。

工业 CT 是与一般辐射成像完全不同的成像方法。一般辐射成像是将三维物体投射到二维平面成像，各层面影像重叠会造成相互干扰，不仅图像模糊而且损失了深度信息，不能满足精密分析评价要求。如图 4-58 所示，工业 CT 是把被检测物体所检测断层孤立出来单独成像，避免了其余部分的干扰和影响，图像质量高，能够清晰准确地显示所检测部位内部的结构关系、物质组成及缺陷状况，检测效果远远高于其他传统的无损检测方法。

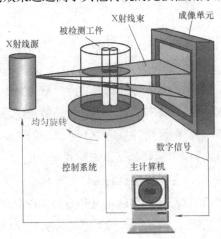

图 4-58 工业 CT 成像系统

工业 CT(即 ICT)是计算机断层成像技术的工业应用，目前也是一种飞速发展的高新技术。工业 CT 主要用于工业产品的无损检测,根据被检测工件的材料及尺寸选择不同能量的 X 射线,其功能和特性在很多方面超过常规 X 射线检测、超声波检测、涡流检测等无损检测方法，从而为航空、航天、兵器等工业领域的精密零部件的无损检测提供了新的手段，被国际无损检测局称为最佳无损检测手段。

2. 工业 CT 检测系统的应用

工业 CT 能够准确地再现物体内部的三维立体结构，能够定量地提供物体内部的物理、力学等特性，如缺陷的位置及尺寸、密度的变化及水平、异型结构的形状及精确尺寸、物体内部的杂质及分布等。因此，工业 CT 被广泛应用于兵器工业、汽车、造船、钢铁、石油钻探、精密机械、管道等行业。

采用射线探伤仪可探测焊接缺陷，能够将纵向裂纹、横向裂纹、未焊透、条状夹渣、气孔、咬边等缺陷通过 CT 探伤仪检测出来。

随着铁路客运列车大面积提速，高速的行驶特点对机车关键部件的安全性提出了更高的要求。其中，摇枕、侧架、车钩等作为列车转向架的重要组成部分，对列车行驶安全起到至关重要的作用。大型工业 CT 系统可对摇枕、侧架等关键部件的内部结构及内部的气孔、砂眼、夹杂物、缩孔、疏松、冷隔、裂纹等铸造缺陷进行快速有效检测。

图 4-59 为列车摇枕 CT 扫描图像及局部图，扫描区域内可见明显的缩孔缺陷。

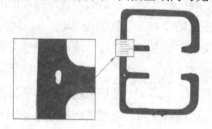

图 4-59　列车摇枕 CT 扫描图像及局部图

4.5　本章小结

在整个测试系统中，传感器承担着信号的获取功能，它是整个测量系统的首要环节，是感受和拾取被测信号的装置，是测试系统中的第一级。传感器是信息检测的必要工具，也是生产自动化、科学测试、计量核算、监测诊断等系统中不可缺少的基础环节，工程实际中俗称测量头、检测器等。传感器的性能直接影响到测试系统的测量精度。

本章主要讲述传感器的分类、各种传感器的工作原理和应用实例，主要分为两大模块。第一模块为基本理论部分(4.1 小节)，对传感器的定义和分类予以介绍。第二大模块为第 4.2、4.3 和 4.4 小节内容，分别讲述了参数式、发电式和新型传感器的原理和应用实例。

4.6　习题

一. 填空题

1. 电阻应变式传感器中金属应变片的工作原理是基于_____效应，主要是由于应变片的_____变化产生的。

2. 电阻应变式传感器中半导体应变片的工作原理是基于_____效应，主要是由于应变片的_____变化产生的。

3. 电感传感器是建立在_____基础上，利用线圈自感或互感的改变来实现非电量的检测。

4. 变间隙式自感传感器的_____和_____是相互矛盾的，因此在实际测量中广泛采用_____结构的变间隙电感传感器。

5. 电感式传感器是利用被测量改变磁路的_____，导致_____变化的。

6. 把被测非电量的变化转换成为线圈互感变化的互感式传感器是根据_____的基本原理制成的，其次级绕组都用_____形式连接，所以又叫作差动变压器式传感器。

7. 电涡流式传感器可测量_____等物理量。

8. _____传感器适用于非接触测量，而且不易受油污等介质影响。

9. 压电传感器的工作原理是基于_____。

10. 通过_____将被测量转换为电信号的传感器称为磁电式传感器，即磁电式传感器是利用_____原理将运动速度转换成信号输出。

11. 磁电式传感器主要分为_____和_____两种。

12. 变磁阻式磁电传感器主要用于测量_____等物理量。

13. 动圈式磁电传感器主要用于测量_____等物理量。

14. 温差电动势是在同一根导体中由于两端_____不同而产生的电动势。

15. 热电偶热电动势由两部分组成，一部分是两种导体的接触电动势，另一部分是单一导体的_____电动势。

二. 简答题

1. 金属材料应变片和半导体材料应变片在工作原理上有何不同？各有何优缺点？

2. 电容式传感器可分为哪几类？各自的主要用途是什么？

3. 为什么变极距型电容传感器的灵敏度和非线性是矛盾的？实际应用中怎样解决这一问题？

4. 差动式传感器的优点是什么？试述产生零位电压的原因和减小零位电压的措施。

5. 比较差动式自感传感器和差动变压器在结构上及工作原理上的异同之处。

6. 参数式传感器与发电式传感器有何主要不同？试各举一例。

7. 霍尔效应的本质是什么？用霍尔元件可测哪些物理量？设计一个利用霍尔元件测量转速的装置，并说明其原理。

8. 热电偶是如何实现温度测量的？影响热电势与温度之间关系的因素是什么？

9. 下列技术措施中，哪些可以提高磁电式转速传感器的灵敏度？

(1) 增加线圈匝数；

(2) 采用磁性强的磁铁；

(3) 加大线圈的直径；

(4) 减小磁电式传感器与齿轮外齿间的间隙。

10. 设计一种测量计算机电源冷却风扇转速的方案，并对其原理进行分析。

11. 试说明红外探测器的工作原理及各种探测器的性能特点。

12. 试说明超声波传感器的工作原理及应用举例。

13. 试说明工业 CT 检测系统在工业中的应用。

三. 计算题

1. 假设电阻应变片的灵敏系数 $S=2$，电阻值 $R=120\Omega$。问：在试件承受 $600\mu\varepsilon$ 时，电阻变化值 ΔR 为多少？

2. 有一变极距型电容传感器，两极板的重合面积为 8cm^2，两极板间的距离为 1mm，已知空气的相对介电常数为 1.0006，试计算该传感器的位移灵敏度。

3. 有一变面积型电容传感器，矩形极板宽度 $b=4\text{mm}$，间隙 $\delta=0.5\text{mm}$，极板间介质为空气，试求其静态灵敏度。若极板移动 2mm，求其电容变化量。

第5章

信号变换与调理

学习提示： 参数式传感器是将被测量转换为电阻、电感、电容等电参量，而电桥电路能够将电阻、电感、电容等电参量转变成电压或电流信号，因此，本章首先阐述了电桥电路的信号调理原理及其应用。为了消除实际测量的低频缓变信号受零漂和外界低频信号的干扰，常常是将直流或缓变信号转变成较高频率的交流信号，然后采用交流放大器进行放大，再从高频交变信号中将直流或缓变信号提取出来，这些过程一般称为调制与解调，因此，本章接着讲述了信号的调制与解调原理及其应用。传感器输出的信号一般都很微弱，在实际测量中要把微弱信号转换为便于后续传输或运用的信号，就要用到放大器，因此，根据不同信号放大的需求，本章也阐述了常用的几种放大器原理。在信号传输过程中，有时需要对信号进行频率滤除，因此，本章最后阐述了用于对信号进行选频的滤波器。

教学要求： 了解信号变换及调理的作用，掌握电桥的三种连接方式——单臂半桥、双臂半桥和四臂全桥及分析方法，掌握幅值调制与解调的原理和方法，了解调频及解调的原理和方法。熟悉调制与解调的作用，了解选频装置滤波器的基本特性，能够分析具体问题。熟悉信号放大的作用，掌握电荷放大器、测量放大器的基本原理及其应用，了解运算放大器、交流放大器等基本原理及其应用场合。

被测参量经传感器拾取、转换后的输出，一般是以电信号或电参数的变化形式出现的。电信号变化的形式有电压、电流和电荷等，电参数变化的形式有电阻、电容、电感等。以上信号由于太微弱或不满足测试要求等，尚需经过中间转换装置进行变换、放大等处理，以便将信号转换成便于处理、接收或显示记录的形式。习惯上将完成这些功能的电路称为信号的调理电路，如图 5-1 所示。本章主要讨论工程测试中常用的信号调理电路，包括电桥电路、信号的调制与解调、信号的放大、信号滤波等。

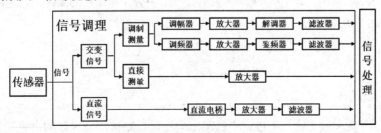

图 5-1　信号的调理电路示意图

5.1 电桥

电桥是将电阻、电感、电容等电参数的变化转换为电压或电流输出的一种电路，其输出既可用指示仪表直接测量，也可送入放大环节进行放大。电桥结构简单，精确度和灵敏度高，易消除温度及环境影响，因此在测量装置中广泛应用。按照电桥所采用的电源不同，分为直流电桥和交流电桥。

5.1.1 直流电桥

直流电桥是指采用直流电源供电的桥式电路。直流电桥工作原理如图 5-2 所示。直流电桥的四个桥臂电阻 R_1、R_2、R_3、R_4 为纯电阻。电桥的 a、c 两端接入直流电源 e_0，另两端 b、d 为电桥的输出端 e_y。电桥的输出电压为 b、d 两端的电位差，即

$$e_y = U_b - U_d = -I_1 R_1 + I_2 R_3 = \frac{R_2 R_3 - R_1 R_4}{(R_1 + R_2)(R_3 + R_4)} e_0 \tag{5-1}$$

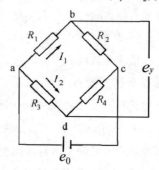

图 5-2　直流电桥

电桥平衡时应满足如下条件

$$R_2 R_3 = R_1 R_4 \tag{5-2}$$

如当各桥臂电阻发生微小变化 ΔR_1、ΔR_2、ΔR_3、ΔR_4 后，电桥就失去平衡，此时输出电压为

$$e_y = \frac{(R_2 + \Delta R_2)(R_3 + \Delta R_3) - (R_1 + \Delta R_1)(R_4 + \Delta R_4)}{(R_1 + \Delta R_1 + R_2 + \Delta R_2)(R_3 + \Delta R_3 + R_4 + \Delta R_4)} e_0 \tag{5-3}$$

一般情况下 ΔR 很小，即 $\Delta R \ll R$，略去上式分母和分子中 ΔR 的高次项，考虑电桥初始状态是平衡的，即 $R_2 R_3 = R_1 R_4$，故有

$$e_y = \frac{R_1 R_2}{(R_1 + R_2)^2} \left(-\frac{\Delta R_1}{R_1} + \frac{\Delta R_2}{R_2} + \frac{\Delta R_3}{R_3} - \frac{\Delta R_4}{R_4} \right) e_0 \tag{5-4}$$

上式表明电桥输出与输入电压成正比。在 $\Delta R \ll R$ 的条件下，电桥输出电压也与各桥臂电阻的变化率 $\Delta R/R$ 的代数和成正比。所以，电桥输出电压可反映被测量引起的电阻变化量。

为了简化桥路设计，往往取四个桥臂电阻相等的全等臂电桥，或取相邻两桥臂电阻相等的半等臂电桥。对于全等臂电桥，取 $R_1=R_2=R_3=R_4=R$，由式(5-4)可得电桥输出电压为

$$e_y = \frac{e_0}{4R}(-\Delta R_1 + \Delta R_2 + \Delta R_3 - \Delta R_4) \tag{5-5}$$

根据工作时桥路中参与工作的桥臂数，电桥有半桥单臂、半桥双臂、全桥三种接桥方式，如图 5-3 所示。设图中均为全等臂电桥，下面分析这三种连接方式的电压输出。

图 5-3(a)为半桥单臂连接，工作中电桥的一个桥臂 R_1 阻值随被测量而变化(如 R_1 为电阻应变片，其余桥臂为固定电阻)。当电阻 R_1 的阻值增加 ΔR 时，由式(5-5)可知电桥输出电压为

$$e_y = -\frac{e_0}{4R}\Delta R \tag{5-6}$$

图 5-3(b)为半桥双臂连接，它有两种接桥方式：工作桥臂相邻或相对连接。当以相邻连接时，电桥的两个相邻桥臂阻值随被测物理量而发生反向变化，即 $R_1 \pm \Delta R_1$、$R_2 \mp \Delta R_2$。当以相对连接时，电桥的两个相对桥臂阻值随被测物理量而发生同向变化，即 $R_1 \pm \Delta R_1$、$R_4 \pm \Delta R_4$。当 $\Delta R_1 = \Delta R_2 = \Delta R$，或 $\Delta R_1 = \Delta R_4 = \Delta R$ 时，电桥输出电压为

$$e_y = \mp \frac{\Delta R}{2R} e_0 \tag{5-7}$$

图 5-3(c)为全桥接法。工作时四个桥臂阻值均随被测物理量而变化，即 $R_1 \pm \Delta R_1$、$R_2 \mp \Delta R_2$、$R_3 \mp \Delta R_3$、$R_4 \pm \Delta R_4$。当 $\Delta R_1 = \Delta R_2 = \Delta R_3 = \Delta R_4 = \Delta R$，电桥输出电压为

$$e_y = \mp \frac{\Delta R}{R} e_0 \tag{5-8}$$

由式(5-6)、式(5-7)、式(5-8)可以看出，电桥接法不同，电桥输出的灵敏度也不同，半桥双臂接法比半桥单臂的输出电压高一倍，全桥接法则可获得最大的输出。

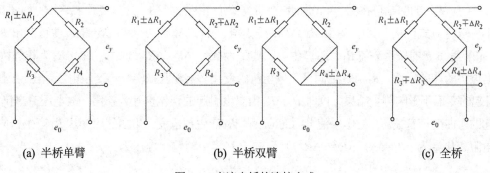

(a) 半桥单臂　　　　　　　(b) 半桥双臂　　　　　　　(c) 全桥

图 5-3　直流电桥的连接方式

当电桥相邻桥臂有电阻增量时，电桥输出反映两桥臂电阻增量相减的结果，而相对桥臂有电阻增量时，电桥输出反映桥臂电阻增量相加的结果。这就是电桥的和差特性。这一特性是合理布置应变片、进行温度补偿、提高电桥灵敏度的依据。

若希望电桥四个桥臂的电阻变化不相互抵消，则必须遵循"相邻异性，相对同性"的原则，

即 R_1、R_2 的电阻变化和 R_3、R_4 的电阻变化极性相反。在实际工作中，应根据结构受力应变情况，把应变片接入合适的桥臂。例如，受弯曲作用的构件，一侧产生拉应变，另一侧产生压应变，应变大小相等极性相反。这时就可以在构件两边各贴一片(或两片)应变片，并接入电桥的两相邻桥臂组成半桥双臂(或全桥)。

另外，为消除环境温度变化引起的应变片电阻变化带来的测量误差，可以选用一个与测量臂相邻的桥臂进行温度补偿。应使温度补偿臂与测量臂的温度特性一致，即采用电阻温度系数相同的应变片，把它们贴在热膨胀系数相同的材料上，并处于同样的环境温度中，补偿臂并不感受应变，只抵消测量臂由于温度变化带来的误差。如果两测量臂相邻连接，那么两臂互为温度补偿。

例 5-1 图 5-4(a)所示悬臂梁受力 F 和 F' 作用，要求只测出引起梁纯弯曲的力 F，试画出应变片的粘贴位置与电桥的连接方式图。

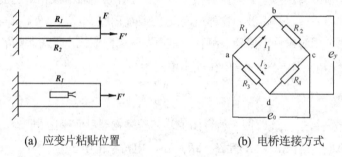

(a) 应变片粘贴位置　　　　　　(b) 电桥连接方式

图 5-4　测量悬臂梁纯弯曲的力

解： (1) 按题目要求，希望在 F 和 F' 同时作用时，只测出力 F。分析可知，力 F 使悬臂梁产生弯曲变形，从而在梁的上表面产生拉应变，而在下表面产生压应变。拉力 F' 使悬臂梁产生拉伸变形，在梁的上下表面均产生拉应变。

(2) 应变片的粘贴可按图 5-4(a)所示，在悬臂梁上下两面各贴一片应变片 R_1 和 R_2，如图 5-4(b)按半桥双臂方式连接。其中 R_3 和 R_4 为精密无感电阻，选择 $R_1=R_2=R_3=R_4=R_0$，便可测出 F。

(3) 虽然 F' 的作用会使 R_1、R_2 产生电阻增量为 $\Delta R_1=\Delta R_2=\Delta R'$，但由于 R_1、R_2 为相邻桥臂，根据电桥的和差特性，R_1、R_2 上同号等量阻值的变化影响相互抵消，不产生电压输出。因此，F' 引起的变形不影响测量结果，同时 R_1、R_2 由温度引起的误差也互为补偿。故电压输出仅与 F 引起的弯曲变形有关。F 的作用使上面的应变片 R_1 产生拉应变，下面的应变片 R_2 产生压应变，其电阻变化量为 $\Delta R_1=\Delta R$，$\Delta R_2=-\Delta R$，则反映力 F 大小的输出电压为

$$e_y = -\frac{\Delta R}{2R_0}e_0$$

如果要进一步提高电桥的灵敏度，可采用图 5-5 所示的布片与连接方式。工作中四片应变片的阻值随 F 引起的弯曲变形量而变化，即 $R_1+\Delta R_1$、$R_2-\Delta R_2$、$R_3-\Delta R_3$、$R_4+\Delta R_4$，当 $\Delta R_1=\Delta R_2=\Delta R_3=\Delta R_4=\Delta R$ 时，输出电压为

$$e_y = -\frac{\Delta R}{R_0}e_0$$

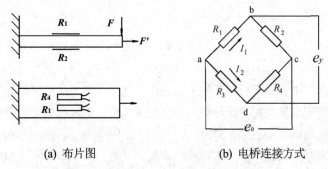

(a) 布片图　　　　　　　(b) 电桥连接方式

图 5-5　提高电压输出灵敏度的布片连接图

这种布片及连接方式不但达到了题目的要求，而且使输出电压增大了一倍。

直流电桥的优点是：工作时所需高稳定度的直流电源较易获得；电桥输出 e_y 是直流，可以用直流仪表直接测量；对从传感器至测量仪表的连接导线要求较低，电桥的平衡电路简单。其缺点是直流放大器比较复杂，易受零漂和接地电位的影响。

在实际工程应用中，由于电阻应变片的应变相对变化很小，因此必须由电桥和放大器构成专门的仪器进行测量，该类仪器就是电阻应变仪。

5.1.2　交流电桥

交流电桥采用交流电源，电桥的四个桥臂可为电感、电容、电阻或其组合。因此，除电阻外还包括电抗。如果阻抗、电流及电压都用复数表示，则关于直流电桥的平衡关系式在交流电桥中也可适用。即对于图 5-6 所示的交流电桥，达到平衡时必须满足

$$Z_1 Z_4 = Z_2 Z_3 \tag{5-9}$$

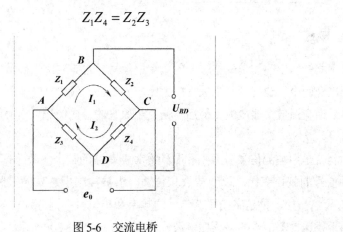

图 5-6　交流电桥

上式各阻抗为复数，若将其用指数式表示，则为

$$Z_{01} e^{j\phi_1} Z_{04} e^{j\phi_4} = Z_{02} e^{j\phi_2} Z_{03} e^{j\phi_3} \tag{5-10}$$

式中，Z_{01}、Z_{02}、Z_{03}、Z_{04} 为各阻抗的模；ϕ_1、ϕ_2、ϕ_3、ϕ_4 为各桥臂电压与电流之间的相位差，称为阻抗角。因此，交流电桥的平衡条件为

$$Z_{01} \cdot Z_{04} = Z_{02} \cdot Z_{03} \qquad \phi_1 + \phi_4 = \phi_2 + \phi_3 \qquad (5\text{-}11)$$

上式表明，交流电桥平衡必须满足上述两个条件。前者称为交流电桥的模平衡条件，后者称为相位平衡条件。

由于电阻、电感、电容均可以用阻抗来表征，显然，交流电桥可以作为这三类传感器及其组合的调理电路。根据交流电桥平衡原理可知，在用电感、电容组成交流电桥时，一定要注意组成电桥后要能满足电桥平衡条件。例如，在一个桥路中，如果只有一个电容或只有一个电感，而其他桥臂全为纯电阻，则该电桥是不可能平衡的；又如，一个电桥两个相对桥臂为电容或电感，其他桥臂为电阻，该电桥也是不能正常工作的。在各种不同工作方式的桥路中，桥臂阻抗的和、差必须满足复数运算法则。

与直流电桥相似，交流电桥输出电压计算式为

$$U_{BD} = \frac{e_0 k}{4}(\varepsilon_1 - \varepsilon_2 - \varepsilon_3 + \varepsilon_4) \qquad (5\text{-}12)$$

式中，e_0 为交流电源；k 为系数；ε_1、ε_2、ε_3、ε_4 分别为桥臂阻抗变化。

交流电桥的供桥电源除应具有足够的功率外，还必须具有良好的电压波形和频率稳定度。若电源电压波形畸变，则高次谐波不但会造成测量误差，而且将扰乱电桥平衡。一般由振荡器输出音频交流(5～10kHz)作为电桥电源。电桥输出为调制波，外界工频干扰不易从线路中引入，并且后接的交流放大电路简单而无零漂。

5.2 信号的调制和解调

5.2.1 概述

传感器的输出往往是一些缓变的微小电信号，它需要进一步放大。因直流放大器存在零漂和级间耦合两个主要问题，不失真放大比较困难。一般先把缓变的信号变为频率较高的交流信号，然后用交流放大器放大，最后再恢复至原来的缓变信号。信号的这种变换过程就是调制与解调。

调制就是用被测信号来调整和制约高频振荡波的某个参数(如幅值、频率或相位)，使其按照被测信号的规律变化，以便放大和传输。当被控制量是高频振荡信号的幅值时，称为调幅(AM)；而当被控制量是高频振荡信号的频率和相位时，则分别称为调频(FM)和调相(PM)。

用于载送被测信号的高频振荡波称为载波，如图 5-7(a)所示。控制高频振荡的被测信号称为调制信号，如图 5-7(b)所示。经过调制的高频振荡波称为已调波，根据调幅、调频的不同，分别称为调幅波和调频波，如图 5-7(c)、(d)所示。对已经放大的已调波进行鉴别以恢复被测信号的过程称为解调。

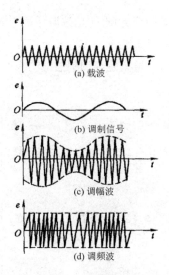

图 5-7 载波、调制信号及已调波

接下来介绍在动态测试中常用的幅值和频率的调制与解调。

5.2.2 幅值调制和解调

调幅就是将调制信号与载波相乘，使载波的幅值随调制信号的变化而变化。一般将用来对载波的幅值实现调制的器件称为调幅器。交流电桥就是用供桥电源电压作为音频载波的一个调幅器。设供桥电源为一正弦交流电压，波形如图 5-7(a)所示。其表达式为

$$e_0 = E_0 \sin \omega t \tag{5-13}$$

式中，E_0 为载波电压的幅值；ω 为载波电压的角频率。

若电桥为全桥接法，四个桥臂均接入应变片，则电桥输出为

$$e_y = \frac{\Delta R}{R_0} E_0 \sin \omega t = SE_0 \varepsilon \sin \omega t \tag{5-14}$$

式中，S 为应变片的灵敏度系数；ε 为应变片的应变。

如果应变 ε 的变化为

$$\varepsilon = \varepsilon_R \sin \Omega t \tag{5-15}$$

将式(5-15)带入式(5-14)可得

$$e_y = SE_0 \varepsilon \sin \omega t = SE_0 \varepsilon_R \sin \Omega t \sin \omega t \tag{5-16}$$

由于 $\Omega \ll \omega$，此时 e_y 仍可看成为一正弦信号，只是幅值发生了变化，成为 $SE_0 \varepsilon_R \sin \Omega t$，如图 5-7(c)所示。

电桥调制不仅对纯电阻适用，而且对电感或电容也同样适用。电桥调幅波经交流放大器放大后，若要恢复原来的信号，还必须进行"解调"处理。

检波解调是一种常用的解调方法。检波就是对调幅波进行解调，还原出调制信号的过程。普通的二极管整流检波器仅可检出调幅波的幅值。图 5-7(c)中的调幅波，它的幅值的包络线反

映了应变的大小，而相位则包含了应变方向(如是拉伸还是压缩)的信息。若要同时获得这两种信息，可用相敏检波器进行解调。

相敏检波器利用载波作为参考信号来鉴别调制信号的极性。图 5-8 所示为相敏检波器的鉴相与选频特性。

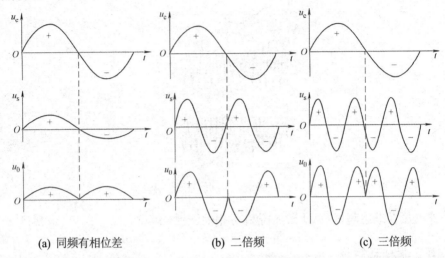

(a) 同频有相位差   (b) 二倍频   (c) 三倍频

图 5-8   相敏检波器的鉴相与选频特性

图中，u_c 表示载波电压，可为正弦或方波信号；u_s 表示调制信号，可视为正弦信号；u_0 表示未经滤除载波频率信号前的输出电压。当信号电压(调幅波)与载波同相时，相敏检波器的输出电压为正；当信号电压与载波反相时，其输出电压为负。输出电压的大小仅与信号电压成比例，而与载波电压无关。相敏检波器实现了前面提出的反映被测信号的幅值和极性两个目标。

相敏检波电路常用的有半波相敏检波和全波相敏检波电路。图 5-9 所示为全波相敏检波电路。若调幅波的载波如图 5-10(a)所示，则相敏检波器的输出波形仍是一个高频信号，如图 5-10(b)与图 5-10(c)所示，它的包络线就是调制信号。为了取出所需的已放大的调制信号，必须后接低通滤波器，滤去高频载波分量，而只让低频调制信号(即检测信号)通过。低通滤波器的输出波形如图 5-10(d)最下面的波形所示。

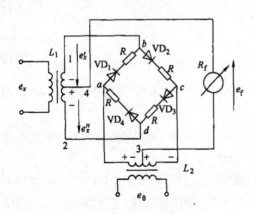

图 5-9   全波相敏检波器电路图

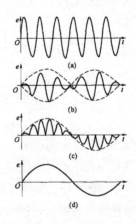

图 5-10   全波相敏检波器波形图

动态电阻应变仪是具有电桥调幅与相敏检波的典型电路。如图 5-11 所示，振荡器供给电桥等幅高频振荡电压(一般频率为 10kHz 或 15kHz)，被测的量(力、应变等)通过电阻应变片的变化作用在电桥上输出。电桥输出为调幅波，经过放大，最后经过相敏检波器与低通滤波器得到所需被测信号。

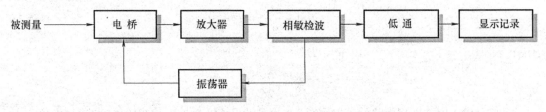

图 5-11　动态电阻应变仪方框图

5.2.3　频率调制和解调

调频就是用信号电压的幅值控制一个振荡器，使其振荡频率与信号电压幅值的变化成正比，而振荡幅值保持不变。当信号电压为零时，调频波的频率就等于载波频率(又称为中心频率)。信号电压为正时，调频波的频率变化高于中心频率，当信号电压达到正峰值时，调频波的频率达到最大值；信号电压为负时，调频波的频率低于中心频率，当信号电压达到负峰值时，调频波的频率降至最小值。调频波是随信号变化而疏密不等的等幅波。为保证测试精度，对应于零信号的载波中心频率应远高于信号中的最高频率成分。

调频可以利用谐振电路来实现。谐振电路是由电容、电感(或电阻)元件构成的电路，其基本原理是将待测的电参数作为自激振荡器谐振回路中的一个调谐参数。测试中常用并联谐振电路。由线圈和电容器并联后再接高频振荡电源的电路，称为并联谐振电路，如图 5-12 所示。该电路的谐振曲线如图 5-13 所示。电路的谐振频率为

$$f_n = \frac{1}{2\pi\sqrt{LC}} \tag{5-17}$$

式中，f_n 为谐振电路的谐振频率(Hz)；L 为电感量(H)；C 为电容量(F)。

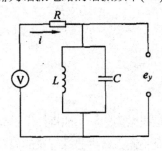

图 5-12　并联谐振电路

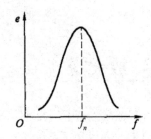

图 5-13　电压谐振曲线

当谐振频率随电容、电感值发生变化时，并联谐振电路输出的信号频率将发生变化，得到调频波。若作为谐振电路的电容传感器，电容值 C 随被测信号变化变为 $C+\Delta C$，则谐振频率变化为

$$f = \frac{1}{2\pi\sqrt{L(C+\Delta C)}} = \frac{1}{2\pi\sqrt{LC\left(1+\dfrac{\Delta C}{C}\right)}} = f_n \frac{1}{\sqrt{1+\dfrac{\Delta C}{C}}} \tag{5-18}$$

上式按泰勒级数展开并忽略高阶项，可得

$$f = f_n\left(1-\frac{\Delta C}{2C}\right) = f_n - \Delta f \tag{5-19}$$

其中

$$\Delta f = \frac{\Delta C}{2C}f_n$$

无信号输入时，谐振电路的输出电压为 $e_y = E\cos(2\pi f_n t + \phi)$；有信号输入时谐振电路的输出电压为 $e_y = E\cos[2\pi(f_n - \Delta f)t + \phi]$。因而，谐振电路的输出为等幅波，但频率受输入调制而达到调频的目的。

调频波的解调电路又称鉴频器，它的作用是将调频波频率的变化变换成电压幅值的变化。通常将这种变换分两步完成。第一步先将等幅的调频波变成幅值随频率变化的调频—调幅波。第二步检出幅值的变化，从而得到原调制信号。完成上述第一步功能的称为频率—幅值线性变换器，完成第二步功能的称为振幅检波器。

图 5-14 是一种简单的鉴频电路，它采用变压器耦合的谐振电路实现鉴频，把等幅的调频波变成调频—调幅波，再经幅值检波器(二极管检波器)就可得到所需的原调制信号。

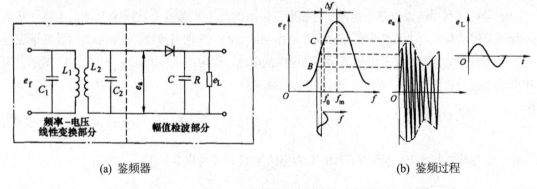

(a) 鉴频器　　　　　　　　　　　　　　　(b) 鉴频过程

图 5-14　鉴频器及鉴频过程

5.3　放大器

在机械量测试中，传感器或测量电路的输出信号电压是很微弱的，不能直接用于显示、记录或 A/D 转换，还需要进行放大。因此，对微弱信号放大是检测系统中必须解决的问题。对测试系统中放大器的要求包括：①频带宽，且能放大直流信号；②精度高，线性度好；③高输入阻抗，低输出阻抗；④低漂移，低噪声；⑤强大的抗共模干扰能力。

运算放大器是由集成电路组成的一种高增益的模拟电子器件。由于其价格低廉，组合灵活，故得到广泛应用。随着电子技术的发展，各种新型、高精度的通用与专用放大器也大量涌现，如运算放大器、电荷放大器、测量放大器和交流放大器等。本节主要介绍运算放大器、电荷放大器、测量放大器和交流放大器的结构和特点。

5.3.1　运算放大器

典型的运算放大器有四种，如图 5-15 所示，其中：图 5-15a 是反相比例放大器，由 D 点输入放大器电流为零，可得 $U_0/e_a = -R_f/R_a$；若输入两路信号 e_a 和 e_b，则得到加法器 $U_0 = -R_f(e_a/R_a + e_b/R_b)$。图 5-15(b)是差动放大器或比较器，若 A 点接地，B 点输入 e_b，可组成同相输入放大器 $U_0/e_b = 1 + R_f/R_b$。图 5-15(c)是积分放大器 $U_0 = -\dfrac{1}{RC}\displaystyle\int e\mathrm{d}t$，图 5-15(d)是微分放大器 $U_0 = -RC\dfrac{\mathrm{d}e}{\mathrm{d}t}$。

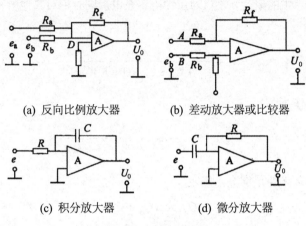

(a) 反向比例放大器　　　　(b) 差动放大器或比较器

(c) 积分放大器　　　　(d) 微分放大器

图 5-15　运算放大器

5.3.2　电荷放大器

电荷放大器是供压电式传感器专用的一种前置放大器。它实际上是一个带电容深度负反馈的高增益运算放大器，能将压电式传感器的输出电荷转换成一定比例关系的低阻抗电压，并进行放大。其输入阻抗高达 $10^{10}\sim10^{12}\Omega$，而输出阻抗小于 100Ω。

压电式传感器与电荷放大器连接的等效电路如图 5-16 所示。其中 q 为传感器电荷，C_a 为传感器固有电容，R_a 为传感器绝缘电阻，C_c 为连接电缆的等效电容，C_i 为放大器输入电容，R_i 为放大器输入电阻，C_f 为反馈电容，K 为运算放大器的开环增益。

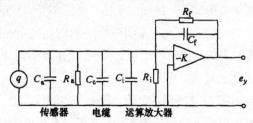

图 5-16　压电式传感器与电荷放大器连接的等效电路

由于传感器的绝缘电阻 R_a、放大器输入电阻 R_i 极高，因此可认为总电荷 q 没有在 R_a 和 R_i

上产生泄漏。根据"虚地"的概念，反馈电容 C_f 折算到放大器输入端的有效电容为 $(1+K)C_f$，简化的等效电路如图 5-17 所示。

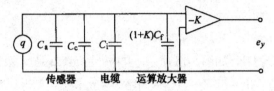

图 5-17　简化的等效电路

由于放大器的输入电容 C_i，折算反馈电容 $(1+K)C_f$ 与传感器的固有电容 C_a 和电缆电容 C_c 并联，因此压电元件产生的电荷 q 不仅对反馈电容充电，同时也对其他所有电容充电。放大器输入端的电压 e_i 为

$$e_i = \frac{q}{C_a + C_c + C_i + (1+K)C_f} \tag{5-20}$$

放大器输出端电压为

$$e_y = -Ke_i = -\frac{Kq}{C_a + C_c + C_i + (1+K)C_f} \tag{5-21}$$

如果放大器的开环增益足够高，满足

$$(1+K)C_f \gg (C_a + C_c + C_i) \tag{5-22}$$

则电缆电容 C_c、压电传感器的固有电容 C_a 和放大器的输入电容 C_i 可略去不计，此时放大器的输出电压为

$$e_y \approx -\frac{q}{C_f} \tag{5-23}$$

由式(5-23)可见，电荷放大器输出电压与压电传感器的电荷量成正比，与电缆电容无关，可以有效减小测量误差。实践中通常将反馈电容做成多档可调，可以根据测量需要选择合适的值。

5.3.3　测量放大器

普通运算放大器对微弱信号的放大，仅适用于信号回路不受干扰的情况。实际测量中，在传感器的两条传输线上经常产生较大的干扰信号(噪声)，有时是完全相同的干扰，称共模干扰。测量放大器具有高的线性度、高的共模抑制比与低噪声，它广泛用于传感器的信号放大，特别是微弱信号具有较大共模干扰的场合。

测量放大器的基本电路如图 5-18 所示，它是一种两级串联放大器。前级由两个同相放大器组成，为对称结构，允许输入信号直接加到输入端，从而具有高拟制共模干扰的能力和高输入阻抗。后级是差动放大器，它不仅切断共模干扰的传输，还将双端输入方式变化成单端方式输出，以适应对地负载的需要。

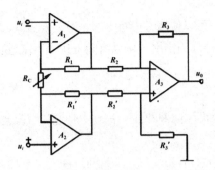

图 5-18　测量放大器原理图

5.3.4　交流放大器

若只需要放大交流信号，可采用如图 5-19 所示的集成运放交流电压同相放大器(或交流电压放大器)。

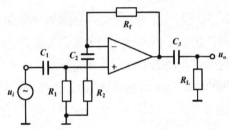

图 5-19　交流放大器电路

图中电容 C_1、C_2 及 C_3 为隔直电容，因此交流电压放大器无直流增益，其交流电压放大倍数为

$$A_V = 1 + \frac{R_f}{R_1} \tag{5-24}$$

式中，电阻 R_1 接地是为了保证输入为零时，放大器的输出直流电位为零。交流放大器的输入电阻为 $R_i = R_1$。R_1 不能太大，否则会产生噪声电压，影响输出；但也不能太小，否则放大器的输入阻抗太低，影响前级信号源输出。R_1 一般取几十千欧。

耦合电容 C_1、C_3 可根据交流放大器的下限频率 f_L 来确定，一般取

$$C_1 = C_3 = (3 \sim 10)/(2\pi R_L f_L) \tag{5-25}$$

一般情况下，集成运放交流电压放大器只放大交流信号，输出信号受运放本身的失调影响较小，因此不需要调零。

5.4　滤波器

从工业现场测得的信号是经传输线送入检测仪表的测量电路或微机的接口电路的，在获取信号或信号传输过程中，很可能会引入干扰。为使信号在进入测量电路或接口电路之前消除或者减弱这种干扰，通常要接入滤波器装置。另外，为了获得某一段频率信号，也需加入滤波器。

滤波器是一种选频装置，可以使信号中特定的频率成分通过，而极大地衰减其他频率成分。测试装置中利用滤波器的这种选频作用，可以滤除干扰噪声或进行频谱分析。

5.4.1 滤波器的分类

滤波器从功能上可以分为四类，即低通、高通、带通和带阻滤波器，图 5-20 表示了这四种滤波器的幅频特性。

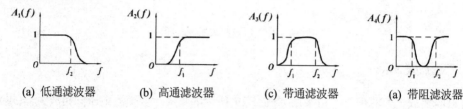

（a）低通滤波器　　（b）高通滤波器　　（c）带通滤波器　　（a）带阻滤波器

图 5-20　滤波器的幅频特性

图 5-20(a)是低通滤波器，它可以使信号中低于 f_2 的频率成分几乎不受衰减地通过，而高于 f_2 的频率成分受到极大的衰减；图 5-20(b)为高通滤波器，与低通滤波器相反，它使信号中高于 f_1 的频率成分几乎不受衰减地通过，而低于 f_1 的频率成分将受到极大的衰减；图 5-20(c)表示带通滤波器，它使在 f_1 和 f_2 之间的频率成分几乎不受衰减地通过，而其他成分受到衰减；图 5-20(d)表示带阻滤波器，与带通滤波器相反，它使信号中高于 f_1 和低于 f_2 的频率成分受到衰减，其余频率成分几乎不受衰减地通过。

上述四种滤波器中，在通带与阻带之间存在一个过渡带。在此带内，信号受到不同程度的衰减。这个过渡带是滤波器所不希望的，但也是不可避免的。

5.4.2 理想滤波器

理想滤波器是一个理想化的模型，是一种物理不可实现的系统。对它的研究有助于理解滤波器的传输特性，并且由此导出的一些结论可作为实际滤波器传输特性分析的基础。

理想滤波器是指能使通带内信号的幅值和相位都不失真，阻带内的频率成分都衰减为零的滤波器。因此，理想滤波器具有矩形幅频特性和线性相频特性，如图 5-21 所示。理想滤波器的频率响应函数为

$$H(f) = A_0 e^{-j2\pi f \tau_0} \tag{5-26}$$

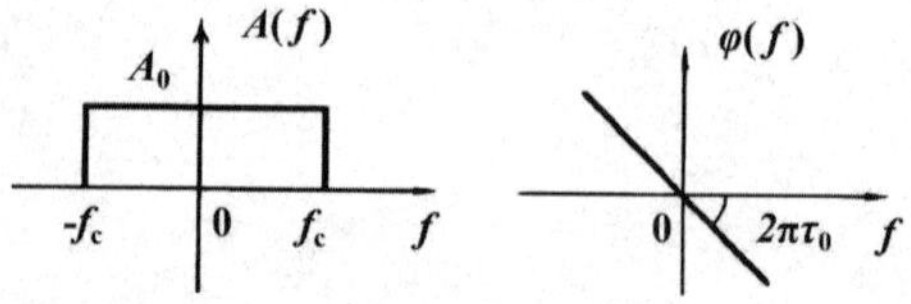

图 5-21　理想低通滤波器的幅频和相频特性

幅频特性为

$$A(f) = A_0 = 常数 \qquad (-f_c < f < f_c) \tag{5-27}$$

相频特性为

$$\varphi(f) = -2\pi f \tau_0 \tag{5-28}$$

显然，理想滤波器在通频带内满足不失真传递条件，通带与阻带之间没有过渡带。这种理想滤波器可以使信号中特定的频率成分完全通过而无任何损失；其他频率成分被完全衰减。因此，理想滤波器的选频效果最佳。

5.4.3　实际滤波器的性能参数

如图 5-22 所示，由于实际滤波器的特性曲线没有明显的转折点，通频带中幅频特性也并非为常数，因此需要用更多的参数来描述实际滤波器的性能，主要参数有纹波幅度、截止频率、带宽、品质因数、倍频程选择性及滤波器因数等。

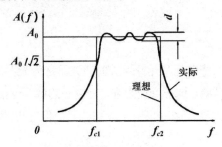

图 5-22　理想与实际带通滤波器

(1) 纹波幅度 d。在一定频率范围内，实际滤波器的幅频特性可能呈波纹变化。其波动幅度 d 与幅频特性的平均值 A_0 相比，越小越好，一般应远小于-3dB，即 $d \ll A_0 / \sqrt{2}$。

(2) 截止频率 f_c。幅频特性值等于 $A_0 / \sqrt{2}$ 所对应的频率称为滤波器的截止频率。以 A_0 为参考值，$A_0 / \sqrt{2}$ 对应于-3dB 点，即相对于 A_0 衰减 3dB，若以信号的幅值平方表示信号功率，则所对应的点正好是半功率点。

(3) 带宽 B。上下两截止频率之间的频率范围称为滤波器带宽，或-3dB 带宽，单位为 Hz。带宽决定着滤波器分离信号中相邻频率成分的能力，即频率分辨力。

(4) 品质因数 Q。对于带通滤波器，通常把中心频率 $f_0 (f_0 = \sqrt{f_{c1} \cdot f_{c2}})$ 和带宽 B 之比称为滤波器的品质因数 Q。例如一个中心频率为 500Hz 的滤波器，若其中-3dB 带宽为 10 Hz，则称其 Q 值为 50。Q 值越大，表明滤波器分辨力越高。

(5) 倍频程选择性 W。在两截止频率外侧，实际滤波器有一个过渡带。这个过渡带的幅频曲线倾斜程度表明了幅频特性衰减的快慢，它决定着滤波器对带宽外频率成分衰阻的能力，通常用倍频程选择性来表征。所谓倍频程选择性，是指在上截止频率 f_{c2} 与 $2f_{c2}$ 之间，或者在下截止频率 f_{c1} 与 $f_{c1} / 2$ 之间幅频特性的衰减值，即频率变化一个倍频程时的衰减量。

$$W = -20\log \frac{A(2f_{c2})}{A(f_{c2})} \tag{5-29}$$

或

$$W = -20\log\frac{A(f_{c1}/2)}{f_{c1}}$$ (5-30)

倍频程衰减量以 dB/oct 表示。显然，衰减越快(即 W 值越大)，滤波器选择性越好。

(6) 滤波器因数 λ。滤波器品质因数 λ 定义为滤波器幅频特性的-60dB 带宽与-3dB 带宽的比值来表示，即

$$\lambda = \frac{B_{-60\text{dB}}}{B_{-3\text{dB}}}$$ (5-31)

理想滤波器 $\lambda=1$，通常使用的滤波器 $\lambda=1\sim5$。有些滤波器因器件影响(例如电容漏阻等)，幅频特性值衰减量达不到-60dB，则以标明的衰减倍数(如-40dB 或-30dB)带宽与-3dB 带宽之比来表示其选择性(滤波器因数)。

5.4.4　无源滤波器

凡是只由电阻、电容、电感等无源元件组成的滤波器称为无源滤波器，在测试系统中常用 RC 滤波器。RC 滤波器电路简单，抗干扰能力强，有较好的低频性能，并且选用标准阻容元件。若检测系统中对滤波要求不太高，可以采用无源滤波器。但这种滤波器电路带负载能力差。

1) 一阶 RC 低通滤波器

RC 低通滤波器的典型电路及其幅频特性、相频特性如图 5-23 所示。设滤波器的输入电压信号为 $x(t)$，输出为 $y(t)$，电路的微分方程式为

$$RC\frac{\text{d}(y)}{\text{d}t} + y(t) = x(t)$$ (5-32)

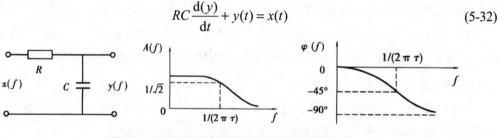

图 5-23　RC 低通滤波器及其幅频特性和相频特性

令时间常数 $\tau = RC$，则该滤波器的频响函数为

$$H(f) = \frac{Y(f)}{X(f)} = \frac{1}{1 + j2\pi f\tau}$$ (5-33)

幅频特性为

$$A(f) = \frac{1}{\sqrt{1 + (2\pi f\tau)^2}}$$ (5-34)

相频特性为

$$\varphi(f) = -\arctan 2\pi f \tau \qquad (5-35)$$

当 $f \ll 1/2\pi\tau$ 时，$A(f) = 1$，此时信号几乎不受衰减地通过，并且相频特性也近似于线性关系。因此可认为：在此情况下，RC 低通滤波器近似为一个不失真传输系统。当 $f = 1/2\pi\tau$ 时，$A(f) = 1/\sqrt{2}$，即为滤波器的-3dB 点，此时对应的频率即为上截止频率。所以，RC 值决定着上截止频率，适当改变 RC 参数，就可以改变滤波器截止频率。

2) 一阶 RC 高通滤波器

图 5-24 表示 RC 高通滤波器及其幅频特性、相频特性。设输入信号电压为 $x(t)$，输出为 $y(t)$，则电路微分方程式为

$$y(t) + \frac{1}{RC}\int y(t)\mathrm{d}t = x(t) \qquad (5-36)$$

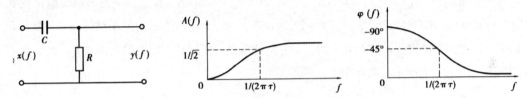

图 5-24　RC 高通滤波器及其幅频特性和相频特性

同理，令 $RC = \tau$，则 RC 高通滤波器的频响函数为

$$H(f) = \frac{j2\pi f \tau}{1 + j2\pi f \tau} \qquad (5-37)$$

幅频特性和相频特性为

$$A(f) = \frac{2\pi f \tau}{\sqrt{1 + (2\pi f \tau)^2}} \qquad (5-38)$$

$$\varphi(f) = \frac{\pi}{2} - \arctan 2\pi f \tau \qquad (5-39)$$

当 $f = 1/2\pi\tau$ 时，$A(f) = 1/\sqrt{2}$，滤波器的-3dB 截止频率为 $f = 1/2\pi\tau$；当 $f \gg 1/2\pi\tau$ 时，$A(f) \approx 1$，$\varphi(f) \approx 0$，即当 f 相当大时，幅频特性接近于 1，相移趋于零，此时 RC 高通滤波器可视为不失真传输系统。

3) RC 带通滤波器

RC 带通滤波器可以看作一阶 RC 低通滤波器和一阶 RC 高通滤波的串联组合，如图 5-25 所示。

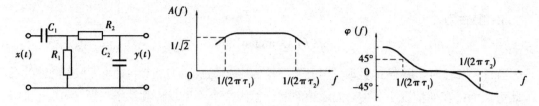

图 5-25　RC 带通滤波器及其幅频特性和相频特性

令 $R_1C_1=\tau_1$，$R_2C_2=\tau_2$，则串联后的幅频特性、相频特性为

$$A(f) = \frac{2\pi f \tau_1}{\sqrt{1+(2\pi f \tau_1)^2}} \cdot \frac{1}{1+(2\pi f \tau_2)^2} \tag{5-40}$$

$$\varphi(f) = \varphi_1(f) + \varphi_2(f) = \frac{\pi}{2} - \arctan 2\pi f \tau_1 - \arctan 2\pi f \tau_2 \tag{5-41}$$

当 $f=1/2\pi\tau_1$ 时，$A(f)=1/\sqrt{2}$，此时对应的频率 $f_{c1}=1/2\pi\tau_1$，即原高通滤波器的截止频率，此时为带通滤波器的下截止频率；当 $f=1/2\pi\tau_2$ 时，$A(f)=1/\sqrt{2}$，对应于原低通滤波器的截止频率，此时为带通滤波器的上截止频率。分别调节高、低通滤波器的时间常数 τ_1、τ_2，就可以得到不同的上、下截止频率和带宽的带通滤波器。

5.4.5　有源滤波器

有源滤波器是由运算放大器等有源器件组成的调谐网络。运算放大器既可作为级间隔离，又可起信号幅值的放大作用。RC 网络则通常作为运算放大器的负反馈网络。

图 5-26 是基本的一阶有源低通滤波器。很明显，图 5-26(a)是将简单的一阶低通滤波网络接到运算放大器的输入端。运算放大器起到隔离负载影响、提高增益和提高带负载能力的作用。其截止频率为 $f_c = 1/(2\pi RC)$，放大倍数为 $K = 1+R_F/R_1$。图 5-26(b)则把高通网络作为运算放大器的负反馈，结果获得低通滤波的作用，其截止频率为 $f_c = 1/(2\pi R_F C)$，直流放大倍数 $K = R_F/R_1$。

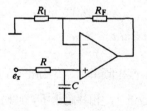

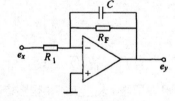

(a) 滤波网络接到放大器的输入端　　　　　(b) 滤波网络作为负反馈

图 5-26　一阶有源低通滤波器

为了使通带外的高频成分衰减更快，应提高低通滤波器的阶次。图 5-27 是二阶有源低通滤波器，高频衰减率为-40dB/10 倍频程。不难看出，图 5-27(a)是图 5-26(a)和图 5-26(b)的简单组合。图 5-27(b)是图 5-27(a)的改进，形成多路负反馈以削弱 R_F 在调谐频率附近的负反馈作用，滤波器的特性将更接近"理想"的低通滤波器。

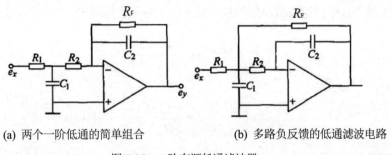

(a) 两个一阶低通的简单组合　　　　　(b) 多路负反馈的低通滤波电路

图 5-27　二阶有源低通滤波器

5.4.6　数字滤波器

现在数字滤波器应用已经非常广泛。从本质上讲，任何一种经典的模拟滤波器功能都可以采用数字滤波器来实现，甚至可以达到模拟滤波器所不能及的效果。数字方法具有准确、稳定和可以通过软件来实现可调性的优点。数字滤波实际上是一种算法，用它将作为输入的采样信号(或者数字序列)转换为输出的数字序列。该算法可以对应低通、高通或其他形式的滤波行为。输出序列可用于进一步的数字处理，也可以被用于从数字量转换成模拟量，从而产生原始模拟信号的一种经滤波后的信号(如图 5-28 所示)，其核心是数字信号处理。这方面更详细的内容见有关专著论述，下面仅做简要介绍。

图 5-28　数字滤波器信号传输过程框图

针对一阶低通滤波器的数字形式实现，可以通过使用数值分析方法将模拟系统的微分方程转换为差分方程来得到。公式(5-33)所对应的一阶低通滤波器的微分方程为

$$\tau \frac{\mathrm{d}u_o(t)}{\mathrm{d}t} + u_o(t) = u_i(t) \tag{5-42}$$

将上述一阶低通滤波器的微分方程转换为差分方程，便可采用软件算法来实现模拟硬件滤波器的功能。具体可采用离散化且不断迭代的方法来实现这个过程，基本公式是

$$Y(n) = a \cdot X(n) + (1-a) \cdot Y(n-1) \tag{5-43}$$

公式中，$X(n)$ 为输入数字序列值，$Y(n)$ 为滤波后得到的输出数字序列值，$Y(n-1)$ 为上次滤波后的输出数字序列值，n 为采样序号，a 为滤波系数(与滤波效果有关的一个参数，决定新采样值在本次滤波结果中所占的权重)。

这里 $a = \dfrac{T}{\tau}$，其中 $\tau = RC$，T 为采样周期。滤波系数 a 越小，滤波结果越平稳，但是灵敏度低；滤波系数 a 越大，滤波结果越不稳定，但是灵敏度高。

图 5-23 的一阶低通滤波器对应的数字滤波器上限截止频率为

$$f_H = \frac{1}{2\pi RC} = \frac{1}{\pi \tau} \tag{5-44}$$

可得时间常数 τ 为

$$\tau = \frac{1}{2\pi f_H} \tag{5-45}$$

带入滤波系数可得

$$a = \frac{T}{T+\tau} = \frac{T}{T + \dfrac{1}{2\pi \cdot f_H}} \tag{5-46}$$

式中 $T = \dfrac{1}{f_s}$ 为采样周期，f_s 为采用频率。在实际应用中，一般采样频率远远大于截止频率，即 $f_s \gg f_H$。故近似得出

$$a \approx 2\pi \cdot \frac{f_H}{f_s} \tag{5-47}$$

所以，已知截止频率和采样频率，就能够计算出滤波系数 a 的值。数字滤波器的采样频率 f_s 必须为模拟信号中的最高谐波频率的 2.5 倍以上，以防混淆现象发生(详见第 8 章)。

大多数数据采集软件，例如 MATLAB 软件，都提供了现成的数字滤波器，以便执行数据调理中所用的大多数经典滤波器功能，例如贝塞尔滤波器、巴特沃斯滤波器、切比雪夫滤波器等，从而解除了用户在数字滤波器设计中需要专门知识之忧。

5.5　本章小结

在机械工程测量中，为了将传感器的输出信号转换为更容易使用的形式，将小信号进行放大或变成高频信号便于传送，从信号中去除不需要的频率分量，或者使信号能够驱动输出装置等，就需要对测量的信号进行变换或调理。本章阐述的主要内容归纳如下。

(1) 电桥是将电阻、电容、电感电参数变成电压或电流信号，它分直流电桥和交流电桥。直流电桥的平衡条件是 $R_1 \cdot R_4 = R_2 \cdot R_3$；交流电桥的平衡条件是 $\begin{cases} Z_{01} \cdot Z_{04} = Z_{02} \cdot Z_{03} \\ \phi_1 + \phi_3 = \phi_2 + \phi_4 \end{cases}$；电桥的连接方式分为半桥单臂、半桥双臂和全桥四臂。全桥四臂的灵敏度最高。

(2) 调制是将缓变信号通过调制变成高频信号以便于传送。调制分为调幅、调频和调相。解调是调制的逆过程。本章主要阐述了调幅的原理和相敏检波解调方法，也介绍了调频原理和采用鉴频器对调频波解调的方法。

(3) 运算放大器可构成各种基本功能的放大电路，例如微分放大器、积分放大器等；电荷放大器是供压电式传感器专用的一种前置放大器；测量放大器是一种两级串联放大器，具有高

抑制共模干扰的能力和高输入阻抗；交流放大器只适用于放大交流信号。

(4) 滤波器是一种选频装置。滤波器分为低通、高通、带通和带阻滤波器四种。实际滤波器的滤波性能会受到滤波器基本参数的影响。数字滤波器的基本原理是利用数字信号处理技术对数字信号进行滤波处理。

5.6　习题

一．填空题

1. 直流电桥的平衡条件是_____，交流电桥的平衡条件是_____和_____。

2. 直流电桥分为单臂电桥、差动双臂电桥(半桥)、差动全桥三种类型，其中，双臂电桥输出灵敏度是单臂电桥的_____，全桥输出灵敏度是双臂电桥的_____。

3. 直流电桥输出电压是：半桥单臂为_____，双臂为_____，全桥为_____。

4. 根据交流电桥的平衡条件，当交流电桥的桥路相邻两臂为纯电阻时，则另外两个桥臂应接入_____性质的元件才能平衡。

5. 对交流电桥，当桥路相对两臂为纯电阻时，则另外两个桥臂应接入_____性质的元件才能平衡，其原因是_____。

6. 将电桥接成差动方式可以提高_____、改善_____、进行_____补偿。

7. 控制高频振荡的缓变信号称为_____，载送缓变信息的高频振荡称为_____，载波本身并不携带任何信息。

8. 调幅波经相敏检波后，既能反映出调制信号电压的_____，又能反映其_____。

9. 幅值调制是用调制信号来控制载波的_____，使已调波的包络随_____信号的规律变化。

10. 调频波(调频信号)的特点是：其_____随调制信号振幅的变化而变化，而它的_____却始终保持不变。

11. 为使得电缆的长短不影响压电式传感器的灵敏度，应选用_____放大器。

12. RC 低通滤波器中 RC 值越大，则上限频率越_____。

13. 滤波器的带宽越_____，信号达到稳定所需的时间越_____。

14. 带通滤波器截止频率是表示_____，其中心频率与截止频率的关系是_____，中心频率的数值表示_____所在。

二．简答题

1. 直流电桥与交流电桥在工作原理上有何不同？它们各自的应用场合是什么？

2. 调幅波是否可以看成是载波与调制信号的叠加？为什么？

3. 常用的信号放大电路有哪些？它们各有什么功能或用途？

4. 低通、高通、带通、带阻滤波器各有什么特点？画出它们的幅频特性简图。

三．计算题

1. 一个直流应变电桥如图 5-29 所示。

已知：$R_1 = R_2 = R_3 = R_4 = 150\Omega$，$E = 4V$，电阻应变片灵敏度 $S = 2$。

求：(1) 当 R_1 为工作应变片，其余为外接电阻，R_1 受力后变化 $\dfrac{\Delta R_1}{R} = \dfrac{1}{100}$ 时，输出电压为多少？

(2) 当 R_2 也改为工作应变片，若 R_2 的电阻变化 $\dfrac{\Delta R_2}{R} = \dfrac{1}{100}$ 时，问 R_1 和 R_2 是否能感受同样极性的应变，为什么？

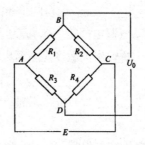

图 5-29　直流应变电桥

2. 试选择适当的中间转换器补充完整图 5-30 中的动态电阻应变仪方框图。

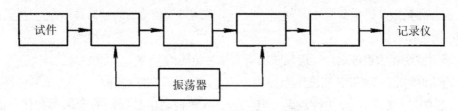

图 5-30　动态电阻应变仪方框图

∞ 第6章 ∞
光电检测技术及其应用

教学提示：光电检测技术是目前使用较多的高速和高精度检测方法，本章主要讲解光电检测技术的原理，典型的光电器件和检测方法，相干/非相干检测技术应用，图像检测技术和光纤检测技术。

教学要求：了解光电检测技术系统的构成，以及不同光源的区别；理解光电检测器件的区别，以及光纤传感器的原理；掌握典型的光电检测系统的设计，以及不同机械量的光电检测与信号调理方法。

6.1 概述

光是传输速度最快的物理量，在空气中光的传播速度大约为 3×10^8 m/s，利用这个优势无疑有助于实现机械系统中高精度和高速机械量的测量。因此本章将从光信号的特点开始介绍光电类的检测器件，检测系统的搭建，并介绍若干检测中的应用案例，最后通过若干工业领域内的光电检测系统阐明其应用特点。

6.2 光电检测器的工作原理与性能比较

光电检测技术就是利用光电检测器实现各类物理量检测。光电检测器的基本工作原理是基于光电子元件的光电效应。当具有一定能量的光子投射到某些物质表面时，具有辐射能量的微粒将透过受光物质的表面层，赋予这些物质的电子以附加能量，将光信号转换为电信号，从而实现光电转换。

光电效应可分为外光电效应和内光电效应两大类，如图 6-1 所示。

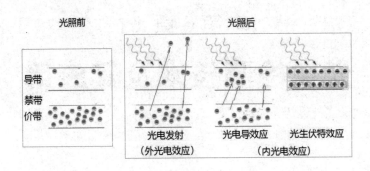

图 6-1　物质的光电效应

外光电效应是指在光线的作用下，物体内的电子逸出物体表面向外发射的现象，半导体材料和金属材料均会发生外光电效应。基于外光电效应的光电器件有光电管、光电倍增管等。内光电效应是指受到光照射的物质内部电子能量状态产生变化，但不存在表面发射电子的现象。内光电效应按其工作原理又可分为光电导效应和光生伏特效应。光电导效应是指由于光照而引起半导体电导率发生变化的现象，光敏电阻、光敏二极管、光敏三极管等就是基于光电导效应制成的光敏器件。光生伏特效应是指当光照射在非均匀半导体材料上时，半导体内部产生光电压，光电池就是基于光生伏特效应制成的光敏器件。内光电效应在大多数半导体和绝缘体中都存在，而金属由于本身已存在大量的自由电子，因此不产生内光电效应。

6.2.1　常用光电检测器的工作原理

1. 光电管与光电倍增管工作原理

光电管是基于外光电效应的基本光电转换器件。如图 6-2 所示，光电管的典型结构是将球形或圆柱形玻璃壳抽成真空，在半球面内或圆柱面内涂一层光电材料作为阴极，球心或圆柱中心放置金属丝作为阳极。当阴极受到适当波长的光线照射时，电子克服金属表面对它的束缚而逸出金属表面，形成电子发射。电子被带正电位的阳极所吸引，在光电管内就有了电子流，在外电路中便产生了电流，因此，光电流的大小与照射在光电阴极上的光强度成正比。光电管工作时，必须在其阴极与阳极之间加上电势，使阳极的电位高于阴极。

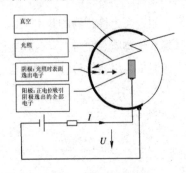

(a) 光电管工作原理示意图

(b) 某型号光电管

图 6-2　光电管工作原理及实物图

光电倍增管也是一种外光电效应的真空器件，是一种能将微弱的光信号转换成可测电信号的光电转换器件。它由光电发射阴极(光阴极)和聚焦电极、电子倍增极及电子收集极(阳极)等组成。当光照射到光阴极时，光阴极向真空中激发出光电子，这些光电子按聚焦极电场进入倍增系统，并通过进一步的二次发射得到倍增放大，然后把放大后的电子用阳极收集作为信号输出，如图 6-3 所示。

因为采用了二次发射倍增系统，所以光电倍增管在探测紫外、可见和近红外区的辐射能量的光电探测器中，具有极高的灵敏度和极低的噪声。另外，光电倍增管还具有响应快速、成本低、阴极面积大等优点。

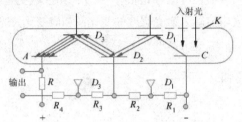 

(a) 光电倍增管工作原理示意图　　　　　　(b) 某型号光电倍增管

图 6-3　光电倍增管工作原理及实物图

2. 光敏电阻工作原理

光敏电阻是一种内光电效应器件。某些半导体材料(如硫化镉、硫化铝等)的电阻随光照强度的增大而减小，利用半导体材料的这一性质制成的光敏电阻，当有光照射到光敏电阻上时，它的电阻值将降低，导致电路参数改变，图 6-4 为光敏电阻的工作原理及实物图。

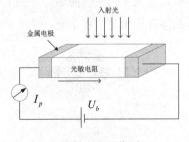 

(a) 光敏电阻工作原理　　　　　　(b) 某型号光敏电阻

图 6-4 光敏电阻原理及实物图

光敏电阻的两端加上偏置电压 U_b 后，产生电流 I_p。当入射光的光学参数(如光照度，即单位面积上的光通量)变化时，光敏电阻的阻值变化，相应的电流 I_p 也会发生变化，通过检测电流值可以检测出光照度。光敏电阻在不受光照时的阻值称"暗电阻"，暗电阻越大越好，一般是兆欧数量级；而光敏电阻在受光照时的阻值称"亮电阻"，光照越强，亮电阻就越小，一般为千欧数量级。光敏电阻的亮电阻与光照强度之间的关系，称为光敏电阻的光照特性。一般光敏电阻的光照特性呈非线性，因此光敏电阻常用在开关电路中作为光电信号变换器。

3. 光敏二极管及光敏三极管工作原理

光敏二极管又称光电二极管，它与普通二极管一样，也是由一个 PN 结组成的半导体器件，也具有单方向导电特性，但在电路中它不是整流元件，而是把光信号转换成电信号的光电传感器件。

光敏二极管与普通半导体二极管在结构上是相似的。在光敏二极管上面有一个能射入光线的玻璃透镜，如图 6-5 所示。入射光通过透镜照射在内部管芯上，管芯是一个具有光敏特性的 PN 结，PN 结具有单向导电性，光敏二极管工作时应加上反向电压。当无光照时，电路中有很小的反向饱和漏电流，此时相当于光敏二极管截止；当有光照射时，PN 结区域受光子的轰击，反向饱和漏电流大大增加，称为光电流，光电流随入射光强度的变化而相应变化。光的强度越大，反向电流也越大。

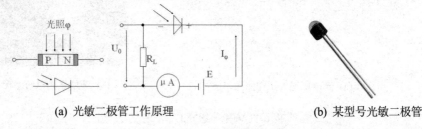

(a) 光敏二极管工作原理　　　　　　　　(b) 某型号光敏二极管

图 6-5　光敏二极管工作原理及实物图

光敏三极管又称光电三极管。它有两个 PN 结，从而可以获得电流增益，具有比光敏二极管更高的灵敏度，如图 6-6 所示。光敏三极管与普通三极管类似，有 e、b、c 三个极，但基极不引线，而封装了一个透光孔。当光线透过光孔照到发射极 e 和基极 b 之间的 PN 结时，就能获得较大的集电极电流输出。输出电流的大小随光照强度的增强而增加。由于光敏晶体管的灵敏度与入射光的方向有关，应保持光源与光敏晶体管的相对位置不变，以免灵敏度发生变化。

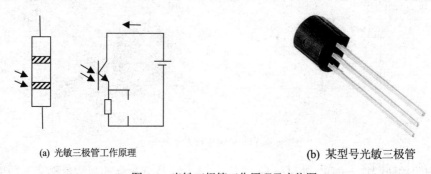

(a) 光敏三极管工作原理　　　　　　　　(b) 某型号光敏三极管

图 6-6　光敏三极管工作原理及实物图

4. 光电池工作原理

光电池是一种不需要加偏压就能把光能直接转换成电能的光电元件。因此，光电池能够直接把光能转换成电能。光电池有一个大面积的 PN 结，当光线照射到 PN 结上时，便在 PN 结两端出现电动势，P 区为正极，N 区为负极，这种因光照而产生电动势的现象称为光生伏特效应，如图 6-7 所示。

光电池有两个主要参数指标：短路电流与开路电压。短路电流在很大范围内与光照强度呈线性关系，而开路电压与光照强度是非线性关系。根据光照强度与短路电流呈线性这一关系，光电池在应用中常用作电流源。

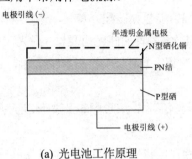

(a) 光电池工作原理

(b) 某型号光电池

图 6-7 光电池工作原理及实物图

6.2.2 光电检测器性能比较

光电检测器件(俗称光电转换器件)的种类很多，性能差异也比较大，表 6-1 给出了一些典型光电检测器工作性能的比较，实际应用中应该选择性能满足要求的器件。

表 6-1 典型光电检测器工作性能比较

光电检测器	波长响应范围(nm)			输入光强度范围(/cm)	最大灵敏度	输出电流	光电特性直线性	动态特性		外加电压	受光面积	稳定性	外形尺寸	价格	主要特点
	短波	峰值	长波					频率响应	上升时间						
光电管	紫外		红外	$10^{-9}\sim$ 1mW	20~50 mA/W (小)	10 mA	好	2MHz (好)	0.1 μs	50~400	大	良	大	高	微光测量
光电倍增管	紫外		红外	$10^{-9}\sim$ 1mW	10^6 mA/W (小)	10 mA	最好	10MHz (最好)	0.1 μs	600~2800	大	良	大	最高	快速、精密微光测量
CdS 光敏电阻	400	640	900	1μW~ 70mW	1 A/1md·W	10 mA ~1A(大)	差	1 kHz (差)	0.2~1 ms	100~400	大	一般	中	低	多元阵列光开关输入电流
CdSe 光敏电阻	300	750	1220	同上	同上	同上	差	1 kHz (差)	0.2~1 ms	200	大	一般	中	低	
Si 光电池	400	800	700	1μW~ 1W	0.3~0.65 A/W	1A (中)	好	50 kHz (良)	0.5~100 μs	不要	最大	最好	中	中	象限光电池输出功率大
Se 光电池	350	550	700	0.1~ 70 mW	无	150 mA (中)	好	5 kHz (差)	1 ms	不要	最大	一般	中	中	光谱接近人的视觉范围
Si 光电二极管	400	750	1000	1μW~ 200mW	0.3~0.65 A/W	1 mA 以下 (最小)	好	200 kHz - 10 MHz (最好)	2 μs	100~200	小	最好	最小	低	高灵敏度、小型、高速传感器
Si 光电三极管	同上			0.1μW~ 100mW	0.1~2A/W	1-50mA (小)	较好	100 kHz (良)	2~100 μs	50	小	良	小	低	有电流放大小型传感器

光电检测器件的选择要点如下。

(1) 光电检测器件必须与辐射信号源及光学系统的光谱特性相匹配。如果光信号是紫外波段，则选择光电倍增管或专门的紫外光电器件；如果光信号是可见光，则可选择光电倍增管、光敏电阻或硅光器件；如果光信号是红外光，则可选择光敏电阻等。

(2) 光电检测器件的光电转换特性必须与入射辐射能量相匹配。首先，光电器件必须有适当的灵敏度，以确保一定的信噪比和输出电信号；其次，器件的感光面要与入射光在空间匹配，否则光电灵敏度将发生变化；最后，要使入射通量的变化中心处于检测器件光电特性的线性范围内。

(3) 光电检测器件的响应特性必须与光信号的调制形式、信号频率及波形相匹配，以确保没有频率失真并具有良好的时间响应。

(4) 光电检测器件必须和输入电路以及后续电路在电特性上相互匹配，以保证最高效率的信号传输、线性度好及动态响应等。

6.3 典型光电检测方法及系统应用

一般检测系统包括信息的获取、调理、处理和显示四部分。对光电检测系统来讲，其基本构成如图 6-8 所示。可见，它除了一般检测系统应具有的四个部分(如图 6-8 中的虚框部分)，还需要可以产生光信号的光源，才可把被测信号加载于光载波以便测量。因此，本节首先讨论面向光电检测的光源特性，然后分析具体的检测实现方法。

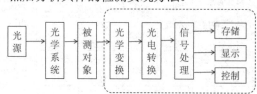

图 6-8　光电检测系统基本构成

6.3.1　光源及其特性

根据光源的频谱宽度，可分为非相干光源与相干光源。相干光源的波长范围极窄，又可称为近单色光源，也就是激光，非相干光源是除激光光源以外的其他光源。

1. 非相干光源——发光二极管

非相干光源可分为三种：热辐射光源(白炽灯、卤钨灯等)、气体放电光源(汞灯、脉冲氙灯等)、固体发光光源(发光二极管)。随着半导体技术的发展，近几年发光二极管器件发展很快，并发挥着越来越重要的作用。在测试系统中，发光二极管被广泛使用，因此，下面简要对其进行介绍。

发光二极管是少数载流子在 PN 结区的注入与复合而产生发光的一种半导体光源。如图 6-9 所示，在 PN 结附近，N 型材料中的多数载流子是电子，P 型材料中的多数载流子是空穴，PN

结上未加电压时构成一定的势垒，当加上正向偏压时，在外电场作用下，P 区的空穴和 N 区的电子就向对方扩散运动，构成少数载流子的注入，从而在 PN 结附近产生导带电子和价带空穴的复合，一个电子和一个空穴每一次复合，将释放出一定能量，该能量会以热能、光能的形式辐射出来。

发光二极管的发光光谱直接决定着它的发光颜色。根据半导体材料的不同，目前能制造出红、橙、黄、绿、蓝、紫等颜色的发光二极管。

发光二极管可利用交流供电或脉冲供电获得调制光或脉冲光，调制频率可达到几十兆赫，这种直接调制技术使得发光二极管在测距仪及短距离通信中获得应用。

2. 相干光源——激光器

激光光源可按激光工作物质的不同，分为气体激光器、固体激光器、半导体激光器等；按工作方式可分为连续工作激光器和脉冲工作激光器；按工作波长范围又可分为紫外光激光器、可见光激光器和红外激光器等。

激光器一般由工作物质、谐振腔和泵浦源组成，如图 6-10 所示。泵浦源提供外界能量，激光工作物质产生光增益，谐振腔提供光学正反馈，形成激光模式。常用的泵浦源是辐射源或电源，利用泵浦源能将工作物质中的粒子从低能态激发到高能态，使处于高能态的粒子数大于处于低能态的粒子数，这是产生激光的必要条件。处于这一状态的原子或分子称为受激原子或分子。粒子跃迁至更高轨道后，最终仍要回到基态。当高能态粒子从高能态跃迁到低能态过程中会以光子的形式释放能量。这些辐射光子沿由两平面构成的谐振腔来回传播时会激发出更多的辐射，从而会使辐射能量放大，这样便产生了激光。

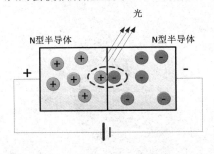

图 6-9　发光二极管工作原理

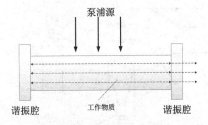

图 6-10　激光器工作原理

激光具有很好的单色性、高亮度、方向性、相干性以及随时间、空间的可聚焦性，无论在测量精度和测量范围上都有明显的优越性，因此在测量领域得到了越来越广泛的应用。

6.3.2　非相干光电检测方法及应用

把被测信号加载于光载波可采用多种方法，如强度调制、幅度调制、频率调制、相位调制等。在光电检测系统中，根据光波对被测信号的携带方式，可以分为非相干光电检测方法和相干光电检测方法。非相干光源或相干性好的激光光源都可以作为光载波，非相干光电检测方法都是利用光源出射光束的强度携带被测信息，而相干光电检测方法则是利用光波的振幅、频率、相位来携带被测信息，因此，相干光检出被测信息时需要利用光波相干原理。

所谓的非相干光电检测方法，是将待测光信号直接入射到光电检测器件光敏面上，光电检测器件输出的电流或电压与光信号的辐射强度有关。由于非相干光电检测方法不需要稳定的激光频率，在光路设计上也不需要精准的准直，因此，它是一种简单而又实用的测量方法。本节介绍几种非相干光电检测方法在机械工程中的应用。

1. 转速测量

在转速测量中，可通过辅助措施控制照射于光电元件(如光电池、光电二极管、光电三极管、光敏电阻等)的光通量强弱，产生与被测轴转速成比例的电脉冲信号，该信号经整形放大电路和数字式频率计即可显示出相应的转速值。常用的转速测量有反射光式和透射光式两种。图 6-11(a)为反射光式转速测量系统示意图。转轴 8 旋转时，光源 1 所发出的光束，经透镜 2、6 聚光到黑白相间的圆盘 7 上，当光束恰好与转轴上的白色条纹相遇时，光束被反射，经过透镜 6，部分光线通过半透半反膜 5 和透镜 3 聚焦后照射到光电三极管 4 上，使光电三极管电流增大；而当聚光后的光束照射到转轴圆盘 7 上的黑色条纹时，光线被吸收而不反射回来，此时流经光电三极管的电流不变，因此在光电三极管上输出与转速成比例的电脉冲信号，其脉冲频率正比于转轴的转速和白色条纹的数目。

图 6-11(b)为透射光式转速测量系统示意图。当多孔调制盘随转轴旋转时，光敏元件交替受到光照，产生交替变换的光电动势，从而形成与转速成比例的脉冲电信号，其脉冲信号的频率正比于转轴的转速和多孔圆盘的透光孔数。

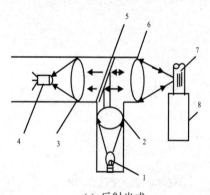
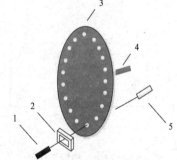

(a) 反射光式   (b) 透射光式

1—光源　2、3、6—透镜　4—光电三极管　　　　1—光敏元件　2—缝隙板　3—多孔圆板
5—半透半反膜　7—黑白相间的圆盘　8—转轴　　　　4—输入轴　5—光源

图 6-11　光电转速传感器示意图

目前市场上的光电式传感器测速范围可达每分钟几十万转，使用方便，且对被测轴无干扰，因此，在高速旋转机械的转速测量中应用非常广泛。

2. 脉冲编码器

脉冲编码器有光电式、接触式、电磁感应式三种，由于光电式脉冲编码器的精度和可靠性较好，因此，数控机床上主要使用光电式编码器。光电式脉冲编码器实际上也是一种透射式光电检测装置，它是一种旋转式脉冲发生器，能将机械转角变换成电脉冲，通过对角位移电脉冲频率的计数来检测机械的旋转速度。

光电脉冲编码器主要工作原理为光电转换。按照工作方式可分为增量式和绝对式两类。

(1) 增量式编码器。增量式编码器由光源、码盘、光电元件等组成，如图 6-12(a)所示。圆形码盘随中心轴旋转，其上均布着透光缝。当中心轴旋转时，在光源的照射下，透过码盘透光缝的光会形成交替变化的脉冲光信号，由光电元件接收。其输出可以是单路输出或双路输出，单路输出是指旋转编码器的输出是一组脉冲，而双路输出的旋转编码器输出两组相位差为 90° 的脉冲，通过这两组脉冲不仅可以测量转速，还可以判断旋转的方向。图 6-12(a)属于双路输出的旋转编码器，它有 A、B、Z 三组方波脉冲，其中 A、B 两脉冲相位相差 90° 以判断转轴的旋转方向，Z 脉冲为每转产生一个脉冲以便于基准点的定位。因此，增量式编码器是将角位移转换成周期性的电信号，再把这个电信号转变成计数脉冲，用脉冲的个数表示角位移的大小。

(2) 绝对式编码器。绝对式编码器也是由光源、码盘、光电元件等组成，码盘结构如图 6-12(b)所示。在绝对式编码器的码盘上存有若干同心码道，每条码道由透光和不透光的扇形区间交叉构成，码道数就是其所在码盘的二进制数码位数，码盘的两侧分别是光源和光敏元件，码盘位置不同，会导致光敏元件受光情况不同，进而输出二进制数不同，因此其输出是数字量，通过输出二进制数来判断码盘位置。绝对式编码器的每一个位置对应一个确定的数字码，因此它的示值只与测量的起始和终止位置有关，而与测量的中间过程无关。

(a) 增量式脉冲编码器

(b) 绝对式脉冲编码器

图 6-12　编码器的工作原理

3. 表面粗糙度测量

图 6-13 为光电传感器用于检测工件表面粗糙度或表面缺陷的原理图。从光源 1 发出的光经过被测工件 3 的表面反射，由光电检测元件 5 接收。当被测工件表面有缺陷或粗糙度精度较低时，反射到光电元件上的光通量变小，转换成的光电流就小。检测时被测工件在工作台上可左右、前后移动，从而实现较大面积的表面粗糙度检测。

4. 孔径测量

图 6-14 为光电检测元件用于检测工件孔径或狭缝宽度的原理图。此法适用于检测小直径通孔或狭缝。从光源 1 发出的光透过被测工件 2 的孔或狭缝后，由光电检测元件 3 接收。被测孔径或狭缝尺寸变化时，照到光电元件上的光通量随之变化，转换成的光电流大小由被测孔径大

小决定。此方法也可用于外径的检测。

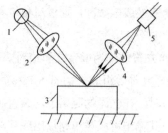

1—光源 2—物镜 3—被测工件

4—聚光镜 5—光电检测元件

图 6-13 反射法测量表面粗糙度工作原理

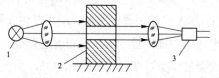

1—光源 2—被测工件 3—光电检测元件

图 6-14 透射法测量孔径工作原理

5. 光栅测位移

光栅测位移基于莫尔现象。若两块光栅(其中一个主光栅,另一个为指示光栅)互相重叠,并使它们的栅线之间形成一个较小的夹角,当光栅对之间有相对运动时,透过光栅对看另一边的光源,就会发现有一组垂直于光栅运动方向的明暗相间的条纹移动,这就是莫尔条纹,如图 6-15 所示。图中,d 是光栅的节距,W 是莫尔条纹宽度,θ 是两块光栅的夹角。严格地说,莫尔条纹排列的方向与两片光栅线纹夹角的平分线相垂直。光栅的相对移动使透射光强度呈周期性变化,光电元件把这种光强度信号转变为周期性变化的电信号,即可获得光栅的相对移动量。

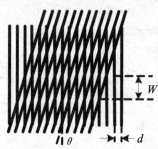

图 6-15 莫尔现象

莫尔条纹具有三个特点:①莫尔条纹移动与光栅移动具有对应关系。光栅横向移动一个节距 d,莫尔条纹沿刻线上下移动一个节距 W,莫尔条纹呈明—暗—明变化,为光电元件的安装与信号检测提供了良好条件。②具有位移放大作用。由于 $W>d$,因此,光栅节距 d 虽小,莫尔条纹的节距却比较大,便于测量。③具有误差减小作用。莫尔条纹是由许多根刻线共同组成的,这样可使栅距的节距误差得到平均化。

利用光栅的莫尔条纹现象实现测量的装置称为光栅传感器。光栅传感器具有高精度、高分辨率和大动态范围的优点。按照几何形状可将光栅分为长光栅和圆光栅,长光栅用来测量直线位移,圆光栅用来测量角位移。采用激光测长技术刻制光栅,所制造出的光栅尺分辨率与精度很高,光栅检测的分辨率可达微米级,通过细分电路细分可达 0.1 微米,甚至更高的水平。

图 6-16 是机床中使用的一种长光栅测量原理及实物图。一般情况下,指示光栅固定在机床

的固定零件上，主光栅则安装在机床的被测移动零件上。指示光栅与主光栅的尺面相互平行，并留有 0.05～0.1mm 的间隙。移动零件前后移动的距离由指示光栅和主光栅形成的莫尔条纹测长系统进行计数来得到，主光栅相对于指示光栅移过一个节距，莫尔条纹变化一周。当测量移动零件的移动距离时，主光栅移动的距离为

$$x = Nd + \delta \tag{6-1}$$

式中，d 为光栅节距，N 为主光栅移动距离中包含的光栅线对数，δ 为小于 1 个光栅节距的小数。

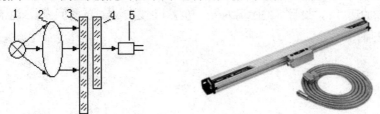

1—光源，2—聚光镜，3—主光栅，4—指示光栅，5—光敏元件

图 6-16　光栅传感器测量原理及实物图

测量中最简单的形式是以指示光栅移过的光栅线对数 N 进行直接计数。实际系统并不是直接计数，而是利用电子学方法把莫尔条纹的一个周期再进行细分，从而可以读出小数部分，使系统的分辨率提高。目前电子细分可达到百分之一，但如果利用光栅节距细分，工艺上是难以实现的。电子细分方式用于莫尔条纹测试中有多种形式，四倍频细分是普遍应用的一种，其结构如图 6-17 所示。在光栅一侧用光源照明两光栅，在光栅的另一侧用四个聚光镜接收光栅透过的光能量，这四个聚光镜布置在莫尔条纹一个周期 W 的宽度内，它们的位置互相相差 1/4 个莫尔条纹周期，在聚光镜的焦点上各放一个光电二极管进行光电转换。当指示光栅移动一个节距时，莫尔条纹变化一个周期，四个光电二极管输出四个相位相差 90º 的近似于正弦的信号，这四个正弦信号经整形电路以后输出为方波脉冲信号以便于计数。于是，莫尔条纹变化一个周期，在计数器中就得到四个脉冲，每一个脉冲就反映 1/4 莫尔条纹周期的长度，使系统的分辨率提高了 4 倍。

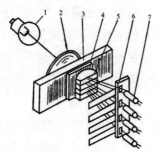

1—灯泡　2—聚光镜　3—长光栅　4—指示光栅
5—四个聚光镜　6—狭缝　7—四个光敏二极管

图 6-17　四倍频细分透镜读数头

6. 激光脉冲测距仪

激光测距在军事、科研、生产中都有广泛的应用。由于激光方向性好、亮度高、波长单一，故测程远、测量精度高。激光测距仪结构小巧、携带方便，是目前高精度、远距离测距最理想的仪器。

激光脉冲测距仪的测距原理如图 6-18 所示。即：由激光器对被测目标发射一个光脉冲，然后接收目标反射回来的光脉冲，通过测量光脉冲往返所经过的时间就可得到距离的大小。已知光在空气中传播的速度 c，设目标的距离为 L，光脉冲往返所经过的时间为 t，由于光脉冲走过的距离为 $2L$，则有

$$L = \frac{tc}{2} \tag{6-2}$$

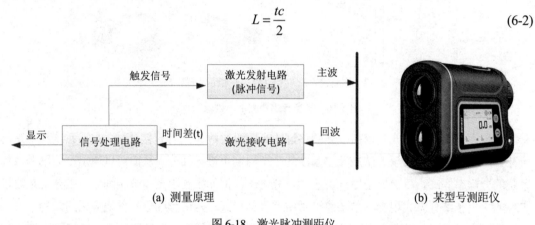

(a) 测量原理 (b) 某型号测距仪

图 6-18　激光脉冲测距仪

6.3.3　相干光电检测方法及应用

相干检测就是利用光的相干性对光载波所携带的信息进行检测和处理，它只有采用相干性好的激光器作为光源才能实现。所以，从理论上讲，相干检测能准确检测到光波振幅、频率、相位所携带的信息，但由于光波的频率很高，迄今为止的任何光电检测器都还不能直接感受到光波本身的振幅、频率、相位的变化，而只能检测光的强度。因此，大多数情况下只能利用光的干涉现象，将光的振幅、频率、相位的变化最终都转换为光强度的变化进行检测。

与其他光电检测技术相比，相干检测技术具有更高的测量灵敏度和测试精度，在现代测量技术中得到越来越多的应用，比如测量长度、距离、速度、温度、压力、应力应变、介质密度等。由于激光受大气湍流效应影响严重，破坏了激光的相干性，因而目前远距离相干测量应用受到限制。

下面介绍几种相干光电检测技术在机械工程中的实际应用。

1. 激光干涉测距仪

常用的激光干涉测距仪是以激光为光源的迈克尔逊干涉仪，是通过测定检测光与参考光的相位差所形成的干涉条纹数目而测得物体长度的。图 6-19 是激光干涉测距仪工作原理。从激光器发出的激光束，经过透镜 L、L_1 和光栏 P_1 组成的准直光管后成为一束平行光，经分光镜 M

后被分成两路，分别被固定反射镜M_1和可动反射镜 M_2 反射到 M 重叠，重叠后的光路被透镜 P_2 聚集到光电计数器 PM 处。当工作台带动反射镜 M_2 移动时，在光电计数器处由于两路光束聚集产生干涉，形成明暗条纹。反射镜 M_2 每移动半个光波波长时，明暗条纹变化一次，其变化次数由计数器计数。当工作台移动的距离为x，此时明暗条纹变化次数 K 为

$$K = 2nx/\lambda \tag{6-3}$$

式中，λ 为激光波长；n 为空气折射率，它受环境温度、湿度、气体成分等因素影响，在真空条件下 $n=1$。

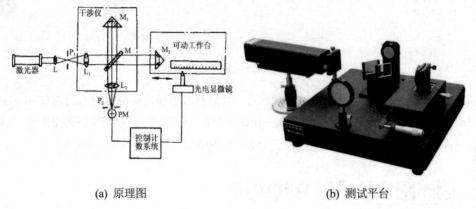

(a) 原理图　　　　　　　　　　　　　(b) 测试平台

图 6-19　激光干涉测距仪

测量时，被测物体放在工作台上，将光电显微镜对准被测件上的目标，这时它发出信号，令计数器开始计数，然后工作台移动，直到被测件上另一目标被光电显微镜对准时，再发出信号，停止计数。这样，计数器所得的数值即为被测件上两目标之间的距离。

激光光源一般采用氦氖激光器，其波长 $\lambda=0.6328\,\mu m$。当测长 10m 时，误差约为 $0.5\,\mu m$，因此，激光干涉测长仪可用于精密长度测量，如线纹尺、光栅的检定等。

2. 激光多普勒测速仪

激光多普勒测速仪的工作基础是光学多普勒效应和光干涉原理。

当激光照射到以速度 v 运动的物体时，被物体反射或散射的光的频率将发生变化，其频率的变化量 Δf 为

$$\Delta f = k\frac{vf}{c} \tag{6-4}$$

式中，c 为激光束的光速；f 为物体无相对运动时所反射或散射的光的频率(即光源的频率)；v 为物体相对运动的速度；k 为取决于物体运动方向和激光照射相对位置的常量参数。式(6-4)就是著名的多普勒频移公式，同时也把这种现象称为多普勒效应。

将上述多普勒效应中频率发生变化的频率差经光电转换后，即可测得物体运动速度。其原理如图 6-20 所示。图中，He-Ne 激光器是经稳频后的单模激光，分束镜把激光分成两路，该两

路光经会聚透镜 L_1 会聚于焦点，在焦点附近形成干涉场。流体流经这一范围时，流体中的微小颗粒对光进行散射，聚焦透镜 L_2 把这些散光聚焦在光电倍增管上，产生包含流速信息的光电信号。经适当的电子线路处理可测出流体的流速。

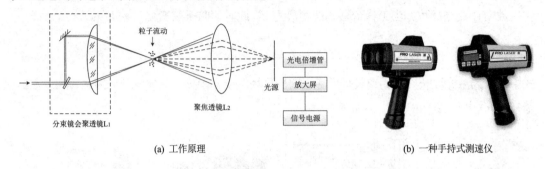

(a) 工作原理   (b) 一种手持式测速仪

图 6-20　激光多普勒测速仪

激光可在被测点聚焦成很小的一个测量点，其分辨力很高，典型分辨力约为 20~100μm。激光测速仪在时速为 100km/s 时，测量精度可达 0.8%。因此，激光测速仪在航空航天、热物理工程、环保工程以及机械运动测量等方面得到广泛应用。

6.4　固态图像传感器及其应用

固态图像传感器是一种固态集成元件，它的核心部分是电荷耦合器件(Charge Coupled Device，CCD)。CCD 是由以阵列形式排列在衬底材料上的金属—氧化物—半导体(Metal oxide Semiconductor，MOS)电容器件组成，它的每一个阵列单元具有光生电荷功能，因此是一种光电传感器。除此之外，由于每个阵列单元电容排列整齐，尺寸与位置十分准确，使其还具有积蓄和转移电荷的功能。因此，本节对固态图像传感器专门进行介绍。

6.4.1　固态图像传感器测量原理

CCD 的基本功能是电荷的存储和电荷的转移，它存储由光或电激励产生的信号电荷，当对它施加特定时序的脉冲时，其存储的信号电荷便能在 CCD 内做定向转移。

1. 电荷的存储

图 6-21 所示是一个 CCD 单元或一个像素，它是一个由金属—氧化物—半导体(MOS)组成的电容器件。在栅电极上施加电压之前，P 型半导体内部的空穴(多数载流子)是均匀分布的。当栅极施加电压 U_G 小于 P 型半导体的阈值电压 U_{th} 时，空穴被排斥，产生了耗尽区。随着 U_G 进一步增大，耗尽区的面积也增大，进一步向半导体内部扩展。当 $U_G > U_{th}$ 时，随着电势变高，将半导体内部的电子(少数载流子)吸引到表面，形成了一层电荷浓度很高的反型层。反型层的形成使得 MOS 具有了存储电荷的功能。U_G 电压越大，耗尽区就越深，能吸引的电子就越多，存储的少数载流子的电荷量就越大。因此，可以用"势阱"来比喻 MOS 电容器在 U_G 作用下存储

信号电荷的能力。习惯上，把"势阱"想象为一个桶，把少数载流子(信号电荷)想象为盛在桶底的流体，如图 6-21(d)所示。

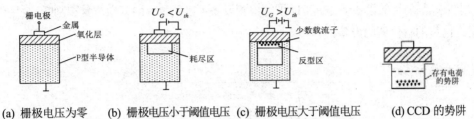

(a) 栅极电压为零　(b) 栅极电压小于阈值电压　(c) 栅极电压大于阈值电压　(d) CCD 的势阱

图 6-21　单个 CCD 单元的结构和功能示意图

2. 电荷的转移

图 6-22 解释了 CCD 中电荷转移的工作原理。取 CCD 中四个彼此靠得很近的电极来观察，假定开始时一些电荷存储在偏压为 10V 的第二个电极下面的深势阱里，其他电极上均加有小于阈值的较低电压(如 2V)，如图 6-22(a)所示。到达某个时刻后，各电极上的电压变为如图 6-22(b)所示，第二个电极仍保持为 10V，第三个电极上的电压由 2V 变为 10V，因为这两个电极靠得很紧(间隔为几微米)，因此两个势阱将合并到一起。原先第二个电极势阱中的电荷将被新的势阱共有，形成如图 6-22(c)所示的结果。如果继续控制电压，令第二个电极上的电压下降到 2V，如图 6-22(d)所示，则共有的电荷转移到第三个电极下的势阱中，如图 6-23(e)所示。这样就完成了一个电荷转移的过程，可见，信号电荷随栅极脉冲变化而沿势阱之间依次耦合前行。

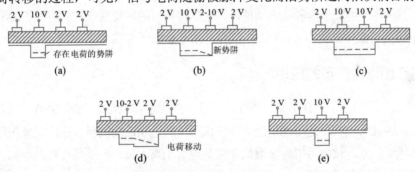

图 6-22　CCD 的电荷转移过程

固态图像传感器可依照其像素排列方式而分为线型、面型或圆型等。工程应用的有：1024、1728、2048、4096 像素线型传感器；32×32，100×100，320×244，490×400 像素面型传感器等。

图 6-23 所示为一种线型 CCD 传感器。传感器的感光部件是光敏二极管(Photo-Diode，PD)的线阵列，1728 个 PD 作为感光像素位于传感器中央，两侧设置 CCD 转移寄存器，寄存器上面覆以遮光物，奇数号位的 PD 的信号电荷移往下侧的寄存器，偶数号位的信号电荷则移往上侧的寄存器。再以输出控制栅驱动 CCD 转移寄存器，把信号电荷经公共输出端，从光敏二极管 PD 上依次读出。

在实际测量中，往往将 CCD 传感器与计算机结合，形成视觉检测设备。CCD 图像传感器将被摄取目标转换成图像信号，传送给专用的图像处理系统，根据像素分布和亮度、颜色等信息，转变成数字化信号；图像系统对这些信号进行各种运算来抽取目标的特征，进而根据判别的结果来控制现场的设备动作。CCD 视觉检测设备可以代替人眼来做测量和判断，是用于生产、装配或包装的有价值的设备。

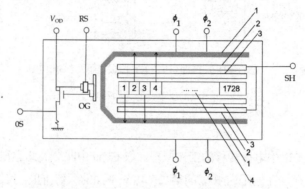

1—CCD 转移寄存器 2—转移控制栅 3—积蓄控制电极 4—PD 阵列(1728)
SH—转移控制栅输入端 RS—复位控制 V_{OD}—漏极输出 OS—图像信号输出 OG—输出控制器

图 6-23 线型 CCD 传感器

近年来另一种图像传感器——互补金属氧化物半导体(Complement Metal Oxide Semiconductor, CMOS)光电传感器也已在计算机、笔记本电脑、掌上电脑、视频电话、扫描仪、数码相机、摄像机、监视器、车载电话、指纹认证等图像输入领域得到广泛应用。CMOS 和 CCD 使用相同感光元件，具有相同的灵敏度和光谱特性，但光电转换后的信息读取方式不同。CMOS 光电传感器经光电转换后直接产生电流(或电压)信号，信号读取十分简单。

6.4.2 固态图像传感器的应用

CCD 图像传感器由于具有小型、质轻、高速(响应快)、高灵敏、高稳定性、高寿命以及非接触等特点，因此可以实现危险地点或人和机械不可到达场所的测量。它广泛地应用于物体的有或无，形状、尺寸、位置等机械参数的非接触或远距离测量，特别是在自动控制、自动检测中，越来越显示出它的优越性。

1. 铝板宽度的自动检测

热轧铝板宽度的测量是 CCD 用于自动检测的典型实例。如图 6-24 所示，两个 CCD 线型传感器置于铝板的上方，板端的一小部分处于传感器的视场内，依据几何光学方法可以分别测知宽度 l_1、l_2，在已知两个传感器的视场间距 l_m 时，就可以根据传感器的输出计算出铝板宽度 L。图中 CCD 线型传感器 3 是用来摄取激光器在板上的反射光像的，其输出信号用来补偿由于板厚的变化而造成的测量误差。整个系统由微处理机控制，这样可做到在线实时检测热轧板宽度。对于 2m 宽的热轧板，最终测量精度可达板宽的±0.025%。

2. 二维零件尺寸的在线检测

图 6-25 给出用 CCD 线阵式摄像机做流水线零件尺寸在线检测的应用实例。当零件在生产线上一个接一个地经过 CCD 摄像机镜头时，CCD 传感器逐行扫过零件的整个面积，将零件轮廓形状转换成逐行数据(电平信号)进行存储，存储的数据再经过数据处理后最终可重构出零件的轮廓形状，并计算出零件的各部分尺寸。这种方法的前提条件是传送带与零件(一般为金属材料)之间有明显的光照对比度，才能将零件轮廓从传送带背景图像中区分开来。

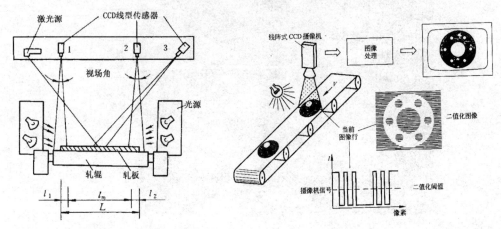

图 6-24 热轧铝板宽度自动检测原理图   图 6-25 CCD 线阵式摄像机做二维零件尺寸的在线检测

3. 机器人视觉系统

机器人视觉系统可采用摄像机、CCD 图像传感器、超声波传感器等，其中 CCD 图像传感器是常采用的一种。图 6-26 是集成了 CCD 的机器人视觉系统用于自动筛选。视觉系统从原理上来讲主要由三部分组成：图像的获取；图像的处理与分析；结果输出与显示。从硬件上来讲，视觉系统主要由光源、镜头、工业相机(CCD)、视觉控制器(或者电脑+图像采集卡)组成。CCD 不仅决定了采集到的图像分辨率、图像质量、图像传输速率等，也与整个视觉系统的运行模式相关。CCD 将所拍摄的目标图像转换成数字信号，然后对该信号进行各种算数运算，从而提取目标特性，如面积、长度、位置等，最后根据所预设的容差值进行比较，从而输出检测结果及数据。

应用中 CCD 固定在振动筛的正上方，振动筛的正下方为光源，这样就形成一个背光源的方式。其中有 4 个小电机分布在 4 个方向，通过控制 4 个电机的振动方式和频率使得振动筛上的产品跳动，从而达到调整产品的位置及方向。

4. 基于 CCD 激光测微传感器螺旋焊管在线检测系统

关于管道直径、周长测量系统的研发主要是针对小口径钢管，在生产过程中在线检测大直径钢管尺寸成为行业中急需解决的难题。针对这一问题，这里介绍一种基于 CCD 测微传感器的螺旋焊管周长在线检测方法。利用 CCD 测微传感器对钢管数据进行实时采集，通过最小二乘椭圆算法实现管道截面圆的快速拟合，从而计算出螺旋焊管的精确周长及其他参数。

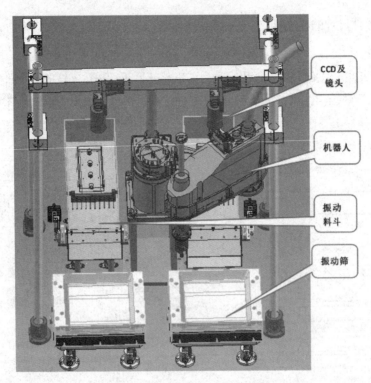

图 6-26　工业机器人视觉系统的构成

　　基于 CCD 激光测微传感器螺旋焊管在线检测系统主要由测量架和控制柜构成，如图 6-27 所示。该系统被安装在成型机的下一个工位，能够完全无缝融入整个螺旋焊管生产线中，对生产制造环节不会产生负面影响。其中测量架是该系统的核心部分，它集成了 CCD 测微传感器、伺服系统等。控制柜集成了上位机、伺服驱动器、电源等模块。系统工作时，待测的螺旋焊管沿轴向通过测量架，上位机控制伺服驱动系统调整测量架至测量位置，之后 CCD 测微传感器采集此时钢管截面的 2 个正交外径数据并传输给上位机，上位机经过处理计算出实时周长并显示出计算结果。

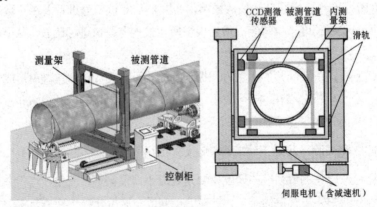

图 6-27　检测系统与 CCD 安装示意图

6.5　光纤传感器及其应用

光导纤维简称光纤，是用可传导光的材料制成的可传输光信号的导线。借助光纤实现物理量的测量技术称为光纤传感器测量技术。

6.5.1　光纤传感器基本原理

1. 光纤结构

光纤结构如图 6-28 所示。它一般由纤芯、包层、涂敷层、护套构成。纤芯材料是二氧化硅，掺杂极微量的其他材料，以提高材料的折射率，纤芯直径约为 5~75μm。包层材料一般用纯二氧化硅，也有掺杂微量的三氧化二硼或氟。纤芯及包层的直径约为 100~200μm。包层外面有硅铜或丙烯酸盐涂敷层，以增加光纤的机械强度。光纤最外层为尼龙外套，起保护作用。

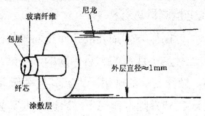

图 6-28　光导纤维结构

2. 光纤传光原理

光线在光纤里是依靠光的全反射而向前传播的，如图 6-29 所示。若光线以某一角度照射到光纤端面，入射光线与光纤轴心线之间的夹角 θ_0 称为光纤端面的入射角，光线进入光纤后入射到纤芯和包层之间的界面上，形成包层界面入射角 ϕ。由于纤芯折射率 n_1 大于包层折射率 n_2，因此包层界面有一个产生全反射的临界角 ϕ_c，与其相对应的光纤端面有一个端面临界入射角 θ_a。如果端面入射角 $\theta_0 \leqslant \theta_a$，则光线进入光纤后，当射到光纤的内包层界面时，入射角 $\varphi \geqslant \varphi_c$，满足全反射条件，光线将在纤芯和包层的界面上不断地产生全反射而向前传播。

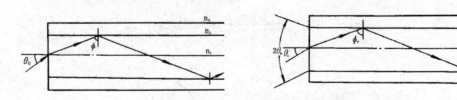

图 6-29　光纤传光的全反射原理

光在光纤中传播时，有一个重要特点，即传播途径始终在同一平面内，通常称为子午平面。光线经某一子午平面射入光纤时，光纤端面的临界入射角 $2\theta_a$ 称为光纤的孔径角，它是一个圆锥角，其值越大，光纤入射端面上接收光的范围越大，进入纤芯部分的光线越多。

根据光的折射定律，可以证明

$$\sin\theta_a = \frac{1}{n_0}\sqrt{n_1^2 - n_2^2} = NA \tag{6-5}$$

式中，NA 定义为"数值孔径"，它是衡量光纤集光性能的一个主要参数。NA 越大，光纤的集光能力越强。NA 值仅由光纤纤芯与包层的折射率所决定，而与其几何尺寸无关。

3. 光纤传感器工作原理及分类

现有的光纤传感器可分为两类：传光型(或称非功能型)和传感型(或称功能型)。无论是传感型还是传光型光纤传感器，其基本工作原理均是将光源的光经光纤送入调制区内，通过光与被测对象的相互作用，将被测量的信息传递到光纤内的光波中，或将信息加载于光波之上。这个过程称为光纤中光波的调制，简称光调制。按照调制方式不同，光调制可分为强度调制、相位调制、偏振调制、频率调制和光谱调制等。同一种光调制技术，可以实现多种物理量的检测；检测同一物理量可以利用多种光调制技术来实现。光的解调过程通常是将载波光携带的信号转换成光的强度变化，然后由光电检测器进行检测。

在传光型光纤传感器中，光纤仅作为传播光的介质，对外界信息的"感觉"功能是依靠其他功能元件来完成的。其中的光纤是不连续的、有中断的，中断处要接上其他敏感元件，如图6-30 所示。调制器可能是光谱、光强变化的敏感元件或其他敏感元件。在传感型光纤传感器中，光纤不仅起传光的作用，而且还在外界因素作用下，通过改变其光学特性(如光强、相位、偏振态等)来实现传感的功能。因此，传感器中光纤是连续的，如图 6-31 所示，而且对外界信息具有敏感能力和检测功能，图中调制器就是光纤的一部分。

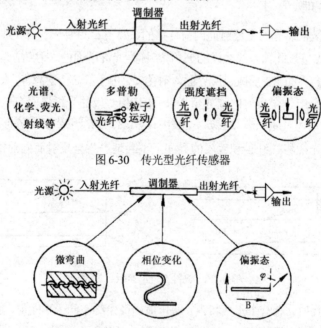

图 6-30　传光型光纤传感器

图 6-31　传感型光纤传感器

6.5.2　光纤传感器的应用

光纤传感器由于具有信息传输量大、抗干扰能力强、灵敏度高、体积小、可弯曲、极易接近被测物、以及耐高压、耐腐蚀、能非接触测量等一系列优点，因而广泛地应用于位移、温度、压力、速度、加速度、液面、流量等参数的测量中。

1. 光纤位移传感器

图 6-32 是一种传光型位移传感器。当来自光源的光束，经过光纤 1 传输，射到被测物体时发生散射，由于入射光的散射强度将随 x 的大小而变化，则进入接收光纤 2 的光强发生变化，以致由光电管转换为电压的信号也在变化。在一定范围内，其输出电压 U 与位移 x 呈线性关系。这种传感器已被用于非接触式微小位移测量或表面粗糙度测量。

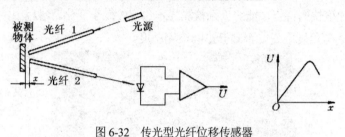

图 6-32　传光型光纤位移传感器

2. 光纤液位计

图 6-33 是一种光强调制式传光型光纤液位计，是利用光强减弱的幅度来获得液位信息。或将光纤本体的顶端加工成棱镜状(如图 6-33(a)所示)，或将光纤的包层剥去一部分，且将裸露部分弯曲成 U 形(如图 6-33(b)所示)，或将用蓝宝石做成的微型棱镜安装在光纤的顶部(如图 6-33(c)所示)，当它们与液面之间的距离变化时，光强将有变化，从而获得液位信息。

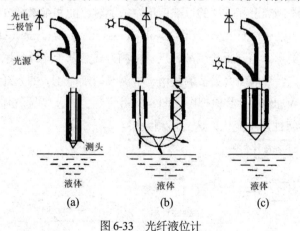

图 6-33　光纤液位计

3. 基于光纤传感器的透析穿刺针头漏血检测

透析过程发生漏血是严重的医疗责任事故。漏血检测光纤传感器是利用光导纤维的传光导像功能，将待测部位的信息传至远端进行测量，通过待测部位对光的反射或吸收引起光强改变而实现检测，检测方式分为对射式和反射式。该装置以 Y 型光纤为光信号的传输介质，光电转换元件为光信号接收器，设计了一种反射式 Y 型光纤传感器，用来进行血红细胞浓度的检测实验。实验装置由单色 LED 光源、Y 型光纤和光电转换元件构成，图 6-34 是 Y 型光纤实验系统实物。

A 是 Y 型光纤，B 是光纤探头，C 是测试样本，D 是检测光斑。Y 型光纤包括光源端、检测端、探头端三部分。LED 分别发出红、绿、蓝光，从 Y 型光纤的光源端进入，探头端将入射的光照射到测试样本上形成检测光斑，反射光信号经光纤导出并在检测端通过光电转换元件完成电信号的转化。Y 型光纤传递光信号，具有损耗低、绝缘性好、抗干扰能力强等特点。实验装置采用的 Y 型光纤探头端纤细且光滑，接触皮肤时不会给患者带来不适感，且易消毒灭菌，方便重复使用。Y 型光纤传感器的光电转换元件采用了颜色传感器，具有灵敏度高、波长范围窄、转换速度快的特点，能够识别检测样本色度的微小变化。过程中，需要保持探头端与测试样本的距离与角度不变，否则会影响检测精度。

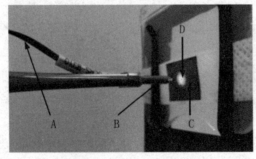

图 6-34　Y 型光纤实验检测局部图

4. 光纤传感器用于变压器油中溶解气体测量

变压器内部存在不同类型和程度的过热或放电故障时，油和绝缘纸分解产生故障特征气体的类型和浓度会不同。油中溶解气体分析(Dissolved Gas-in-oil Analysis，DGA)方法是通过检测气体浓度来判断故障类型。不同于传统故障气体检测方式，基于光纤传感的检测方式具有高灵敏度、高可靠性的优点。目前研究最多的是用于检测典型气体 H_2 的光纤光栅氢传感器，使用时通常将检测探头放入油箱中，其原理图如图 6-35 所示。当产生特征气体后，敏感薄膜发生变形，导致光纤的传感特性发生变化，达到检测效果。

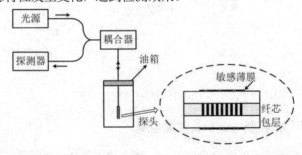

图 6-35　光纤光栅 H_2 传感器原理图

6.6 本章小结

光电检测技术是当今发展最迅速的技术之一，其高速、高效和高精度特性被各行各业青睐。通过基本的光电原理，人们开发了多种多样的传感器，包括光电管、光电池、CCD 和光纤等，应用场合也从传统的机械制造行业扩展到生物、医学、电力、机器人等领域。本章主要讲解光电检测技术的原理、构成和应用，包括以下四点：

(1) 光电传感器的基本工作原理，光电效应和基本的光电器件。

(2) 光电检系统的构成，信号光源的特点，典型的光电检测案例。

(3) 固态图像传感器的原理，以及在工业中的应用案例。

(4) 光纤传感器的原理和分类，不同领域内的光纤传感器应用举例。

6.7 习题

1. 光电效应可分为_____和_____两大类。

2. 光电池有两个主要参数指标：_____与_____。

3. 根据光源的频谱宽度，可分为_____与_____，其中_____的波长范围极窄，又可称为激光光源。

4. _____检测方法都是利用光源出射光束的强度携带被测信息。

5. 激光多普勒测速仪的工作基础是_____和_____。

6. 光在光纤中传播时，有一个重要特点，即传播途径始终在同一平面内，通常称为_____。

7. 现有的光纤传感器可分为两类：_____和_____。

8. 设计一个利用 CCD 技术检测成品钢板数量的测试系统。

9. 设计一个利用光纤传感器测量桥梁局部变形和振动的测试系统，并给出原理和系统框图。

∽ 第 7 章 ∾

物联网传感技术及其应用

教学提示： 2005 年"物联网"的概念被正式提出，在其场景中不同维度的信息边界将会逐渐消失，世界上的万物皆可通过互联网进行信息交换。物联网技术的发展正不断地改变着人类社会的运作方式，无人驾驶、数字货币、共享单车成为生活中的重要部分，万物以数据的方式得到确认，人们从中享受着数据和算法带来的便捷和智能。对于工程测试技术来说，与物联网相结合，借助无线通信、微电子和智能算法等新技术，建立维系被检测对象与传感器以及检测人员与传感器之间的信息纽带，是当前和未来的重要发展方向。

教学要求： 了解物联网的概念，明确传感技术在物联网中的关键作用，了解常用物联网传感技术的特点及应用。重点理解 RFID 系统的组成与各部分功能，掌握电子标签和阅读器通信的原理；掌握智能传感器的组成与功能特点；了解常用 MEMS 传感器的结构；掌握无线传感器网络的结构。

物联网(Internet of Things，IoT)即"万物相连的互联网"，是将各种信息传感设备通过网络连接起来，实现人、机、物互联互通的网络系统。这里的互联互通是指信息的交换与通信，测试技术作为感知信息、传递信息和处理信息的综合性技术，既是物联网的前端和基础，也在物联网需求的推动下不断扩展出新的应用领域。

物联网是指利用射频识别(Radio Frequency Identification，RFID)、智能传感器、微机电系统(Micro-Electro-Mechanical System，MEMS)传感器与无线传感网络(Wireless Sensor Networks，WSN)等设备，检测需要监控、连接与互动的物体或过程，采集其声、光、热、电、力学、化学、生物、位置等信息，通过无线或有线的通信网络接入，实现物与物、物与人的泛在信息连接，对物体或过程进行智能化感知、识别和管理。本章主要介绍应用于物联网传感中的 RFID 技术、智能传感器技术、MEMS 传感器技术和无线传感网络技术，讲述其功能原理、典型组成和应用场景。

7.1 RFID 技术

RFID 即射频识别，是通过无线射频信号识别特定目标并读写相关数据的技术。与条码、磁卡和 IC 卡等识别技术相比，RFID 具有无机械和光学接触、抗干扰能力强、可同时识别多目标等优点，因此成为物联网自动识别领域中应用最广泛的技术。采用 RFID 技术的设备通常被称为感应式电子晶片、感应卡、非接触卡、电子条形码等。

7.1.1 RFID 系统的组成

作为非接触式的自动识别技术，RFID 利用射频信号的空间耦合实现信息的感知和传递。从功能上可以将以 RFID 为核心的物联网系统分为四个组成部分：电子标签、阅读器、天线和应用系统，如图 7-1 所示。其中，电子标签主要由耦合元件和芯片构成，每个电子标签具备唯一的电子编码，通过人工的方式将其依附在识别对象上；阅读器用来读取电子标签所提供的信息，一般设计为手持式或固定式；天线用于阅读器和电子标签之间传递射频信号；应用系统对阅读器收集的信息进行分析与统计。下面对这四个组成部分分别进行介绍。

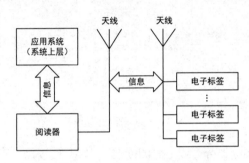

图 7-1　RFID 系统的基本组成

1. 电子标签

电子标签是标识目标对象的电子器件，主要由集成电路芯片和内置微型天线组成。集成电路芯片用于存储唯一的电子编码，并对通信信息进行调制和解调。由于电子标签本身没有电源，需要从阅读器提供的电磁场中获得能量来驱动芯片工作，因此，集成电路芯片中还包括产生感应电流的元件。内置的微型天线用于发射和接收数据，其工作方式由电子标签与阅读器之间的通信信道和通信类型来决定。

根据 RFID 系统不同的应用场景以及技术性能参数，同时考虑到成本、环境等要求，电子标签被封装成不同厚度、大小、形状和用途的标签，安装在识别对象上。图 7-2 所示是一种常用的电子标签内部结构。

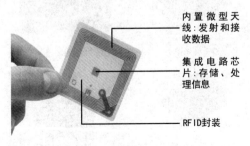

图 7-2　电子标签的内部结构

2. 阅读器

阅读器是 RFID 系统中最重要也是最复杂的组件，其主要功能是将电子标签中的信息读出，或将电子标签所需要存储的信息进行写入。在 RFID 系统工作时，由阅读器在一个区域内发送射频能量形成电磁场，在电磁场覆盖区域内的电子标签被触发，发送存储在其中的数据，或者根据阅读器的指令修改存储在其中的数据，此外，阅读器还需要通过网络与应用系统进行通信。

如图 7-3 所示，典型的阅读器由控制单元、高频接口、天线和电源组成，其中控制单元包含微控制器、内存、模数转换器和通信模块等器件，高频接口用于实现电磁波的发射与传输，天线则决定了阅读器搜索电子标签的能力和范围。

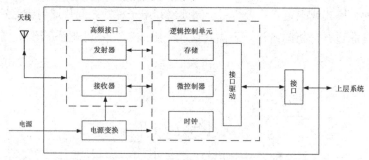

图 7-3　阅读器的组成

按外形分类，可以将阅读器分为固定式阅读器、OEM 阅读器、工业阅读器、便携式阅读器，以及其他的特殊结构阅读器，其外形如图 7-4 所示。固定式阅读器是最常见的阅读器形式，将射频控制器和高频接口封装在一个固定的外壳中，完全集成射频识别的功能。为了减少设备尺寸、降低成本和便于运输，也可以将天线和射频模块封装在一个外壳单元中，这样就可构成集成式阅读器或一体化阅读器。OEM 阅读器是集成于用户数据操作终端、出入控制系统、收款系统及自动装置的阅读器，可装在屏蔽铁皮外壳中，也可以无外壳插件板的方式提供，电子连接形式有焊接端子、插接端子或螺丝旋接端子等。工业阅读器具备标准现场总线接口，通常集成于工业系统中，其应用防护要求较高。便携式阅读器是适合手持使用的电子标签读写设备，一般带有 LCD 显示屏和键盘面板，采用 RS-232 接口来实现阅读器与 PC 机之间的数据交换。

图 7-4　阅读器的外形

3. 天线

天线是实现电子标签和阅读器之间无线通信的电子器件，根据工作模式可分为近场天线和远场天线两种。近场天线通过磁场感应耦合接收或发出信息，一般采用线圈方式；远场天线通过电磁波方式进行信息的传输，信号具有较大的功率。

根据天线安装的组件，可分为电子标签天线和阅读器天线两类，二者具有不同的要求。电子标签天线尺寸必须足够小，在大多数应用中要求厚度不超过 1 毫米，限制了可选天线的结构。由于电子标签数量庞大，天线的制作成本被控制在非常低的水平，甚至达到 0.3 元以下。阅读器天线要求低剖面和小型化，以适应在各种安装和使用环境下的需求，通常采用多幅天线组成阵列的方式来提高信号增益。此外，阅读器天线要求多频段覆盖，一般设置在 860～960MHz 范围内。目前国际上已经开始研究阅读器的智能波束扫描天线阵，可以按照一定的处理顺序，通过智能天线感知天线覆盖区域的多个电子标签，增大系统覆盖范围，使阅读器能够判定目标的方位和速度等信息，具有空间感应能力。

4. 应用系统

对于简单的应用，阅读器可以独立完成应用的所有需要。例如，公交车上的阅读器可以实现对公交票卡的读验和收费。但对于多数应用来说，RFID 系统是由许多阅读器构成的信息系统，需要上层应用系统的管理。

应用系统通过串口或网络接口与阅读器连接，其硬件部分主要为计算机和网络设备，软件部分则包括各种应用程序和数据库。应用系统将多个阅读器获取的数据有效地整合起来，完成存储、查询、管理与数据交换等功能。RFID 的应用系统可以是各种大小不一的数据库或供应链系统，也可以是面向特定行业的、高度专业化的库存管理数据库，或者是继承了 RFID 管理模块的大型 ERP(企业资源计划)数据库的一部分。

7.1.2　RFID 系统工作原理

RFID 系统的基本工作流程如下：

(1) 阅读器通过天线发送射频信号；

(2) 电子标签进入阅读器天线工作区域的时候，电子标签被激活，电子标签通过内置微型天线发送代码信包给阅读器；

(3) 阅读器接收并调整信号，对信号进行译码，然后发送给应用系统；

(4) 应用系统通过逻辑操作判断信号的合法性，再根据不同的设置进行相应的操作。

在该流程中，电子标签的读取以及信号的耦合通信是 RFID 系统的专有技术，以下介绍其主要原理。

1. 电子标签的读取原理

根据读取电子标签的物理效应，可以将电子标签分为 1 比特电子标签和表面声波电子标签两种。

1 比特是二进制数字中的位，也是可表示的最小信息单位，因此，1 比特电子标签只有 1 或 0 两种状态，分别代表"在阅读器的响应范围内有电子标签"与"在阅读器的响应范围内无电子标签"。采用 $L-C$ 振荡回路进行射频信号感应，该振动回路具有设定的谐振频率 f_R。阅读器发出频率为 f_G 的交变磁场，当电子标签和阅读器靠近时，振动回路感应出磁场能量，如果交变磁场的频率 f_G 与振荡回路的谐振频率 f_R 相同时，电子标签的振荡回路便会产生谐振。根据法拉第电磁感应定律，振荡回路感应形成的电流会对外部的交变磁场产生反作用，导致交变磁场减小。因此，当阅读器检测到自身交变磁场减小时，说明电子标签存在于阅读器的响应范围内。其工作原理如图 7-5 所示。

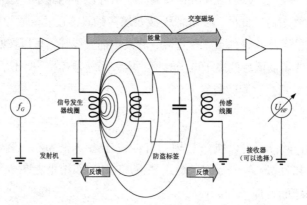

图 7-5   1 比特电子标签射频法工作原理

表面声波电子标签利用压电效应和声学表面波原理进行工作。其中压电效应的原理已在压电式传感器中进行介绍。施加在压电晶体的表面电荷会导致晶体产生弹性变形，该弹性形变以机械波的方式在晶体表面传播，称为表面声波(Surface Acoustic Wave，SAW)。表面声波电子标签通过天线接收到阅读器发射的高频脉冲信号，该信号传递到以平面电极结构制作的叉指换能器，激发出同频的表面声波，沿压电晶片表面传播，到达紧密排列编码的反射栅后，部分能量被反射回叉指换能器，通过压电效应再次转变为电磁波，并由天线发射到阅读器。如果反射栅按某种特定规律进行设计，使其反射信号表示规定的编码信息，那么阅读器接收到的反射高频脉冲信号中就带有电子标签的特定编码，通过进一步的解调与处理，达到识别电子标签的目的。典型的表面声波电子标签如图 7-6 所示。

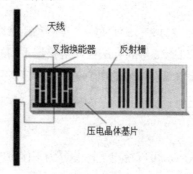

图 7-6   表面声波电子标签的结构

2. 信号的耦合通信原理

阅读器与电子标签之间的无线通信通过天线耦合的方式实现数据和能量的传递。根据信号和能量的感应原理,可以将 RFID 的耦合通信方式分为电感耦合与反向散射耦合两种。

电感耦合是近场通信的主要工作方式,在该方式下,电子标签不需要电源,其能量从阅读器发出的电磁波中获取。由于阅读器产生的磁场强度受到电磁兼容性能有关标准的限制,电子标签与阅读器之间的工作距离一般在 1m 以下,典型作用距离为 10～20cm。

图 7-7 为电感耦合的工作原理。U_s 是射频源,L_1、C_1 构成谐振回路,R_s 是射频源的内阻,R_1 是电感线圈 L_1 的损耗电阻。U_s 在 L_1 上产生高频电流 i,在谐振时电流 i 最大。高频电流 i 产生的磁场穿过线圈,并有部分磁力线穿过距阅读器电感线圈 L_1 一定距离的电子标签电感线圈 L_2。由于电感耦合方式所用工作频率范围内的波长比阅读器与电子标签之间的距离大得多,因此线圈 L_1、L_2 间的电磁场可以当作简单的交变磁场。穿过电感线圈 L_2 的磁力线通过电磁感应,在 L_2 上产生电压 U_2,将 U_2 整流后就可以产生电子标签所需要的直流电压。电容 C_2 的选择应该使 L_2、U_2 构成对工作频率谐振的回路,此时电压 U_2 到达最大值。由于电感耦合系统的效率不高,这种信号通信方式主要适用于小电流电路,电子标签的功耗对读写距离有较大的影响。

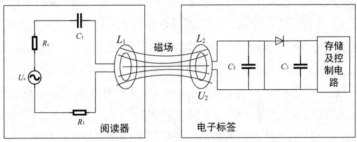

图 7-7 电感耦合原理

反向散射耦合是主要的远场通信方式,采用与雷达类似的电磁波空间传播原理,发射出的电磁波碰到目标后反射,携带了目标信息,对反射波进行接收和处理,即可获得目标信息。由于目标的反射性能随着频率的升高而增强,因此反向散射耦合方式在超高频(SHF)和特高频(UHF)下工作,电子标签和阅读器的距离大于 1m,典型工作距离为 3～10m。反射散射耦合方式的原理如图 7-8 所示。

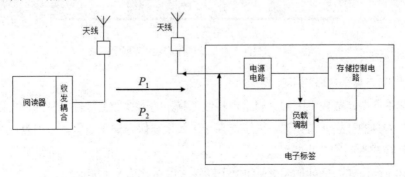

图 7-8 反向散射耦合原理

阅读器天线发射功率为 P_1 的电磁波，经自由空间传播后到达电子标签，设到达功率为 P_1'，则 P_1' 中被吸收的功率经电子标签整流电路后形成能量供给。由于 UHF 和 SHF 工作频率范围会形成严重的电磁干扰，因此对发射功率具有严格的限制，造成电子标签接收的能量不足。这时需要在电子标签中增加电源，为了保证电源不被过度消耗，通常使其处于低功耗模式下，当接收到阅读器射频信号后，电源进入正常工作模式。由阅读器发送到电子标签的一部分功率被反射，反射功率 P_2 经自由空间传播后返回阅读器。由阅读器天线接收后，经收发耦合电路传输到阅读器输入通道，经过放大获取有用信息。

7.1.3 RFID 技术的应用

工程实际中，RFID 技术已经广泛应用于物联网传感领域。在制造业领域里，RFID 被用来识别原材料、刀具和设备，跟踪使用过程，实现生产环节的控制和监管；在日常生活中，门禁卡系统与高速公路 ETC 收费系统已成为最常见的 RFID 应用。

1. RFID 在制造业中的应用

1) 汽车涂装生产线应用

涂装是对汽车车体表面进行喷涂，达到表面光滑且防氧化的作用，是汽车制造过程中重要的组成部分。其工艺流程包括前处理、喷粉涂装、加热固化等步骤，由涂装生产线的多个设备顺序工作来完成。目前，RFID 技术已广泛用于涂装生产线的过程管理中。

如图 7-9 所示，在车体滑橇上安装电子标签，在涂装生产线主要设备如机运滚床上安装 RFID 阅读器，对车体进行识别和管理。每一个阅读器作为一个车体自动识别跟踪系统(Automatic Vehicle Identification，AVI)的站点，负责对电子标签的读写，并将信息通过阅读器传送到控制系统。由于电子标签中记录了车体的信息，通过应用系统可获得车体需要喷涂的颜色、车型、车体批次号和车体序列号等，从而控制各个设备执行对应的工序任务。

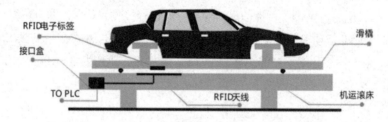

图 7-9 RFID 在汽车涂装生产线上的应用

2) 数控机床刀具全生命周期管控

在自动化生产中，数控机床刀具属于消耗性工具，随着被加工零件品种的增多以及加工过程的复杂化，刀具的更换非常频繁，为了提高加工效率与保证加工质量，对刀具进行全生命周期的自动化管控成为制造业物联网发展的必要基础。

如图 7-10 所示，在刀柄处加装 RFID 电子标签是识别刀具的主要途径。在刀具采购入库前，加装电子标签，作为刀具的唯一识别信息；在刀具的调度和使用过程中，通过读取电子标签信息，能够在加工管理系统中获取刀具是否被使用、使用刀具的机床以及使用的周期和时长等信息；通过跟踪刀具使用状态，统计刀具的加工时间和负荷，分析刀具的磨损情况，给出更换或修复建议，从而实现刀具全生命周期的管控。

电子标签

阅读器

图 7-10　RFID 在刀具管控中的应用

2. RFID 在公路 ETC 中的应用

电子不停车收费系统(Electronic Toll of Collection，ETC)如图 7-11 所示，属于微波(超高频电磁波)通信的 RFID 系统。使用车载电子标签自动与安装在路侧或门架上的 RFID 阅读器进行信息交换，实现车辆的自动识别，通过互联网与银行系统的后台连接进行结算处理，实施电子支付，完成车辆通行费扣除的全自动收费。

ETC 系统的业务过程基本相同，以封闭式为例进行说明。车主到客户服务中心或代理机构购置车载电子标签，进行充值。由发行系统向电子标签输入车辆识别码(ID 与密码)，并在数据库中存入该车

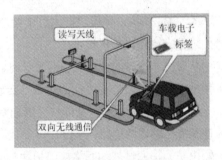

读写天线

车载电子标签

双向无线通信

图 7-11　ETC 收费系统

辆的全部有关信息(如识别码、车牌号、车型、颜色、储值、车主姓名与电话等)。发行系统通过网络将上述车主、车辆信息输入收费计算机系统，车主将标识卡贴在车内前窗玻璃上。当车辆驶入 ETC 收费车道入口天线的发射区，处于休眠的电子标签受到阅读器微波激励而苏醒，转入工作状态。电子标签通过微波发出电子标签标识和车型代码，阅读器接收确认电子标签有效后，以微波发出入口车道代码和时间等信息，写入电子标签的存储器内。当车辆驶入收费车道出口天线发射范围，经过唤醒、相互认证有效性等过程，天线读出车型代码以及入口代码和时间，传送给车道控制器，车道控制器存储原始数据并编辑成数据文件，上传给收费站管理子系统并转送收费结算中心。

7.2　智能传感器技术

智能传感器概念最早由美国国家航空航天局在研发宇宙飞船的过程中提出来，IEEE 协会将其定义为"除产生一个被测量或被控量的正确表示之外，还同时具有简化换能器的综合信息以用于网络环境功能的传感器"。目前，人们普遍认为智能传感器是带有微处理器的兼有信息检

测、信息处理、信息记忆、逻辑思维和判断功能的传感器。相对于传统传感器，智能传感器集感知、信息处理、通信于一体，可实现自校准、自补偿、自诊断等处理功能，是物联网传感技术的关键基础。

7.2.1　智能传感器的组成

从功能上看，智能传感器主要分以下四大模块。

(1) 传感器模块。该模块可以有多个传感器，所以可检测多个物理量，得到多个模拟信号，给出全面反映测点状态的多种信息，经过集成与融合，能完善地、精确地反映被测对象的特征。

(2) 处理模块。该模块通过编程，完成信号采集，对原始数据进行加工处理，对传感系统进行智能管理，实现传感器品质的提升，也是区别于一般传感器的重要标志。例如：在智能压力传感器中，采集被测压力信号、环境温度信号和环境压力信号；读取校准存储器的信息，并根据实测的环境温度和环境压力数据来对被测压力参数进行变换修正等处理，从而得到准确的压力测量值。

(3) 接口模块。该模块主要实现传感器的结果输出以及与外部进行信息交换功能。

(4) 电源模块。该模块提供整个智能传感器的电源，满足上述不同模块的不同电源要求，另外进行安全方面的保护。

从智能传感器的模块与功能来看，已逐渐达到智能仪器所应具有的功能，而不是仅仅扩充了传感功能，也就是说"仪器"和"传感器"的界限已不明显。

从具体结构上来讲，智能传感器通常由传感器、微处理器和相关电路组成，图 7-12 所示为典型智能传感器的构成。多路传感器获取信号，微处理器对输入信号进行分析处理，得到特定的输出结果，通过外部网络接口模块与外部系统进行数据交换。

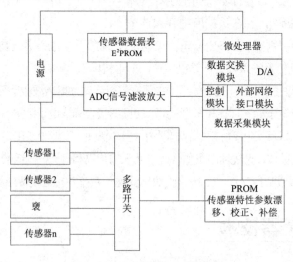

图 7-12　智能传感器的组成

从物联网传感的角度来看，智能传感器是传统传感器、微处理器和通信模块的有机结合，不但实现了被测对象和测量系统之间的信息传递，而且更好地满足了人—机通信。可以将其工作过程描述为三个不同领域之间的通信，如图 7-13 所示。

(1) 物理领域：由测量和控制目标、传感器与变送器组成。该领域中因果关系的法则由严格的自然定律确立，信息表现为物理信号的传输。

(2) 逻辑领域：表现为测量和控制的信息处理系统，在微处理器中完成，由逻辑代码描述的信息构成其逻辑规则。

(3) 人工智能领域：人类大脑内部的神经领域，该领域中的信息被转换为知识和概念，其规则未知。

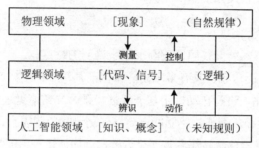

图 7-13　智能传感器在不同领域之间的信息流

物理领域的信息借助于传感技术或测量技术获取且输出到逻辑领域；在逻辑领域中围绕测量与控制的目标进行信息处理，并且通过人—机接口由人工识别；信息被输出到人工智能领域并成为该领域中知识和概念的组成部分；所获得的片段信息组合起来，成为知识的组成部分，知识综合成为概念，而概念的组合支撑起相关的技术领域。作为传感器的智能化发展，智能传感器将物理测试延伸为人的认知学习，满足了物联网的信息感知需求。

7.2.2　智能传感器的功能与特点

1. 智能传感器的功能

与传统传感器相比，智能传感器增加了丰富的信息处理和交换功能。

(1) 数字输出功能。智能传感器内部集成的模数转换电路，能够直接输出数字信号，可缓解信号采集与信号传输的压力。

(2) 数据处理功能。智能传感器充分利用微处理器的计算和存储能力，不仅能对被测参数进行直接测量，还可以对被测参数进行特征分析和变换，获取被测参数变换的更多特征。

(3) 信息存储功能。智能传感器内置的存储器，除能够存储信号处理、自补偿、自诊断等相关程序外，还能够进行历史数据、校正数据、测量参数、状态参数等数据的存储。

(4) 自校准补偿功能。智能传感器通过软件计算对传统传感器的非线性、温度漂移、时间漂移以及环境影响因素引起的信号失真进行自动校准补偿，达到软件补偿硬件的目的，实现自动调零、自动平衡、自动补偿等功能，提高传感器应用的灵活性。

(5) 自动诊断功能。智能传感器通过其故障诊断软件和自检测软件，自动对传感器工作状态进行定期和不定期的检测，及时发现故障，判断故障的原因和位置，并给出提示。

(6) 自学习与自适应功能。智能传感器可以通过编辑算法使传感器具有学习功能,利用近似公式和迭代算法认知新的被测量值,即再学习能力。此外,还可以根据一定的行为准则自适应地重置参数。例如,自选量程、自选通道、自动触发、自动滤除切换和自动温度补偿等。

(7) 多参数测量功能。智能传感器设有多种模块化的硬件和软件,根据不同的应用需求,可选择其模块的组合状态,实现多传感单元、多参数的测量。

(8) 双向通信功能。智能传感器采用双向通信接口,既可向外部设备发送测量和状态信息,又能够接收和处理外部设备发出的指令。

2. 智能传感器的特点

随着技术的不断发展,智能传感器逐渐形成了鲜明的特点。

(1) 测量精度高。智能传感器具有多项功能来保证其精度,例如通过自动校正去除零点,与标准参考基准实时对比,进行自动标定与非线性校正、异常值处理等。

(2) 可靠性与稳定性高。智能传感器能自动补偿测量时环境因素带来的干扰影响,如温度变化导致的零点和灵敏度漂移;被测参数变化后能自动切换量程;能实时进行自检,检查各部分工作是否正常,并可诊断发生故障的部件。

(3) 信噪比和分辨率高。智能传感器具有信息处理、信息存储和记忆功能,通过信息处理可以去除测量数据中的噪声,提取有用信息;通过数据融合可以消除多参数测量状态下交叉灵敏度的影响,保证在多参数状态下对特定参数测量时具有高的分辨率。

(4) 自适应性强。智能传感器具有判断分析和处理功能,能够根据系统工作情况决策各部分的供电,使系统工作在最优功耗状态,也可以根据情况优化与上位机的数据传送速率等。

(5) 性能价格比高。智能传感器通过软件而不是硬件提高传感测量功能,随着集成电路工艺的进步,微处理器成本也越来越低,因此智能传感器具有较高的性能价格比。

(6) 网络化。智能传感器以嵌入式微处理器为核心,集成了传感单元、信号处理单元和网络接口单元,能够将各种现场数据在有线/无线网络上传输、发布和共享,实现物联网传感。

7.2.3 智能传感器的应用

智能传感器已经广泛应用于航天、航空、国防、科技和农业生产等各个领域中,通常具有以下三种形式。

(1) 模块式智能传感器,由许多互相独立的模块组成一种初级的智能传感器(如图 7-14 所示),其集成度低、体积大,比较实用,是一种最经济、最快速建立的智能传感器。

(2) 混合式智能传感器,将传感器模块、处理模块、接口模块和电源模块制作在不同的芯片上,以不同的组合方式集成在电路板上,装在一个外壳里,由此便构成了混合式智能传感器,它作为智能传感器的

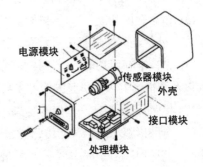

图 7-14 模块式智能传感器

主要种类而广泛应用。

(3) 集成式智能传感器，采用微机械加工技术和大规模集成电路工艺技术，利用硅作为基本材料来制作敏感元件、信号调理电路以及微处理器单元等，并把它们集成在一块芯片上构成智能传感器，实现了微型化、一体化，从而提高了精度、稳定性和可靠性。

1. 智能传感器在汽车中的应用

在汽车安全行驶系统、车身系统、智能交通系统等领域，已经实现了智能传感器的规模化应用。例如：汽车的胎压不足而造成爆胎引起交通事故的比例很高，占高速公路交通事故的46%，目前部分国家已实施强制胎压监测，即安装轮胎压力监测系统(TPMS)，其中核心部件就是胎压智能传感器。图 7-15(a)是一款智能胎压传感器，它安装在每个汽车轮胎轮圈上，自动采集、处理和发送汽车轮胎压力和温度数据，并根据轮胎温度和压力数据的异常情况发出不同的报警信号提醒驾驶者采取一定的措施，对防止重大交通事故发挥积极作用。目前，如图 7-15(b)所示的智能网联汽车已进入测试阶段，智能化的速度传感器、陀螺仪、雷达、超声波传感器、摄像头已经大量被采用，在实时检测和分析各类传感信息的基础上，增加了对道路、车况等信息的预判和预测功能，与交通云服务平台相连接，使汽车行驶逐渐迈入物联网时代。

(a) 智能胎压传感器　　　　　　　　　　(b) 智能网联汽车

图 7-15　智能传感器在汽车中的应用

2. 智能传感器在自动化仓库中的应用

在以物联网为场景的自动化仓库中，物流信息主要通过安装在物流设备上的智能传感器实现。常用的传感器包括以下几种。

(1) 智能距离传感器，用于物流设备的距离判断。制造车间生产环境复杂，智能距离传感器可以让物流设备在运行过程中避让障碍物，防止发生生产事故。

(2) 智能速度传感器，用于确定物流设备的速度。物流系统通过获取物流设备的速度，可以精确地制订物流计划。

(3) 物料位置识别传感器，用于对物料和设备运行位置的检测。通过检测实现对物流过程的准确监控和追踪，是物流自动化的基础。

(4) 智能压力传感器，用于记录物料的重量。物料在生产过程中重量常常会发生变化，对重量信息的采集有助于实现运输设备的负载均衡。

7.3 MEMS 传感器技术

将微电子技术和精密机械加工技术进行融合，以硅作为主要材料制造而成的传感器称为 MEMS 传感器。本质上是通过半导体加工技术，利用光刻、刻蚀等工艺在半导体材料上加工出微桥、悬臂梁等各种微机械结构，同时刻画电路，最终形成的感知器件。

MEMS 传感器具有以下优点：①体积小，重量轻。微传感器的尺寸一般在毫米级，重量也仅有几克。②能耗低。传感器可以采用电池供电，其能耗大小决定了传感器的连续使用时间。③性能好。微传感器在几何尺寸上微型化，在保持原有灵敏度的同时，能够提高温度稳定性，不易受到测量环境的干扰，而且敏感元件的自谐振频率提高，工作频带变宽，敏感区间变小，空间解析度提高。④生产容易，成本低。微传感器的敏感元件一般多用硅微基工艺加工制造，易于大批量生产。在物联网系统中，要求传感器智能化、微型化、低功耗、低成本和多功能，目前满足这些要求的最佳技术实现方式就是 MEMS 传感器。

7.3.1 MEMS 传感器的制造

MEMS 传感器以硅为主要材料并结合其他材料制作而成，传感器中每种材料的特性都影响着传感的性能，通常可以分为结构材料和功能材料两大类。结构材料是指以力学性能为基础，制造受力构件所使用的材料，同时对物理或化学性能有一定的要求，如光泽、热导率、抗辐射、抗腐蚀、抗氧化等。功能材料是指具有优良的电、磁、光、热、声、力学、化学、生物医学功能以及特殊的物理、化学、生物学效应，能完成功能相互转化，用来制造各种功能元器件的高新技术材料。表 7-1 列出了 MEMS 传感器中常用的材料。

表 7-1　MEMS 传感器中的常用材料

材料类别	材料名称	特性和用途
结构材料	单晶硅	地球上硅的含量特别丰富，力学性能稳定，可集成到相同衬底的电子器件上，具有与钢几乎相同的杨氏模量，但密度为不锈钢的 1/3，机械稳定性好，是理想的传感器和执行器材料
	多晶硅	具有可与单晶硅比拟的机械性能，并且耐 SiO_2 腐蚀剂
	二氧化硅(SiO_2)	可以作为热和电的绝缘体、硅衬底刻蚀的掩膜、表面微加工的牺牲层
	氮化硅(Si_3N_4)	可以有效阻挡水和离子，具有超强抗氧化和抗腐蚀的能力，适于用作深层刻蚀的掩膜，可用作光波导以及防止水和其他有毒流体进入衬底的密封材料
	碳化硅(SiC)	温度稳定性好，高温下尺寸和化学性质十分稳定
	金属	具有良好的机械强度、延展性及导电性，用途广泛
	Ⅲ-Ⅴ族金属化合物 (如 GaAs 等)	具有较强的电子吸引力
功能材料	压电晶体(如氮化铝等)	具有压电效应
	功能陶瓷	具有耐热性、耐腐蚀性、多孔性、光电性、介电性和压电性等许多独特的性能，可作为基板材料和微传感器的材料

在 MEMS 传感器的制造中使用了大量的工艺和技术，在设计时需要考虑以下几个因素：不同条件下的物理和化学行为、应用的适用范围和限制、常用材料、设备操作方法和原理。典型的工艺过程可以分为以下几类：加法工艺、减法工艺、图形化、材料性质改变和机械步骤。表 7-2 总结了 MEMS 传感器制造的主要工艺。

表 7-2　MEMS 传感器制造中使用的主要工艺

工艺名称	工艺过程	相关说明
加法工艺	金属蒸发	在坩埚中加热金属源至沸腾，金属会以金属离子的形式从坩埚中蒸发到晶圆片
	金属溅射	一种将金属薄膜沉积到晶片上的方法，通过高速高能离子碰撞金属，金属离子将从金属中溅射出来并沉积到晶片上
	有机物的化学气相沉积	通过化学反应蒸发一种或多种有机物材料，引起薄膜材料在晶片上的凝结
	无机物的化学气相沉积	在高温情况下，通过化学反应蒸发一种或多种无机物材料，引起薄膜材料在晶片上的凝结
	热氧化	硅衬底在高温下与氧发生反应，形成一层二氧化硅薄膜
	电镀	在室温下通过电镀或化学镀的方法生长一层金属薄膜
减法工艺	等离子刻蚀	把晶片和接地电极相连，通过与高能等离子产生的化学活性物质反应进行刻蚀
	反应离子刻蚀	把晶片与有源电机相连，通过与高能等离子产生的化学活性物质反应来去除材料表面的薄膜
	深反应离子刻蚀	在特殊材料和条件下，通过反应离子刻蚀技术在晶片上得到较深的沟槽
	硅湿法化学刻蚀	用化学物质蚀刻硅材料，通常形成腔、台阶或贯穿晶片的圆孔
材料性质改变	离子注入	将高能掺杂原子注入衬底中，以改变材料的电学或化学特性
	扩散掺杂	将高浓度的掺杂源放置在衬底表面，并通过高温来增强离子的扩散能力，以实现衬底的原子扩散掺杂
图形化	光刻胶的沉积	用旋涂覆盖的方法在晶片上涂一层均匀的光刻胶薄膜
	光刻	通过将薄片在有图案的掩膜版下曝光来得到图形，从而将掩膜版上的图形转移到光刻胶薄膜上
机械步骤	抛光	通过抛光剂将晶片表面平坦化
	晶片键合	将两块晶片精确对准，永久地连接在一起
	引线键合	在芯片或封装器件之间，通过细金属引线建立电气连接
	芯片封装	将裸芯片放入封装体中，使其可集成到电路板和系统中

7.3.2　典型 MEMS 传感器

根据测量功能，可以将 MEMS 传感器分为：微加速度传感器、微陀螺仪、微麦克风、微压力传感器等。按照被测物理参数，可以分为：力(加速度、压力等)、热(热电偶、热阻)、光(光电类)、电磁、化学和生物医学等 MEMS 传感器。按照传感原理则可分为：压阻式、压电式、场发射式、隧道效应式、谐振式、热式、光学型、热释电等 MEMS 传感器。以下选择常用的

MEMS 传感器介绍其结构与测量原理。

1. 固态压阻式 MEMS 压力传感器

固态压阻式 MEMS 压力传感器由外壳、硅膜片和引线组成。其简单结构如图 7-16 所示。其核心部分是一块圆形硅膜片,在膜片上利用集成电路的工艺方法扩散上四个阻值相等的电阻,用导线将其构成平衡电桥。膜片的四周用圆环(硅环)固定,膜片的两边有两个压力腔,一个是与被测系统相连接的高压腔,另一个是低压腔,一般与大气相通。

当膜片两边存在压力差时,膜片产生变形,膜片上各点产生应力。四个电阻在应力作用下,阻值发生变化,电桥失去平衡,输出相应的电压。该电压与膜片两边的压力差成正比。这样,测得不平衡电桥的输出电压,就测出了膜片受到的压力差的大小。

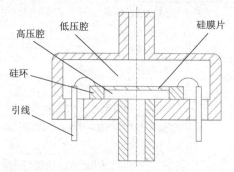

图 7-16　固态压阻式 MEMS 压力传感器结构

2. 固态压阻式 MEMS 加速度传感器

固态压阻式 MEMS 加速度传感器典型结构如图 7-17 所示,在它的悬臂梁根部的两面沉积有四个桥路电阻(上下面各两个等值电阻)。当梁的自由端质量块受到加速度作用时,悬臂梁受到弯曲力矩作用发生变形时会产生应力,使电阻值变化。

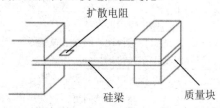

图 7-17　固态压阻式 MEMS 加速度传感器结构

压阻式 MEMS 加速度传感器的输出方式是将集成在硅梁上的四个等值电阻连成平衡电桥,当加速度作用于硅片上的质量块时,电阻值会发生变化,使电桥失去平衡,产生电压输出。但是,由于制造工艺残留内应力及环境温度变化等原因,电桥输出存在失调、零位温漂、灵敏度温度系数和非线性等问题,这些因素会带来测量误差。因此,必须采取有效措施,减少或补偿这些因素带来的影响,提高传感器的准确性。随着 MEMS 制造技术的发展,已能将传感器包括信号调理电路制作在同一芯片上,这样不仅使传感器系统的尺寸大大减小,也有利于温度误差的矫正。

图 7-18 所示为某单悬臂梁压阻式 MEMS 加速度传感器，整个传感器由一块硅片(包括敏感质量块和悬臂梁)和两块玻璃键合而成，形成质量块的封闭腔，保护质量块并限制冲击和减震。压敏电阻由扩散法生成，硅片上利用半导体 p+扩散作为引线引出压敏电阻值。整个传感器尺寸为 2mm×3mm×0.6mm，最低可测的加速度为 0.001g，可植入人体内测量心脏的加速度。

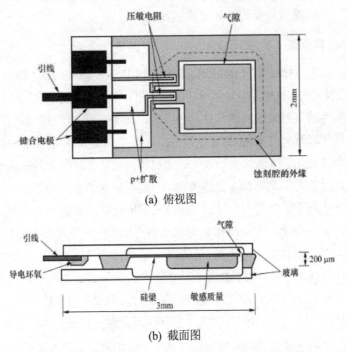

(a) 俯视图

(b) 截面图

图 7-18   单悬臂梁压阻式 MEMS 加速度传感器

3. 电容式 MEMS 加速度传感器

电容式 MEMS 加速度传感器的敏感元件为固定电极和可动电极之间的电容器，是目前研究最多的一类 MEMS 加速度传感器，一般采用悬臂梁、固定梁或挠性轴结构，支撑一个当作电容器动极板的质量块，质量块与一个固定极板构成一个平行板电容器。其工作原理是在外部加速度作用下，质量块产生位移，则改变质量块和电极之间的电容，由电容改变量可以得到加速度大小。图 7-19 所示为一种电容式 MEMS 加速度传感器的结构，该传感器对各个方向加速度值之间的干扰具有很强的抑制能力，而且具有良好的温度特性和线性特性。

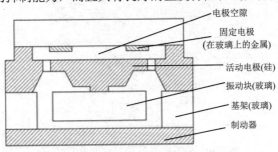

图 7-19   电容式 MEMS 加速度传感器

该加速度传感器具有四层结构，其尺寸约为 6mm×6mm×2.2mm。在顶层玻璃层的底部形成五个固定电极，分别用来引出电容传感器信号及屏蔽接地。第二层是硅材料，其中微加工形成的由四个悬臂梁组成的活动电极可以在 3 个方向(X, Y, Z)上自由运动，固定电极与硅基底的铝焊盘孔通过触点相连接。第三层材料是玻璃，构成振动质量块和基架。底部的第四层硅结构起限位作用，避免加速度值超量程时损坏传感器。

4. MEMS 气体传感器

基于金属氧化物半导体敏感材料(MOS)的 MEMS 气体传感器，广泛应用于安全、环境、楼宇监控等领域。一般认为，SiO_2 等半导体材料的气敏机理是表面电导模型。在洁净空气中的 SiO_2 气体传感器表面发生的氧吸附过程通常是物理吸附，物理吸附氧经过一段时间后，反应成为化学吸附氧离子，化学吸附氧离子从 SiO_2 导带中抽取电子，使 SiO_2 电阻增加。SiO_2 暴露在还原性气氛中时，因和表面化学吸附氧离子发生还原过程，降低了化学吸附氧离子的密度，同时将电子释放回导带，使 SiO_2 阻值下降。上述两种不可逆反应在相反方向上进行，并在给定温度和还原性气氛分压下达到稳态平衡值，导致半导体表面电荷耗尽层的消失或减少，半导体电子浓度增加，电导率上升，因此，可由传感器电导率的变化来检测环境中的各种气体。

MEMS 气体传感器的性能指标主要有灵敏度、选择性和稳定性等。灵敏度用于表征由于被测气体浓度变化而引起的气体传感器阻值变化的程度，一般采用电阻比表示灵敏度，即气体传感器在不同浓度的被检测气体中的阻值 R_g 和在某一特定浓度中的阻值 R_α 之比来表示灵敏度。实际常常将 R_α 取值为洁净空气中的阻值 R_0。选择性用来表征其他气体对主测气体的干扰程度。在持续工作过程中，由于受到周围环境、温度及湿度等影响，会使气体传感器的电阻和气敏性能发生变化，常用多次测试过程中传感器基线电阻或灵敏度的变化程度来表示稳定性。

图 7-20 为 SiO_2 薄膜型 MEMS 气体传感器的结构，在绝缘基板上蒸发或溅射一层 SiO_2 薄膜，再引出电极。它的工作温度约为 250℃，并且具有很大的表面积，自身的活性较高，本身的气敏性很好，可以利用器件对不同气体的敏感特性实现对不同气体的选择性检测。

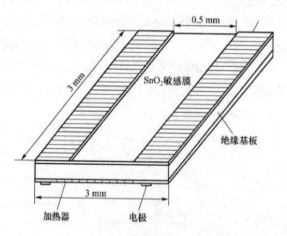

图 7-20　SiO_2 薄膜型 MEMS 气体传感器

7.3.3　MEMS 传感器的应用

1. MEMS 传感器在智能手机中的应用

MEMS 传感器已成为智能手机中的标准配置。例如：MEMS 光线传感器通过光敏三极管，接收外界光线时，产生强弱不等的电流，使手机感测环境中光线的强弱，自动调节屏幕背光的亮度；手机听筒附近安装有距离传感器，利用红外 LED 灯发射红外线，被物体反射后，红外探测器通过接收红外线的强度测定距离，可以检测手机是或否贴近耳朵正在打电话，以便自动关闭屏幕达到省电的目的；利用压电效应的 MEMS 重力传感器，将质量块与压电晶片整合在一起，通过正交两个方向产生的电压大小，计算水平方向，实现横竖屏切换；压电式 MEMS 加速度传感器检测振动的过零点，计算出人所走的步数和跑步步数，还可以测量运动速度；三轴陀螺仪可以追踪 6 个方向的位移变化，增强游戏的交互和体验；触摸屏上的压力传感器可以将手指或触控笔施加的轻微压力转换为电信号，并给出精确的施加位置信息。如图 7-21 所示，MEMS 传感器在手机中具有越来越多的应用，其体积小、性能好、能耗低的优点，是支持这些应用的前提条件。

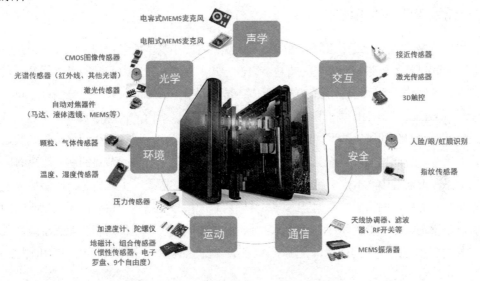

图 7-21　MEMS 传感器在智能手机中的应用

2. MEMS 传感器在工业物联网中的应用

在火电、煤化工、冶金、港口仓储等需要大量储煤的行业，煤炭会在仓库货煤场长期存放。由于煤的氧化反应过程中会产生大量的热，并且挥发出多种可燃性气体，如果热量无法散去则会导致煤炭发生自燃现象，而可燃气体在封闭煤场中积聚有可能引发爆炸事故。将各类 MEMS 传感器应用于煤场物联网的感知层，可以方便有效地监控储煤场，保证安全生产。

在各类储煤场的监控系统中，使用的传感器主要有温度传感器、可燃气体传感器、明火传感器、烟雾传感器、氧气传感器等，要求传感器价格便宜、性能可靠、能够长期工作于恶劣环境下，在这些方面 MEMS 传感器具有传统传感器无可比拟的优势，因而被大量使用。构成的物联网系统分为应用层、网络层和感知层，应用层包括远程监控终端、手持监控设备、远程监控网页、集中监控屏幕，为用户提供多种数据监测和设备控制服务；网络层通过互联网将所有节点和物联网服务器集群连接成一个整体；感知层由智能网关和各类 MEMS 传感器组成，MEMS 传感器安装于各种设施中，智能网关通过现场以太网将数据传输至监控主机，并通过无线网络连接到互联网，将数据发送到物联网服务器中。

7.4　无线传感器网络技术

无线传感器网络是一种集成了传感器技术、微机电系统技术、无线通信技术和分布式信息处理技术的新型网络技术。由部署在监测区域内大量的网络节点组成，通过节点间的协作实现对检测对象信息的实时感知、采集和处理，并把处理后的信息传送到网络用户终端。无线传感器网络是物联网技术的重要组成部分，通过互联网从虚拟世界向物理世界进行感知延伸，建立逻辑上的信息世界与真实的物理世界之间连接的桥梁。

7.4.1　无线传感器网络的组成

无线传感器网络由无线传感器、感知对象和观察者三个基本要素构成。无线通信是传感器与观察者之间以及各传感器节点之间的基本通信方式，能够在传感器与观察者之间建立良好的通信路径。无线传感器网络通常由三部分组成：传感器节点(sensor node)、汇聚节点(sink node)和管理节点(manager node)。如图 7-22 所示，散布在监测区域内的传感器节点相互之间直接通信，采集被监测对象的原始数据，经过数据处理单元的处理后，通过无线网络传输到数据汇聚节点，汇聚节点再通过互联网或卫星传输到用户节点中心。由于传感节点的通信距离有限，采集到的信息需要通过中继节点多跳传输来传递给汇聚节点。因此，无线传感器网络协议栈中除包括传统的物理层、网络层、数据链路层、传输层和应用层互联网协议外，还包括时间同步、定位、能量管理、移动管理和任务管理等功能，其中时间同步和定位两个功能子层既需要为网络协议各层提供时间和空间信息，又需要为各节点之间的协作定位和时间同步提供服务。

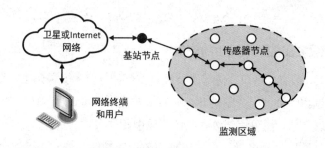

图 7-22　无线传感器网络的结构

传感器节点的典型物理结构如图 7-23 所示，作为网络中的感知节点，无线传感器一般由传感单元、处理单元、定位装置、移动装置、能源(电池)及无线通信单元(收发装置)六大部件组成。传感器节点的处理器一般选用嵌入式 CPU，由于传感器节点体积小，处理器能力较弱，存储容量有限。传感器节点的能源供应一般采用电池，部署于监测环境中很难进行补充，太阳能电池、微光电池、生物能电池、地热能电池等可以从自然界汲取能量转换为电能的电池，使传感器节点能量自补充成为可能。传感器节点能量消耗主要集中于无线通信单元上，占能量总消耗的 80%以上，因此传感器网络大多采用休眠—激活的工作方式，只在必要的时候进行无线通信。

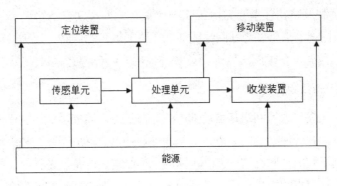

图 7-23　传感器节点的物理结构

在使用无线传感器网络时，大多数传感器节点事先并不知道自身的位置，而节点的位置信息对于监测环境的信息重构起着至关重要的作用。除此之外，传感器节点的位置信息也是其他网络技术应用的基础，例如：路由器选择中，位置信息和传输距离相结合可以避免信息网络中无目的地扩散，可以缩减数据的传送范围从而降低能耗；在网络拓扑控制中，利用节点回传的位置信息实时统计网络覆盖情况，对节点低密度的区域及时采取必要的措施；在网络安全中，位置信息为认证提供验证数据。

根据传感器节点是否已知自身的位置，可以把监测区域节点分为信标节点和未知节点。信标节点也称锚节点，自身位置已知或通过在节点上加装 GPS 设备获取实时位置，未知节点不知道自身位置，也就是被定位节点，通过确定自身与信标节点之间的关系来确定空间坐标。无线传感器网络的定位算法一般是以节点间的测量信息为前提的，通常测量误差越小，定位算法获得的定位精度越高。常用的测量方法有接收信号强度指示(RSSI)、到达时间(ToA)、到达时差(TDoA)、到达角(AoA)等。根据节点定位的先后顺序可以将定位算法分为递增式和并发式，其中递增式定位算法从信标节点开始，邻近的节点首先开始定位，依次向外延伸，各节点逐次定位；并发式定位算法同时对远近节点位置计算。当无线传感器网络中节点较多、覆盖范围较广时，采用递增式定位算法较为合理，但其存在误差累积问题，当信标节点比较少时，并且物理测量存在较大误差时，累积误差十分严重。并发式定位算法要求信标点通信范围较大，因此不适合大型传感器网络。

7.4.2　无线传感器其网络关键技术

建立无线传感器网络，除对传感器和测量方法的要求外，还包括以下关键技术。

1. 能源管理

无线传感器节点电池容量有限，且在实际应用中无法及时补充，因此能源管理是构建无线传感网络的重点。传感器节点的耗能主要集中在计算模块和通信模块，其中通信模块有 4 种工作状态：发送、接收、侦听和休眠，发送状态耗能高于其他几种状态，而休眠状态耗能最少。故采用调节节点休眠策略，使节点轮流工作与休眠。此外，动态功率调节、数据融合、使用 MAC 协议、拓扑控制等都可以降低网络能耗。在降低能耗的同时，还需要保证数据采集和监测质量保持不变，因此，要求网络管理必须和其他性能结合考虑。

2. 网络自组织和自我管理

一般情况下，无线传感器网络是自动部署的，节点进入监控区域后，进入自启动阶段，与相邻节点交换信息，并传递给基站节点，基站根据这些信息形成网络的拓扑。目前的拓扑结构主要有三种：①基于簇的分层结构，②基于网的平面结构，③基于链的线结构。网络自组织与自管理的目标是依据节点的能量水平，合理地分配任务，有效延长网络寿命；当节点失效时，重新生成拓扑。

3. 数据融合

无线传感器网络的传感节点数量多且分布密集，相邻节点采集的数据相似性较大，如果将所有这些数据全部传送给基站，必然会造成通信量大大增加，能耗增大。数据融合就是将采集的大量随机、不确定、不完整和含有噪声的数据进行智能化处理，得到可靠、精确、完整数据信息的过程。通过数据融合能够降低数据的冗余度，节省网络带宽，提高能量利用率。

4. 时间同步

无线传感器网络通过大量节点的协同工作，共同完成区域监测任务，此时，实现节点时间同步对于分布式的无线传感器网络意义重大。传统网络系统中采用的时间同步方法是以服务器端时钟为基准调整客户端时钟的，不再适用于无线传感器网络节点，需要设计新的时间同步机制。

5. 网络安全

监测区域内的传感器节点容易受到环境干扰，无法进行人工保护与维护，因此需要关注无线传感器网络的安全问题。目前，现有的解决办法包括：①在物理层主要采用高效的加密算法和扩频通信减少电磁干扰；②在数据链路层与网络层采用安全协议；③在应用层采用密钥管理与安全组播。

7.4.3 无线传感器网络的应用

1. 无线传感器网络在军事中的应用

无线传感器网络具有可快速部署、可自组织、隐蔽性强和高容错性的特点，因此非常适合在军事上应用。利用无线传感器网络能够实现对敌军兵力和装备的监控、战场的实时监视、打击目标的定位、战场评估，以及核攻击与生物化学攻击的监测和搜索等功能。

通过飞机或炮弹直接将传感器节点播撒到敌方阵地内部，或者在公共隔离带部署无线传感器网络，能够非常隐蔽而且近距离准确地收集战场信息，迅速获取有利于作战的信息。无线传感器网络是由大量的随机分布的传感节点组成的，即使一部分传感器节点被敌方破坏，剩下的节点依然能够自组织地形成网络。可以通过分析采集到的数据，得到十分准确的目标定位，从而为火控和制导系统提供精确的制导信息。利用生物和化学传感器，可以准确地探测到生化武器的成分，及时提供情报信息，有利于正确防范和实施有效的反击。

2. 无线传感器网络在环境监测中的应用

随着人们对于环境的日益关注，产生了依靠无线传感器网络技术构建的环境物联网，用于监视农作物灌溉情况、土壤空气情况、牲畜和家禽的环境状况和大面积的地表状况等。可使用传感器节点监测降雨量、河水水位和土壤水分，并依此预测暴发山洪的可能性。无线传感器网络可实现对野外森林环境监测和火灾报告，传感器节点被随机密布在森林之中，日常状态下定期报告森林环境数据，当发生火灾时，传感器节点通过协作能够在很短的时间内将火源的具体地点、火势的大小等信息传送给相关部门。

3. 无线传感器网络在家居物联网中的应用

在家电和家具中嵌入传感器节点，通过无线网络与互联网连接在一起，构成家居物联网，为人们提供更加舒适、方便和更具人性化的智能家居环境。利用远程监控系统，通过图像传感设备随时监控家庭安全情况，感知家居环境的变化，可完成对家电的远程遥控，例如可以在回家之前半小时打开空调，回家时就可以直接享受适合的室温，也可以遥控电饭锅、微波炉、电冰箱、电话机、电视机、录像机、电脑等家电，按照自己的意愿完成相应的煮饭、烧菜、查收电话留言、选择录制电视和电台节目以及下载网上资料等工作。

7.5 本章小结

物联网是信息互联互通的网络，RFID 技术、智能传感器技术、MEMS 传感器技术和无线传感网络技术从不同的方面为物联网的形成和发展提供了基础。

RFID 系统由电子标签、阅读器、天线和应用系统组成，电子标签和阅读器之间的信息交换是 RFID 技术的核心。借助于微处理器，智能传感器具有信息检测、信息处理、信息记忆、逻辑思维和判断功能等拟人化的功能。MEMS 传感器是建立在微电子技术和精密机械加工技术基础上的新型传感器，由于体积小、能耗低、性能好、成本低的优点，使其成为物联网首选的传感器。无线传感器网络是大量传感器节点分散布置、协同工作的网络系统，是未来大规模物联网应用的重要形式。

7.6 习题

一．填空题

1. 物联网是将各种信息传感设备通过网络连接起来，实现＿＿＿＿＿＿＿、＿＿＿＿＿＿＿、＿＿＿＿＿＿＿互联互通的网络系统。

2. RFID 系统的四个组成部分是：＿＿＿＿＿＿、＿＿＿＿＿＿、＿＿＿＿＿＿和应用系统。

3. 根据读取电子标签的物理效应，可以将电子标签分为＿＿＿＿＿＿和＿＿＿＿＿＿两种。

4. 从功能上看，智能传感器可以分四大模块：＿＿＿＿＿＿、＿＿＿＿＿＿、＿＿＿＿＿＿和电源模块。

5. MEMS 传感器是以＿＿＿＿＿为主要材料制作而成的，所使用的材料可以分为＿＿＿＿＿和＿＿＿＿＿两大类。

6. 无线传感器网络的节点包括：＿＿＿＿＿＿、＿＿＿＿＿＿和管理节点。

二．简答题

1. 简述 RFID 系统中阅读器与电子标签之间的无线通信的电感耦合原理。

2. 简述智能传感器的特点。

3. 固态压阻式 MEMS 压力传感器的典型结构是什么？简述其测量原理。

4. 无线传感器网络节点的定位算法有哪两类？简述其优缺点。

第8章 🎕

数字信号采集与计算机测试系统

教学提示：与模拟信号处理相比，数字信号处理具有灵活性强、精度高且容易控制、可靠性高、便于大规模集成化等优点，已经成为测试信号分析的主要方式。计算机测试系统是测试技术在工业中大规模和快速应用的基本形式，而计算机只能处理数字信号。为此，本章讲解信号数字化处理与分析的基本知识，以及计算机测试系统的主要发展方向。

教学要求：掌握数字信号处理基本知识，熟悉模拟信号数字化过程，正确理解混叠现象，正确理解和应用采样定理，理解截断、泄漏和窗函数，了解常用的窗函数。掌握采样与保持的工作原理，能够选择 A/D 转换器并确定通道方案。了解智能仪器和虚拟仪器的特点。

20 世纪 80 年代，计算机技术开始应用到仪器当中，随着计算机技术、大规模集成电路技术和通信技术的飞速发展，传感器技术、通信技术和计算机技术的结合，使得计算机与测试技术的关系发生了根本性的变化，计算机已成为现代测试系统的基础。

尽管计算机测试系统的形式多种多样，但就其本质来说，计算机测试系统的工作过程都是首先接收外部传感器输出的模拟信号并转换为数字信号，然后根据不同的应用需要由计算机进行相应的数字信号处理和分析，最后将计算机得到的数据进行显示或输出，以完成对被测对象的测量和控制。因此，数据采集、数据处理和数据表达是任何一个计算机测试系统需要完成的三大基本任务，其中，数据采集是计算机测试系统中最为重要的任务。因此，本章首先对数据采集进行重点介绍；然后，将智能仪器作为计算机测试技术的应用对象，介绍计算机测试系统的组成与功能；最后，对近年来将计算机测试技术中的数据处理与数据表达两项任务密切结合的新一代计算机测试系统——虚拟仪器进行介绍。

8.1 数据采集技术

数据采集技术是计算机测试系统的核心技术之一，它使计算机系统具有了获取外界物理信号的能力，是完成测试任务的第一步。由于被测物理量一般都是连续模拟信号，而计算机只能对二进制的离散数字信号进行运算和处理，因此，在设计开发一个计算机测试系统时，面临的首要问题是如何将传感器所测量到的连续模拟信号转换为离散的数字信号，而数据采集技术就是把模拟信号转变为数字信号。因此,下面将重点介绍模拟信号的数据采集技术。

8.1.1 模拟信号的数字化处理

模拟信号数字化处理的一般步骤可用图 8-1 所示简单框图来表示。把连续时间信号转换为与其相应的数字信号的过程称为模/数(A/D)转换过程,反之则称为数/模(D/A)转换过程,它们是数字信号处理的必要程序。

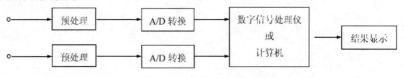

图 8-1　模拟信号数字化处理系统框图

1. 信号预处理

信号预处理是指将信号变换成适于数字处理的形式,以减小数字处理的难度。它包括进行以下操作。

(1) 信号电压幅值处理,使之适宜于采样。

(2) 过滤信号中的高频噪声。

(3) 隔离信号中的直流分量,消除趋势项。

(4) 如果信号是调制信号,则进行解调。信号调理环节应根据被测对象、信号特点和数学处理设备的能力进行选择。

2. 模拟信号的数字化(A/D 转换)

A/D 转换过程就是将连续模拟信号转换为离散数字信号的过程,该过程包括采样、量化和编码等三个步骤,如图 8-2 所示。

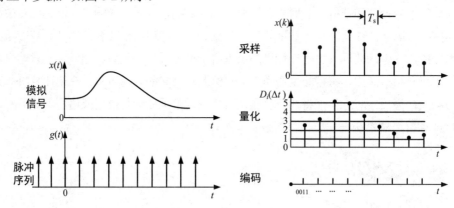

图 8-2　A/D 转换过程示意图

(1) 采样。采样(又称抽样)是利用采样脉冲序列 $g(t)$ 从模拟信号 $x(t)$ 中抽取一系列样值使之成为离散信号 $x(k\Delta t)(k=0,1,2,\cdots)$ 的过程。Δt 称为采样间隔,$f_s = 1/\Delta t$ 称为采样频率。因此,采样实质上是将模拟信号 $x(t)$ 按一定的时间间隔 Δt 逐点取其瞬时值。连续的模拟信号 $x(t)$ 经采样过程后转换为时间上离散的模拟信号 $x(k\Delta t)$ (即幅值仍然是连续的模拟信号)，简称为采样信号，它可以描述为采样脉冲序列 $g(t)$ 与模拟信号 $x(t)$ 相乘的结果。

(2) 量化。量化又称幅值量化，是指将采样信号 $x(k\Delta t)$ 的幅值经过舍入的方法变为只有有限个有效数字的数的过程。若采样信号 $x(t)$ 可能出现的最大值为 A，令其分为 D 个间隔，则每个间隔长度为 $R=A/D$，R 称为量化步长或量化增量。

当采样信号 $x(k\Delta t)$ 落在某一小区间内，经过舍入方法而变为有限值时，则产生量化误差，其最大值应是 $\pm 0.5R$，其均方差与 R 成正比。量化误差的大小取决于计算机采样板的位数，其位数越高，量化增量越小，量化误差也越小。比如，若用 8 位的采样板，8 位二进制数为 $2^8 = 256$，则量化增量为所测信号最大幅值的 $1/256$，最大量化误差为所测信号最大幅值的 $\pm 1/512$。

(3) 编码。模拟信号数字化的最后一个步骤是编码。编码是指把量化信号的电平用数字代码来表示，以便于计算机进行处理。编码有多种形式，最常用的是二进制编码。在数据采集中，被采集的模拟信号是有极性的，因此编码也分为单极性编码与双极性编码两大类。在应用时，可根据被采集信号的极性来选择编码形式。

信号在变化的过程中要经过"零"的就是双极性信号，而单极性信号不过"零"。模拟信号转换为数字量是有符号的整数，所以双极性信号对应的数值会有负数。对于单极性信号，例如 0～+5V，经过 8 位 AD 采集，输出可以单极性编码，其数值范围是 0～255；而对于双极性信号，例如-5V～+5V，经过 8 位 AD 采集，输出采用二进制补码形式，其中 8 位二进制的最高位是符号位(1 表示负数，0 表示正数)，有效转换数的表示位数是 7 位，即 $2^7=128$，所以输出的数值范围是-128～+127。一般常用的采样板卡基本上采用后一种编码方式。

3. 结果输出显示

运算结果可以直接显示或打印，若后接 D/A，还可得到模拟信号。如有需要，可将数字信号处理结果送入后接计算机或通过专门程序再做后续处理。

8.1.2　采样定理及频率混淆

在对模拟信号离散化时，采样频率的设置必须遵循采样定理，否则会导致频率混淆，即不能复现原来连续变化的模拟量。

1. 采样定理

采样的基本问题是如何确定合理的采样间隔 Δt 和采样长度 T，以保证采样所得的数字信号能真实地代表原来的连续信号 $x(t)$。一般来说，采样频率 f_s 越高，采样点越密，所获得的数字信号越逼近原信号。但是，当采样长度 T 一定时，f_s 越高，数据量 $N = T/\Delta t$ 越大，所需的计算机存储量和计算量就越大；反之，当采样频率降低到一定程度，就会丢失或歪曲原来信号的信息。

采样定理规定了带限信号不丢失信息(或可无失真恢复原来信号)的最低采样频率，即

$$f_s \geqslant 2f_m \tag{8-1}$$

式中，f_m 为原信号中最高频率，若不满足此采样定理，将会产生频率混淆现象。

2. 频率混淆

频率混淆是由于采样频率取值不当而出现高、低频成分发生混淆的一种现象，如图 8-3 所示。图 8-3(a)给出的是被测真实信号 $x(t)$ 及其傅里叶变换 $X(\omega)$，其频带范围为 $-\omega_m \sim \omega_m$。图 8-3(b)给出的是采样信号 $x_s(t)$ 及其傅里叶变换，它的频谱是一个周期性谱图，周期为 ω_s，且 $\omega_s = 2\pi/\Delta_t$。图中表明：当满足采样定理，即 $\omega_s > 2\omega_m$ 时，周期谱图是相互分离的。而图 8-3(c)给出的是当不满足采样定理，即 $\omega_s > 2\omega_m$ 时，周期谱图相互重叠，即谱图之间高频与低频部分发生重叠的情况，这使信号复原时产生混淆，即频率混淆现象。

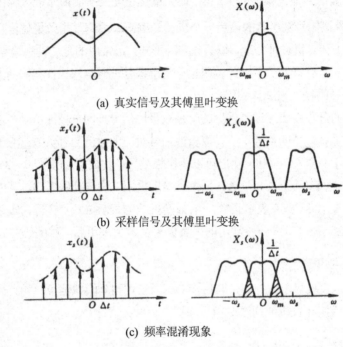

(a) 真实信号及其傅里叶变换

(b) 采样信号及其傅里叶变换

(c) 频率混淆现象

图 8-3　采样信号的混淆现象

解决频率混淆的办法如下。

(1) 提高采样频率以满足采样定理，一般工程中取 $f_s = (2.56 \sim 4)f_m$。

(2) 用低通滤波器滤掉不必要的高频成分，以防频率混淆的产生。此时的低通滤波器也称为抗混滤波器，如滤波器的截止频率为 f_c，则 $f_c = f_s / (2.56 \sim 4)f_m$。

8.1.3　截断、泄漏和窗函数

当使用计算机对工程测试信号进行处理时，不能对无限长的信号进行测量和运算，而是取其有限的时间片段进行分析，这样从信号中截取一个时间片段的操作称为信号的截断。从数学运算的角度来看，信号的截断就是将无限长的信号乘以一个有限时间宽度的窗函数。"窗"的含义是指透过窗口能够观察到原始信号的一部分，而原始信号在窗口以外的部分均视为零。

最常用的窗函数为矩形窗函数，表达式为

$$w(t) = \begin{cases} 1 & |t| \leqslant \tau \\ 0 & |t| > \tau \end{cases} \tag{8-2}$$

该窗函数的傅里叶变换为

$$W(\omega) = 2\tau \frac{\sin(\omega\tau)}{\omega\tau} \tag{8-3}$$

图 8-4 给出了该窗函数的波形与频谱图。

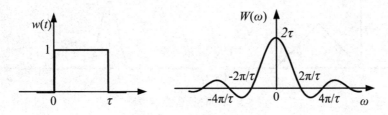

图 8-4　矩形窗函数及其频谱

信号 $x(t)$ 与 $w(t)$ 相乘，即以 0 时刻为起点截取了一段时间长度为 τ 的信号。根据傅里叶变换的卷积性质，截取信号的频谱是两个信号的频谱 $X(\omega)$ 和 $W(\omega)$ 的卷积。由于 $W(\omega)$ 是形状为无限带宽的采样函数(见公式 8-3)，即使 $x(t)$ 为有限带宽的信号，在截取后也必然成为无限带宽的信号，这种信号的能量在频率轴分布扩展的现象称为泄漏。同时，由于截断后信号频率带宽变宽，因此无论采样频率多高，信号总是不可避免地出现混叠，因此信号截断必然导致一些频域的误差。例如：一个如图 8-5(a)所示的无限长的正弦信号，其频谱如图 8-5(b)所示，是两条单独的谱线。如图 8-5(c)所示，当使用长度为 τ 的矩形窗函数对其进行截取后，截断信号的频谱如图 8-5(d)所示，已不再是原来的两条谱线，而是将 $W(\omega)$ 分别移动到原来两条谱线的位置而形成的连续谱。原来集中在 ω_0 的能量被分散到宽频带中，是典型的能量泄漏现象。

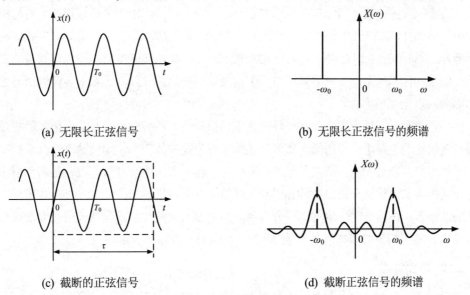

(a)　无限长正弦信号　　　　　　　　　　(b)　无限长正弦信号的频谱

(c)　截断的正弦信号　　　　　　　　　　(d)　截断正弦信号的频谱

图 8-5　信号截断与能量泄漏

为了减小频谱的泄漏，可采用不同的截取函数对信号进行截断，这些截断函数统称为窗函数。泄漏与窗函数频谱两侧的旁瓣有关，如果两侧旁瓣的高度趋于零，而使能量相对集中在主瓣，就可以较为接近于真实的频谱。因此，三角窗、汉宁窗、海明窗等窗函数常常被用来产生更小旁瓣的频谱，以减少泄漏现象。图 8-6 所示为三角窗函数及其频谱，其频谱中主瓣宽度约等于矩形窗的 2 倍，但旁瓣高度被降低。

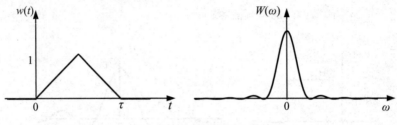

图 8-6　三角窗函数及其频谱

8.1.4　数据的采集与保持

在计算机测试系统中，被测物理量经常是几个或几十个，往往需要同时采集多个传感器的输出信号。为了完成此类任务，多路模拟开关及采样/保持器是数据采集系统中的常用元器件，下面对其进行简要介绍。

1. 多路模拟开关

对于多个传感器的信号采集，为了降低成本和减小体积，往往希望多个输入通道共有一个模数(A/D)转换器，在计算机的控制下对各参数分时进行采样。为此，需要有一个多路开关，轮流把各传感器输出的模拟信号切换到 A/D 转换器，这种从多路到一路完成转换的开关，称为多路模拟开关。

多路模拟开关的技术指标是：导通电阻小，断开电阻大。由于多路模拟开关是与模拟信号源相串联的部件，故在理想条件下，要求在开关导通状态的电阻等于零(实际<100Ω)，而在开关处于断开状态时，要求断开电阻为无穷大(一般>10^9Ω)。其切换速度要与被传输信号的变化率相适应，信号变化率越高，要求多路模拟开关切换速度越高。此外，还要求各输入通道之间有良好的隔离，以免互相串扰。

多路开关有机械触点式开关和半导体集成模拟开关。机械触点式开关中最常用的是干簧继电器，它的导通电阻小，但切换速率慢。集成模拟开关的体积小，切换速率快且无抖动，耗电少，工作可靠，容易控制，缺点是导通电阻较大，输入电压电流容量有限，动态范围小。为了满足不同的需要，现已开发出各种各样的集成模拟开关。按输入信号的连接方式可分为单端输入和差动输入；按信号的传输方向可分为单向开关和双向开关，双向开关可以实现两个方向的信号传输。常用的集成模拟开关有 AD7501、CD4051 和 LF13508 等。

2. 采样/保持器

当模拟信号进入 A/D 转换器进行转换时，由于 A/D 转换器的转换过程需要一定时间，在此期间，如果输入的模拟信号发生变化，将会导致 A/D 转换产生误差，而且信号变化的快慢将影响误差的大小。因此，为了避免在 A/D 转换期间由于信号变化而产生误差，就需要在 A/D 转换器前级设置采样/保持电路(即采样/保持器，简称 S/H)。

采样/保持器(S/H)可以取出输入信号某一瞬间的值，并在一定时间内保持不变。采样/保持器有两种工作过程，即采样过程和保持过程。其工作原理如图 8-7 所示，图中 A1 为由高输入阻抗的场效应管组成的放大器，A2 为输出缓冲器，A1 及 A2 均为理想的同相跟随器，其输入阻抗及输出阻抗均分别趋于无穷大及零。开关 S 是工作过程控制开关，当开关 S 闭合时，输入信号 V_{in} 经放大器 A1 向保持电容 C_H 快速充电，使充电电压 V_C 能够跟踪输入信号 V_{in} 的变化，此时为采样工作过程；当开关 S 断开时为保持过程，由于放大器的输入阻抗很高，因此在理想情况下，电容器保持充电的最终值。

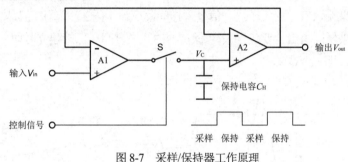

图 8-7　采样/保持器工作原理

采样/保持器实现了对一连续信号 $V_{in}(t)$ 以一定时间间隔快速取其瞬时值。该瞬时值是保持控制指令下达时刻 V_C 对 V_{in} 的最终跟踪值，该瞬时值保存在记忆元件——电容器 C_H 上，供模/数转换器进一步量化。

采样定理指出，当采样频率大于两倍的信号最高频率时，就可用时间离散的采样点恢复原来的连续信号。所以采样/保持器是以"快采慢测"的方法，实现了对快变信号进行测量的有效手段。

目前比较常用的集成采样/保持器如 AD582 等，将采样电路/保持器制作在一个芯片上，保持电容器外接，由设计者选用。电容的大小与采样频率及要求的采样精度有关。一般来讲，采样频率越高，保持电容越小，但此时衰减也越快，精度较低。反之，如果采样频率比较低，但要求精度比较高，则可选用较大电容。

下面通过图 8-8 来说明采样/保持器的主要性能参数，它包括以下几项。

(1) 捕捉时间 t_{AC}(Acquisition Time)又称获取时间，是指采样/保持器接到采样命令时刻起，采样/保持器的输出电压达到当前输入信号的值(允许误差±0.1%　±0.01%)所需的时间，它与电容器 C_H 的充电时间常数、放大器的响应时间及保持电压的变化幅度有关，一般在 350ns 和 15μs 之间。该时间限制了采样频率的提高，而对转换精度无影响。显然，保持电压的变化幅度越大，捕获时间越长。

(2) 孔径时间 t_{AP}(Aperture Time)又称孔径延时，是从发出保持命令到保持开关真正断开所需要的时间。保持电容只有在 t_{AP} 时间后才开始起保持作用，因此这一延时会产生一个与被采样信号的变化有关的误差。

(3) 孔径抖动 t_{AJ}(Aperture Jitter)又称孔径不确定性(度)，是孔径时间的变化范围。通常 t_{AJ} 是 t_{AP} 的 10% 50%。孔径时间所产生的误差可通过保持指令提前下达得以消除，但孔径抖动 t_{AJ} 的影响无法消除。

(4) 保持建立时间 t_{HS}(Hold Mode Settling Time)指在 t_{AP} 之后，S/H 的输出按一定的误差带(如 ±0.1% ±0.01%)达到稳定的时间。采样/保持器进入保持状态后，需要经过保持建立时间 t_{HS}，输出才能达到稳定，因此转换时间早于 t_{HS} 会产生误差。

(5) 衰减率(Droop Rate)反映采样/保持器输出值在保持时间内下降的速率。其原因是电容器 C_H 本身漏电以及等效并联阻抗并非无穷大，使得电容器 C_H 慢速放电，引起保持电压的下降。衰减率反映了采样/保持器的输出值在保持期间内的变化。

A/D 转换器仅对采样/保持器所保持的稳定值进行量化，忽略了保持时间内输入信号的实际变化，因此，如果输入信号变化较快，信号采样间隔应该小(采样率高)，但 A/D 转换器的工作性质决定了信号采样间隔至少要包含采样/保持器的孔径时间和保持建立时间，可以用一个保持时间来综合表示，即 $t_H = t_{AP} + t_{HS}$。

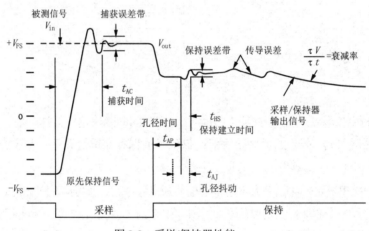

图 8-8　采样/保持器性能

8.1.5　A/D 转换器类型及性能指标

A/D 转换器根据其工作原理可分为逐次逼近式、积分式、并行式等类型。逐次逼近式 A/D 转换器的转换时间与转换精度比较适中，转换时间一般在微秒级，转换精度一般在 0.1%上下，适用于一般场合。积分式 A/D 转换器的核心部件是积分器，因此转换速度较慢，其转换时间一般在毫秒级或更长，但抗干扰性能强，转换精度可达 0.01%或更高，适用于在数字电压表类的仪器中采用。并行式 A/D 转换器又称为闪烁式 A/D 转换器，由于采用并行比较，因而转换速率可以达到很高，其转换时间可达纳秒级，但抗干扰性能较差，由于工艺限制，其分辨率一般不高，这类 A/D 转换器可用于数字示波器等要求转换速度较快的仪器中。

A/D 转换器的主要性能指标有以下几项。

(1) 分辨率与量化误差。分辨率是衡量 A/D 转换器分辨输入模拟量最小变化程度的技术指标。A/D 转换器的分辨率取决于 A/D 转换器的位数，习惯上以输出二进制数或 BCD 码数的位数来表示。例如：如果 A/D 转换器的位数为 12 位，最高 1 位表示符号位，其余 11 位表示有效转换数，即用 2^{12-1}=2048 对输入模拟信号进行量化，其分辨率为 1LSB(最低有效位数)。若最大允许输入电压为±5V，则可计算出它能分辨输入模拟电压的最小变化为 $5/2^{12-1}$V=2.4mV，此处分辨率(也称量化阶)1LSB=2.4mV。量化误差是由于 A/D 转换器有限字长数字量对输入模拟量进行离散取样(量化)而引起的误差，其大小为半个单位分辨率(1/2LSB)，所以，提高分辨率可以减小量化误差。

(2) 转换精度。转换精度反映了实际 A/D 转换器与理想 A/D 转换器在量化值上的差值，用绝对误差或相对误差来表示。由于理想 A/D 转换器也存在着量化误差，因此实际 A/D 转换器转换精度所对应的误差指标是不包括量化误差在内的。转换精度指标有时以综合误差指标的表达方式给出，有时又以分项误差指标的表达方式给出。通常给出的分项误差指标有偏移误差、满刻度误差、非线性误差和微分非线性误差等。非线性误差和微分非线性误差在使用中很难进行调整。

(3) 转换速率。转换速率是指 A/D 转换器在每秒钟内所能完成的转换次数。这个指标也可表述为转换时间，即 A/D 转换从启动到结束所需的时间，两者互为倒数。例如，某 A/D 转换器的转换速率为 1MHz，则其转换时间是 1 s。

(4) 满刻度范围。满刻度范围是指 A/D 转换器所允许输入的电压范围，如±2.5V、±5V 等。

(5) 其他参数。如对电源电压变化的抑制比(PSRR)、零点和增益温度系数、输入电阻等。

A/D 转换器除以上主要特性外，作为测量系统中的一个环节，它也有测量环节的基本特性(静态特性、动态特性)相对应的技术指标。

A/D 转换器主要是根据其分辨率、转换时间、转换精度、接口方式和成本等因素来选择。一般位数越高，测量误差越小，转换精度越高，但是价格也越高。目前常用的 A/D 转换器多为 8 位、10 位、12 位和 16 位。24 位的 Sigma-Delta 型 A/D 转换器因其具有极高的分辨率和转换精度而在低速数据采集系统中获得了越来越广泛的应用。

8.1.6 A/D 通道方案的确定

在计算机测试中，经常需要采集多个模拟信号，而且采集要求不尽相同。例如对于慢变量模拟信号，往往采用顺序扫描采集就可以满足测量要求；如果模拟信号之间存在严格的相位关系时，就必须进行同步采集。因此，测量系统的数据输入通道方案多种多样，应该根据被测对象的具体情况来确定。

1. 输入信号变化率对 A/D 通道选择的限制

1) 没有采样/保持器的 A/D 通道

对于直流或低频信号，通常可以不用采样/保持器，直接用 A/D 转换器采样。

考虑到在 A/D 转换器的转换时间 t_{CONV} 内，输入信号最大变化量不超过量化误差(1/2LSB)，则应满足如下关系：

$$\left.\frac{\mathrm{d}U}{\mathrm{d}t}\right|_{\max}=\frac{1}{2}\bullet\frac{M}{2^{n-1}t_{\mathrm{conv}}}=\frac{M}{2^n_s}f_s \tag{8-4}$$

式中，M 为 A/D 转换器的量程电压，n 是 A/D 转换器的位数，f_s 为 A/D 转换频率。

例 8-1 若设 $M=\pm 5\text{V}$，$n=12$，$t_{\text{CONV}}=0.1\text{s}$。请计算 A/D 转换器允许的模拟输入信号电压最大变化率是多少？

解： 由式(8-4)可知，模拟输入信号电压最大变化率为

$$\left.\frac{\mathrm{d}U}{\mathrm{d}t}\right|_{\max} = \frac{M}{2^{12} \times 0.1\text{s}} \approx 0.01\text{V/s}$$

因此，当实际输入信号的变化率小于 0.01V/s 时，可以不用采样/保持器。

2) 带采样/保持器的 A/D 转换通道

当模拟输入信号变化率较大时，需要使用采样/保持器来稳定所要采集时刻的信号值，以便 A/D 正确采集。这时模拟输入信号的最大变化率上限取决于最小的采样/保持器的保持时间 t_H 和 A/D 转换时间 t_{CONV}。类似地，可以给出输入信号最大变化量不超过量化误差所满足的关系：

$$\left.\frac{\mathrm{d}U}{\mathrm{d}t}\right|_{\max} = \frac{1}{2} \cdot \frac{M}{2^{n-1}(t_H + t_{\text{CONV}})} = \frac{M}{2^n(t_H + t_{\text{CONV}})} \tag{8-5}$$

实际应用中，采样/保持器和 A/D 转换器集成在一起，称为 ADC 转换器，它的最小采样间隔就是最小的保持时间 t_H 和 A/D 转换时间 t_{CONV} 之和，反映了 ADC 转换器的最大转换速率。

2. 带采样/保持器的 A/D 通道形式

1) 多通道共享采样/保持器与 A/D 转换器

图 8-9 所示为多路模拟通道共享采样/保持器的典型电路结构。该系统采用分时转换工作方式，为了满足多路分时传送，输入通道中必须配置多路开关。模拟开关在计算机控制下，分时选通各个通路信号，在某一时刻，多路开关只能选择其中某一路，把它接入到采样/保持器和 A/D 转换器，经过 A/D 转换器转换后送微机处理。这种结构形式简单，所用芯片数少，适用于信号变化速率不高，对采样信号不要求同步的场合。如果信号变化速度慢，也可以不用采样保持器。如果信号比较弱，混入的干扰信号比较大，为了使传感器的输出变成适合计算机测试系统的标准输入信号，并有效地抑制串模和共模及高频干扰，一般需要有信号放大电路和低通滤波器。由于各路信号的幅值可能有很大差异，常在系统中放置程控放大器，使加到 A/D 输入端的模拟电压信号幅值处于 $FSR/2 \sim FSR$ 范围，以便充分利用 A/D 转换器的满量程分辨率。

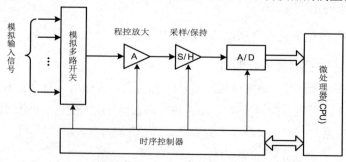

图 8-9 多通道共享采样/保持器与 A/D 转换器的系统框图

在使用采样/保持器的数据采集系统中，每路信号的吞吐时间(即 A/D 进行一次转换，从模拟信号的加入到有效数据的全部输出所经历的传输时间)t_{TH}，等于采样/保持器的捕捉时间 t_{AC}、保持建立时间 t_{HS}、A/D 转换时间 t_{CONV} 与输出时间 t_{OUT} 四者之和。即

$$t_{TH} = t_{AC} + t_{HS} + t_{CONV} + t_{OUT} \tag{8-6}$$

如果系统对 N 路信号进行等速率采样，且模拟开关切换时间 $t_{MUX} \leqslant t_{HS} + t_{CONV}$，$t_{MUX}$ 可忽略不计时，则任一通道相邻两次采样时间间隔至少为 t_{TH}，故每个通道的吞吐率为

$$f_{TH} \leqslant \frac{1}{N(t_{AC} + t_{HS} + t_{CONV} + t_{OUT})} \tag{8-7}$$

由采样定理可知，信号带宽应满足

$$f_{max} \leqslant \frac{1}{2_{TH}} \tag{8-8}$$

这时，由于采样/保持器的孔径时间大大小于吞吐时间，孔径误差已不再构成对信号上限频率的限制，而是吞吐时间限制了信号上限频率。

通常 A/D 转换时间 t_{CONV} 比采样保持器的孔径时间 t_{AP} 大，更比孔径抖动 t_{AJ} 大得多，在不使用采样保持器的情况下，为了保证转换误差不大于量化误差，则 A/D 转换器可以直接转换的输入信号的频率是很低的，因此，对较高频率的输入信号进行模数转换时，通常在 A/D 转换器前都要加采样保持器。

2) 多通道共享 A/D 转换器

图 8-10 为多通道共享 A/D 转换器的系统框图。这种系统的每一模拟信号在通道上都有一个采样/保持器，且由同一状态指令控制，这样，系统可以在同一个指令控制下对各路信号同时进行采样，得到各路信号在同一时刻的瞬时值。然后经模拟多路开关分时切换输入到 A/D 转换器的输入端，分别进行 A/D 转换和输入计算机。这种系统可以用来研究多路信号之间的相位关系或信号间的函数图形等，在高频系统或瞬态过程测量系统中特别有用，适用于振动分析、机械故障诊断等数据采集。例如，为了测量三相瞬时功率，数据采集系统必须对同一时刻的三相电压、电流进行采样，然后进行计算。系统所用的采样/保持器，既需要有短的捕捉时间，又要有很小的衰变率。前者保证记录瞬态信号的准确性，后者决定通道的数目。

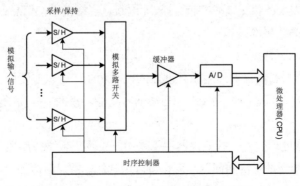

图 8-10   多通道共享 A/D 转换器系统框图

3) 多通道并行 A/D 转换

图 8-11 为多通道并行 A/D 转换的系统框图。该类型系统的每个通道中都有各自的采样/保持器和 A/D 转换器，各个通道的信号可以独立进行采样和 A/D 转换，转换的数据可经过接口电路直接送到计算机中。由于不用模拟多路开关，故可避免模拟多路开关所引起的静态和动态误差，数据采集速度快，但是系统的成本较高。这种形式常用于高速系统和高频信号采集系统。

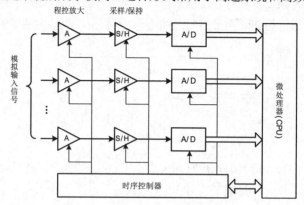

图 8-11　多通道并行 A/D 转换系统框图

在进行多路输入通道结构设计时，应根据被测信号的特性以及对测量精度、分辨率、速度、通道数、工作环境、成本等方面的要求，选择合适的输入通道方案，使之在满足系统性能指标的同时，又能节约成本。

8.2　智能仪器

智能仪器是计算机技术与测量仪器相结合的产物，是内嵌微计算机或微处理器的测量仪器，它具有对数据的存储、运算、逻辑判断及自动化操作等功能。

近年来，由于微处理器架构的不断改进和性能的大幅提升，使其数据处理能力有了极大的改善，使得智能仪器可以执行更为复杂的测试任务和算法分析。例如：将动态信号分析技术引入智能仪器之中，可以构成智能化的机器故障诊断仪等。智能仪器已开始从较为成熟的数据处理向知识处理方向发展(例如：模糊判断、故障诊断、容错技术、信息融合等)，使智能仪器的功能提升到一个更高的层次。

智能仪器具有以下特点。

(1) 测量自动化。智能仪器运用微处理器的控制功能，可以方便地实现量程自动转换、自动调零、触发电平自动调整、自动校准和自诊断等功能，极大地提高了仪器的测量精度和自动化水平。

(2) 很强的数据处理能力。智能仪器由于采用了单片机或微控制器，使得许多原来用硬件逻辑难以解决或根本无法解决的问题，现在可以用软件非常灵活地加以解决，极大地改善了仪器的性能。例如，传统的数字多用表(DMM)只能测量电阻和交直流电压、电流等，而智能型的数字多用表不仅能进行上述测量，而且还能对测量结果进行诸如平均值、极值统计分析以及更加复杂的数据处理。

(3) 友好的人机交互方式。智能仪器使用键盘代替传统仪器中的切换开关，操作人员只需通过键盘输入命令，就能实现某种测量功能。与此同时，智能仪器还可通过显示屏将仪器的运行情况、工作状态以及对测量数据的处理结果及时告诉操作人员，使仪器的操作更加方便、直观。智能仪器广泛使用键盘，使面板的布局与仪器功能部件的安排可以完全独立地进行，明显改善了仪器前面板及有关功能部件结构的设计。这样既有利于提高仪器技术指标，又方便了仪器的操作。

(4) 具有远程控制功能。智能仪器一般都配有 GPIB、RS232C、RS485 等标准的通信接口，可以很方便地与 PC 和其他仪器一起组成多种功能的自动远程测量系统，来完成更为复杂的测试任务。

8.2.1　智能仪器的硬件结构

智能仪器系统的硬件主要包括微型计算机系统、信号输入/输出单元、人机交互设备、远程通信接口等，其通用结构框图如图 8-12 所示。

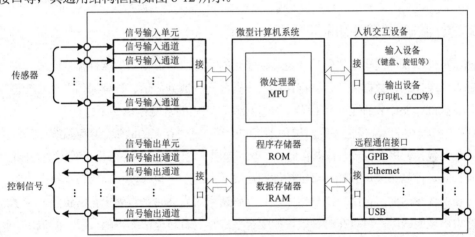

图 8-12　智能仪器系统的典型硬件结构

(1) 微型计算机系统。微型计算机系统是整个智能仪器系统的核心，对整个系统起着监督、管理、控制作用。例如，进行复杂的信号处理、控制决策、产生特殊的测试信号、控制整个测试过程等。此外，利用微机强大的信息处理能力和高速运算能力，实现命令识别、逻辑判断、非线性误差修正、系统动态特性的自校正、系统自学习、自适应、自诊断、自组织等功能。智能仪器的微机系统可以是单片机，也可以是完整的计算机系统，它主要由微处理器(MPU)、程序存储器(ROM)、数据存储器(RAM)和 I/O 接口电路组成。

(2) 信号输入单元。信号输入单元用于与传感器、测试元件、变换器连接。被测参数由数据采集子系统收集、整理后，传送到微机子系统处理。信号输入电路主要实现测量信号的调理和数字化转换。它主要由信号调理、A/D 转换器等电路组成，并通过接口电路与微机系统连接。

(3) 信号输出单元。通过输出各种所需的模拟信号和数字信号，实现对被测控对象、被测试组件、信号发生器、甚至于系统本身和测试操作过程的自动控制。信号输出通道主要由时序控制器、数模转换器(D/A)、信号功率匹配、阻抗匹配、电平转换和信号隔离等电路组成。

(4) 人机交互设备。人机接口电路主要完成操作者与仪器之间的信息交流，实现输入或修改系统参数、改变系统工作状态、输出测试结果、动态显示测控过程等多种形式的人机交互功能。根据信息的传输方向可将人机交互设备分为输入设备和输出设备，智能仪器中典型的输入设备有键盘、旋钮、鼠标等，主要完成系统参数和操作命令的输入，而典型的输出设备则包括指示灯、数码管、液晶显示器、微型打印机等，主要完成数据显示和打印输出等功能。人机交互设备可以通过微处理器的专用接口电路连接，例如，扫描键盘接口和液晶显示器接口等。

(5) 远程通信接口。标准通信接口用于实现智能仪器与其他仪器仪表和测试系统的通信与互联，以便根据应用对象灵活构建不同规模、不同用途的微机测控系统，如分布式测控系统、集散测控系统等。智能仪器通过标准测控总线接收计算机的程控命令，并将测量数据上传给计算机，以便进行数据分析和处理。目前常用的仪器通信接口有 GPIB、Ethernet、USB、RS232C、CAN 总线接口等。

8.2.2 智能仪器的软件功能

测试和控制软件是实现仪器功能及其智能化的关键。智能仪器的软件需要完成人机交互、信号输入通道控制、数据采集、数据存储、数据分析、数据显示、数据通信和系统管理等一系列工作。因此，整个软件系统包括若干功能模块，常用的功能模块如下。

(1) 自检模块。自检模块完成对硬件系统的检查，发现存在的故障，避免系统"带病运行"。该模块通常包括程序存储器、数据存储器、输入通道、输出通道和外部设备等模块功能的自检。故障自诊断是提高系统可靠性和可维护性的重要手段之一。自检模块通常在系统上电时首先执行，即在主程序的前端调用一次自检模块，以确认系统启动时是否处于正常状态。为了发现系统运行中出现的故障，可以在时钟模块的配合下进行定时自检，即每隔一段时间调用一次自检模块；也可以采用手动方式进行系统自检。

(2) 初始化模块。初始化模块完成系统硬件的初始设置和软件系统中各个变量默认值的设置。该模块通常包括外围芯片、片内特殊功能寄存器(如定时器和中断控制寄存器等)、堆栈指针、全局变量、全局标志、系统时钟和数据缓冲区等的初始化设置。该模块为系统建立一个稳定和可预知的初始状态，任何系统在进入工作状态之前都必须执行该模块。

(3) 时钟模块。时钟模块完成时钟系统的设置和运行，为系统其他模块提供时间数据。系统时钟的实现方法有两种：一种是采用时钟芯片来实现(硬件时钟)；另一种是采用定时器来实现(软件时钟)。时钟系统的主要指标是最小时间分辨率和最大计时范围。时钟模块主要用于数据采样周期定时、控制周期定时、参数巡回显示周期定时等。

(4) 监控模块。监控程序的主要作用是及时响应来自系统或外部的各种服务请求，有效地管理系统软硬件资源，并在系统一旦发生故障时，能及时发现和做出相应的处理。监控程序常常通过获取键盘信息，解释并执行仪器命令，完成仪器功能、操作方式与工作参数的输入和存储。

(5) 人机交互模块。人机交互模块利用人机交互设备(如仪器面板的键盘、旋钮和显示器等)，完成仪器当前的工作状态及测量数据的处理结果的显示。

(6) 数据采集模块。它是智能仪器系统的核心功能模块之一，主要完成各种传感器信号和各种开关量信号的获取。数据采集模块的设计与信息采集的方式有关。数据采集通常是由定时中断或外部异步事件(如信号的上升沿和下降沿等)来触发的。

(7) 数据处理模块。数据处理模块按预定的算法将采集到的信息进行加工处理，得到所需的结果。该模块设计的核心问题是数据类型和算法的选择。数据处理模块一般是在信息采集模块之后执行的。该模块由于往往涉及比较复杂的算法，占用 CPU 的时间较长，因此通常安排在主程序之中运行，信息采集模块可通过软件标志来通知数据处理模块。

(8) 控制决策模块。控制决策模块根据数据处理的结果和系统的状态，决定系统应该采取的运行策略。该模块的设计与控制决策算法有关，通常包含人工智能算法。控制决策模块通常安排在数据处理模块之后执行。

(9) 信号输出模块。信号输出模块根据控制决策模块的结果，输出对应的模拟信号和数字信号，对控制对象进行操作，使其按预定要求运行。

(10) 通信模块。通信模块完成不同设备之间的信息传输和交换，该模块设计中的核心问题是通信协议的制定。它接收并分析来自通信接口总线的各种有关功能、操作方式与工作参数的程控操作码，并通过通信接口输出仪器的现行工作状态及测量数据的处理结果，以响应计算机的远程控制命令。通信模块一般包含接收程序和发送程序两部分。由于接收程序处于被动工作方式，故一般安排在通信中断子程序之中，而发送程序的设计与所采取的通信方式有关。

(11) 其他模块。完成某个特定系统所特有的功能，如电源管理和程序升级管理等。

从功能结构来看，智能仪器系统软件开发的过程就是合理地完成上述功能规划和各个功能模块的实现过程。因为每个功能模块的实现都在一定程度上与硬件电路有关，因此，功能模块的设计方式不是唯一的，对应不同的硬件设计可以有不同的考虑。

8.2.3　智能仪器的自动测量功能

智能仪器利用微处理器丰富的硬件资源和软件的灵活性，可以实现稳定、可靠、高精度的自动测量，这是仪器智能化的一个重要特征。目前，在智能仪器中常见的自动测量功能有量程自动转换、零位误差与增益误差的自动校正、非线性自动校正，以及温度误差的自动补偿等。

1. 量程自动转换

量程自动转换是通用智能仪器的基本功能。量程自动转换电路能根据被测量的大小自动选择合适的量程，以保证测量具有足够的分辨力和精度。

当被测信号变化范围很大时，为了保证测量精度，需要设置多个量程。由于智能仪器中的

A/D 部件要求一个固定的输入信号范围(如 0～5 V)，这就需要将各种幅值的输入信号统一调整到这个范围之内。实现这种调整的电路就是量程转换电路，它由衰减器和放大器两部分组成(见图 8-13)。当输入信号 U_i 较大时，衰减器按已知比例进行衰减，使衰减后的信号 U_m 在安全范围之内，这时放大器的放大倍数很小，使放大器的输出电压 U_o 落在 A/D 转换器要求的范围之内。当输入信号 U_i 较小时，衰减器不进行衰减(直通状态)，U_m 经过放大器放大后的输出信号 U_o 在 A/D 转换器要求的范围之内。量程转换的过程就是根据输入信号的大小，合理确定衰减器的衰减系数和放大器的放大倍数，使 A/D 转换器得到尽可能大而又不超出其输入范围的信号 U_o。

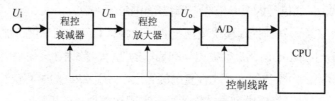

图 8-13　量程自动转换电路示意图

量程自动转换程序流程如图 8-14 所示。在量程转换过程中需要插入延时环节，使测量信号稳定。量程自动转换必须满足快速、稳定和安全的要求。

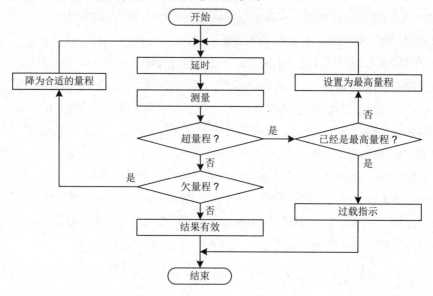

图 8-14　量程自动转换控制流程图

2. 零位误差与增益误差的自动校正

由于传感器和电子线路中的各种元器件受其他不稳定因素的影响，不可避免地存在着温度和时间漂移，这会给仪器引入零位误差和增益误差，严重影响测量的准确性。

在传统仪器中，为了保证测试精度，必须选用高精度、高稳定性的元器件，使得制造成本昂贵。即使如此，为了消除零点偏移和增益偏移的影响，还需设置调零电路和增益调整电路，以便在使用前由人工进行校正，确保测试结果的可靠性。智能仪器允许各个元器件有误差和参数偏移，只要求系统误差是可测试或可预知的，它就可以利用强大的数据处理能力，通过软件校正的方法来自动校正，保证测试精度，从而不必采用高精度、高稳定性的元器件，取消了各种人工校正部件，降低了系统制造成本。

智能仪表进行零位校正时，需中断正常的测量过程，将输入端短路。如果存在零位误差，则输出不为零；可根据整个仪器的增益，将输出值折算成输入通道的零位值存储于内存单元；正常测量时，从采样值中减去零位值即可消除零位误差。而增益误差是通过定时测量基准参数的方法来校正的。校正的基本思想是仪器开机后或每隔一定时间测量一次基准参数，建立误差校正模型，确定并存储校正模型参数，根据测量值和校正模型求出校正值，从而消除误差。校正后，测量系统的误差仅与标准参量有关，可大大降低对测量系统元器件的稳定性方面的要求。

3. 非线性自动校正

多数传感器和电路元件都存在非线性问题，当输出信号与被测参量之间非线性比较明显时，就需要进行校正。当测量系统输出量与输入量之间函数关系已知时，传统方法是利用校正电路解决的；但由于绝大多数测量系统输出特性无法准确描述，用硬件电路加以校正就极其困难。而智能仪表利用软件的优势，可以很容易地解决非线性校正问题。常用的方法有查表法和插值法两种。当系统的输入输出特性函数表达式可以准确知道时，可以用查表法；对于非线性程度严重或测量范围较宽的情况，可以采用分段插值的方法校正；当要求的校正精度较高时，也可采用曲线拟合的方法。

4. 温度误差的自动补偿

传感器和电子器件都极易受温度的影响，智能仪器出现以前，电子仪器的温度补偿都是采用硬件方法，线路复杂，成本高；由于智能仪表中计算机具有强大的软件功能，使温度误差的补偿变得比较容易。一般在仪器中安装测温元件如热敏电阻或 AD590 等测量温度，通过理论分析或实验的方法建立仪器温度误差的数学模型，并采用相应的算法求出校正方程和校正值，即可实现自动温度补偿。

8.3　虚拟仪器

8.3.1　虚拟仪器的概念

随着现代微电子技术、计算机技术、软件技术、网络技术的发展及其在测试仪器上的应用，20 世纪 80 年代中期，美国国家仪器公司提出了一种突破传统仪器思维的新概念，即虚拟仪器(Virtual Instrumentation，VI)，从而建立了仪器系统发展的一个新的里程碑。虚拟仪器是指以通用计算机为核心，通过扩展专用的仪器硬件模块和开发用户自定义的测试软件而构建的一种计算机仪器系统。虚拟仪器利用通用计算机的图形用户界面模拟传统仪器的控制面板，利用计算机强大的软件功能实现数据的运算、处理和表达，使用户操作这台通用计算机就像操作一台传统电子仪器一样。

虚拟仪器通过软件将计算机强大的计算处理能力、人机交互能力和仪器硬件的测量、控制能力融为一体，形成了鲜明的技术特点：虚拟仪器的各种测试和人机交互功能均可以由用户自行开发定制，打破了仪器功能只能由厂家定义，用户无法改变的模式；仪器硬件的模块化设计，使得仪器系统易于集成和扩展，大大缩短了研发周期；具有灵活的测试过程控制和强大的数据处理能力，易于实现测试的智能化和自动化；与传统仪器系统相比，虚拟仪器技术与计算机技术的发展同步，具有显著的性能、体积和价格优势。

虚拟仪器适用于一切需要计算机辅助进行数据存储、数据处理、数据传输的测试系统应用，除可以实现示波器、逻辑分析仪、频谱仪、信号发生器等传统仪器的功能外，更适合构建各种专用的测试系统，如工业生产线的自动测试系统、机器状态监测系统、汽车发动机参数测试系统等。目前，虚拟仪器的产品种类从数据采集、信号调理、噪声和振动测量、仪器控制、分布式 I/O 到 CAN 接口等工业通信，应有尽有。虚拟仪器强大的功能和价格优势，使得它在科学研究、工业自动化、国防、航天航空等众多领域具有极为广阔的应用前景。

8.3.2 虚拟仪器的体系结构

虚拟仪器由硬件平台和应用软件两大部分构成。

1. 虚拟仪器硬件平台

虚拟仪器硬件平台包括计算机系统和专用仪器硬件。通用计算机可以是任何类型的计算机系统，如台式计算机、便携式计算机、工作站、嵌入式计算机、工控机等。计算机用于管理虚拟仪器的硬软件资源，是虚拟仪器的硬件基础和核心。专用仪器硬件的主要功能是获取真实世界中的被测信号，完成信号调理和数据采集。计算机系统通过测控总线实现对仪器硬件模块的扩展，因此，测控总线(或扩展总线)决定了虚拟仪器的结构形式。如图 8-15 所示，目前虚拟仪器主要有 PC -DAQ、GPIB、VXI、PXI 和 LXI 五大体系结构。

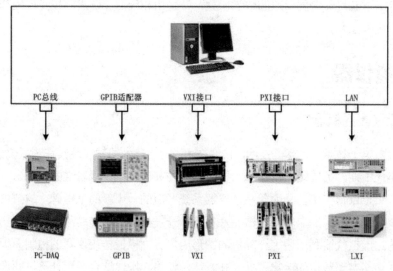

图 8-15　虚拟仪器硬件结构

(1) PC-DAQ(Data AcQuisition)仪器是以微型计算机为平台,在通用的计算机总线(USB、PCI等)上扩展数据采集卡而构建的虚拟仪器。PC-DAQ 仪器具有性价比高、通用性强等优点,是一种低成本的虚拟仪器系统,它可满足一般科学研究与工程领域测试任务要求。

(2) GPIB(General Purpose Interface Bus)是由美国 HP 公司于 1972 年提出的一种标准仪器接口系统。GPIB 总线是一种并行方式的外总线,数据传输速率一般为 250　500 KB/s,最多可挂接 15 台仪器。目前各大仪器公司生产的各种中高端台式仪器中几乎都装备有 GPIB 接口。

(3) VXI(VMEBus eXtensions for Instrumentation)总线是为了适应测量仪器从分立的台式和机架式结构发展为更紧凑的模块式结构的需要而于 1987 年诞生的测控总线。VXI 总线背板的数据传输速率最高可达 320MB/s。VXI 总线所增加的时钟线、触发线、本地总线、同步信号线、星形触发线等专用仪器资源,为高速度、高精度仪器系统的实现提供了强大的支持。由于 VXI仪器具有极佳的系统性能和高可靠性与稳定性,因此主要应用于工业自动化、航空航天、国防等需要高可靠性和稳定性的关键任务。

(4) PXI(PCI eXtensions for Instrumentation)是 1997 年 NI 公司推出的一种全新的开放式、模块化仪器总线规范。PXI 基于 CompactPCI 规范,增加了触发总线、局部总线、系统时钟和高精度的星形触发线等仪器专用资源,定义了较完善的软件规范,保持了与工业计算机软件标准的兼容性。这些优点使得 PXI 系统体积小、可靠性高、易于集成,适合于数据采集、工业自动化、军用测试、科学实验等多种应用领域,填补了低价位计算机系统与高价位 GPIB 和 VXI 系统之间的空白。

(5) LXI (LAN eXtensions for Instrumentation) 是安捷伦科技公司和 VXI Technology 公司于 2004 年为自动测试系统推出的一种基于 LAN 的模块化测试平台标准,其目的是充分利用当今测量技术的最新成果和计算机的标准 I/O 能力,组建一个灵活、可靠、高效、模块化的测试平台。LXI 不受带宽、软件或计算机背板结构的限制,利用以太网日益增长的吞吐量,为构建下一代自动测试系统提供了理想的解决方案。LXI 既适用于小型测试系统,又可用于规模庞大的复杂测试系统,因此,具有广阔的发展前景和竞争潜力。

2. 虚拟仪器应用软件

无论上述哪一类虚拟仪器系统,都是将仪器硬件扩展到某种计算机平台上,再加上由应用软件构成的,因此应用软件是虚拟仪器的关键。如图 8-16 所示,虚拟仪器系统的软件结构包括I/O 通信软件、仪器驱动程序和应用软件三个层次。

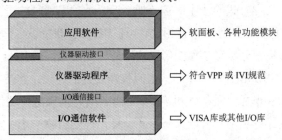

图 8-16　虚拟仪器的软件架构

(1) I/O 通信软件是计算机通过测控总线完成与仪器间的命令与数据传送，并为仪器与仪器驱动程序提供信息传递的底层软件。I/O 通信软件驻留于计算机系统中，是计算机与仪器之间的软件层连接，用以实现对仪器的程控。随着仪器类型的增加和测试系统复杂性的提高，使用统一的 I/O 函数实现对各类程控仪器的编程变得十分重要。VISA(Virtual Instrumentation Software Architecture)规范的出现正是适应了这种需求，通过调用统一的 VISA 库函数，就可以编写控制各种 I/O 接口仪器的通信程序。

(2) 仪器驱动程序也称仪器驱动器(Instrument Driver)，负责处理与某一专门仪器通信和控制的具体过程，它是连接上层应用程序与底层 I/O 接口软件的纽带和桥梁。一方面，它通过调用 I/O 软件层所提供的标准函数库实现仪器的操作和控制；另一方面，通过封装复杂的仪器编程细节，为仪器的开发和使用提供了简单的函数接口。在仪器驱动程序的开发方面已形成了 IVI(Interchangeable Virtual Instruments)等国际规范，这使得各个厂商能遵循统一的标准来开发驱动程序。

(3) 应用软件建立在仪器驱动程序之上，面向操作用户，通过提供友好、直观的测控操作界面，以及丰富的数据分析与处理功能，来完成自动测试任务。虚拟仪器的应用程序是一系列按功能分组的软面板，每块软面板又由一些按键、旋钮、表头等图形化控件组合而成，每个图形化控件对应不同的人机交互功能。通过操作软面板将相应的仪器控制指令传递到下层的仪器驱动软件，仪器驱动软件再调用底层的 I/O 通信软件完成特定的数据采集和测量任务。测量结果将通过仪器驱动软件提交给虚拟仪器的应用层软件进行数据分析和处理，其处理结果返回给仪器面板进行显示，从而实现虚拟仪器系统的数据采集、数据分析和数据表达等基本功能。

8.3.3 虚拟仪器软件的开发环境

虚拟仪器软件的开发环境是构建虚拟仪器系统的有效工具。目前，可供选择的软件开发环境主要有两类。

(1) 基于传统的文本语言开发平台：主要是 NI 公司的 LabWindows/CVI，Microsoft 公司的 Visual C++、Visual Basic，Borland 公司的 Delphi 等。

(2) 基于图形化编程环境的平台：如 NI 公司的 LabVIEW 和 Agilent 公司的 VEE 等。

由于图形化编程语言直观易学，因而得到广泛采用。下面主要介绍 LabVIEW(Laboratory Virtual Instrument Engineering Workbench)开发软件。它采用了工程师所熟悉的术语、图标等图形化符号来代替常规基于文本方式的程序语言，把复杂、烦琐、费时的语言编程简化为简单、直观、易学的图形编程，同传统的程序语言相比，可以节省约 80%的程序开发时间。LabVIEW 包含多种仪器驱动程序、数据分析算法和图形化仪器控件及工具，使其不仅能轻松、方便地完成与 DAQ、GPIB、VXI、PXI 等各种体系结构虚拟仪器硬件的连接，支持常用网络协议，还能提供强大的数据处理能力和形象直观的人机表达。LabVIEW 为虚拟仪器设计者提供了一个便捷、轻松的设计环境。设计者利用它可以像搭积木一样，轻松组建一个测量系统和构造自己的仪器面板，而无须进行烦琐的计算机代码编写工作。

LabVIEW 的基本程序单元是 VI(Virtual Instrument)。它可以通过图形编程的方法建立一系列的 VI，来完成指定的测试任务。对于简单的测试任务，可由一个 VI 完成。对于一项复杂的测试任务，则可按照模块化设计的方法，将测试任务分解为一系列的任务，每一项任务还可以分解成多项小任务，直至把一项复杂的测试任务变成一系列的子任务，最后建成的顶层虚拟仪器就成为一个包括所有子功能的虚拟仪器的集合。LabVIEW 可以让用户把自己创建的 VI 程序当作一个 VI 子程序节点，以创建更加复杂的程序，且这种调用是无限制的，LabVIEW 中的每一个 VI 相当于常规程序中的一个程序模块。

LabVIEW 中的每一个 VI 均有两个工作界面：一个称为前面板(Front Panel)，另一个称为框图程序(Block Diagram)。

前面板是进行测试工作时的人机交互界面，即仪器面板。通过控件(Control)模板，可以选择多种输入控制部件和指示器部件来构成前面板，其中控制部件用来接收输入数据以控制 VI 程序的执行，指示器部件则用于显示 VI 的各种输出数据和信息。LabVIEW 8.0 的控件模板如图 8-17 所示。当构建一个虚拟仪器前面板时，只需从控件模板中选取所需的控制部件和指示部件(包括数字显示、表头、LED、图标、温度计等)，其中控制部件还需要输入或修改数值。当 VI 全部设计完成之后，就能使用前面板，通过单击一个开关、移动一个滑动旋钮或从键盘输入一个数据来控制系统。前面板直观形象，感觉如同操作传统仪器面板一样。

框图程序是使用图形编程语言编写程序的界面，用户可以根据所制定的测试方案，在函数(Functions)模板的选项中选择不同的图形化节点(Node)，然后用连线的方法把这些节点连接起来，即可以构成所需要的框图程序。LabVIEW 8.0 的函数模板如图 8-18 所示。Functions 模板包含若干个模板，每个模板又含有多个选项。这里的 Functions 选项不仅包含一般语言的基本要素，还包括大量与文件输入输出、数据采集、GPIB 及串口控制有关的专用程序块。图 8-18 表示从 Instrument I/O->GPIB 子模板中，选取了 VISA Write 功能模块。

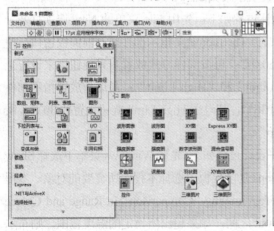

图 8-17　LabVIEW 前面板及其控件模板

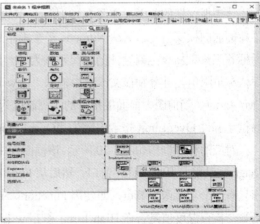

图 8-18　LabVIEW 框图程序及其函数模板

节点类似于文本语言程序的语句、函数或者子程序。LabVIEW 共有 4 种节点类型：结构、功能函数、子程序和代码接口节点(CINS)。结构节点用于控制程序的执行方式，如 For 循环控制、While 循环控制等；功能函数节点用于进行一些基本操作，如数值相加、字符串格式代码等；子程序节点是以前创建的程序，然后在其他程序中以子程序方式调用；代码接口节点提供了框图程序与 C 语言文本程序的接口。

在虚拟仪器的面板中，当把一个控制器或指示器放置在面板上时，LabVIEW 也在虚拟仪器的框图程序中放置了一个相对应的端子。面板中的控制器模拟了仪器的输入装置并把数据提供给虚拟仪器的框图程序，而指示器则模拟了仪器的输出装置并显示由框图程序获得和产生的数据。

使用传统的程序语言开发仪器存在许多困难。开发者不但要关心程序流程方面的问题，还必须考虑用户界面、数据同步、数据表达等复杂的问题。在 LabVIEW 中一旦程序开发完成，就可以通过前面板控制并观察测试过程。LabVIEW 还给出了多种调试方法，从而将系统的开发与运行环境有机地统一起来。

为了便于开发，LabVIEW 还提供了多种基本的 VI 库，其中包含 450 种以上的 40 多个厂家控制的仪器驱动程序库，而且仪器驱动程序的数目还在不断增长。这些仪器包括 GPIB 仪器、RS232 仪器、VXI 仪器和数据采集板等，可任意调用仪器驱动器图形组成的方框图，以选择任何厂家的任一仪器。LabVIEW 还具有数学运算及分析模块库，包括了 400 多种诸如信号发生、信号处理、数组和矩阵运算、线性估计、复数算法、数字滤波、曲线拟合等功能模块，可以满足从统计过程控制到数据信号处理等方面的各项工作，从而最大限度地减少软件开发工作量。

8.3.4 虚拟仪器设计举例

本节通过两个简单的示例来进一步说明虚拟仪器的设计方法。

例 8-2 设计一个具有报警功能的模拟温度监测虚拟仪器。

该虚拟仪器的前面板如图 8-19 所示，其设计过程如下：先用 File 菜单的 New 选项打开一个新的前面板窗口，然后从 Numeric 子模板中选择 Thermometer 指示部件放到前面板窗口；使用标签工具重新设定温度计的标尺范围为 0 50.0℃；再按同样方式放置两只旋钮用来设置上限值和下限值，并分别在文本框中输入 "Low Limit" 和 "High Limit"；最后再放置指示部件 Over Limit。当前图中前面板指示的实测温度为 36℃，超过了 High Limit 旋钮设置的 30℃，所以指示部件 Over Limit 指示内容为 "Over Temp"。

对应的程序框图如图 8-20 所示。该框图程序设计过程如下：先从 Windows 菜单下选择 Show Diagram 功能打开框图程序窗口，然后从 Functions 功能模板中选择本程序所需要的对象。本程序只有一个功能函数节点，即使用 Functions->Programming->Comparison->In Range and Coerce 函数，检查温度值是否在 High Limit 和 Low Limit 之间，如果超出所设定的温度范围，则布尔型指示控件 Over Limit 的值为 "真"，显示字符 "Over Temp"。图中的连线表示各功能方框之间的输入输出关系以及数据的流动路径。

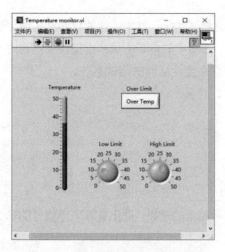

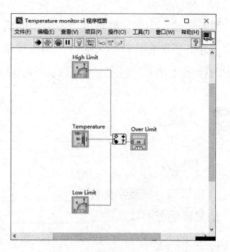

图 8-19 温度监测虚拟仪器前面板 　　　　　　图 8-20 温度监测虚拟仪器程序框图

例 8-3 设计一个能采集并显示模拟信号波形的虚拟仪器。

该虚拟仪器前面板如图 8-21 所示。图中放置了一个标注为采集数据的波形图表(Waveform Chart)，它的标尺经过重新定度，并对数据采集过程中的物理输入通道、采样数、采样率等参数进行了定义。其框图程序如图 8-22 所示，数据采集是通过调用 LabVIEW 函数中的仪器 I/O->DAQmx -数据采集->DAQmx 创建/DAQmx 定时/DAQmx 读取等 VI 实现的。

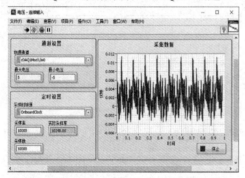

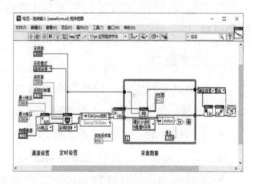

图 8-21 波形采集与显示前面板 　　　　　　图 8-22 波形采集与显示程序框图

8.4 本章小结

模拟信号的数字化处理技术是计算机测试技术的基础，为了保证数字化处理的精度，在采样时必须满足采样定理，才能够避免频率混淆，同时对信号截断带来的泄漏问题，可以采用不同形式的窗函数降低泄漏带来的频谱误差。为了构建完整的计算机测试系统，需要根据测试需求，选择合适的采样/保持器、A/D 转换器和 A/D 通道方案，在完成测试任务的同时，将对仪器性能要求降到最低，以获得良好的性价比。

智能仪器和虚拟仪器是处于发展中的两类计算机测试系统。其中，智能仪器利用微处理器丰富的硬件资源和软件的灵活性，实现稳定、可靠、高精度的自动测量；虚拟仪器则通过硬件模块的标准化与用户自定义的测试软件而构成了具有高度灵活性的测试系统。

8.5 习题

一. 填空题

1. 模拟信号的数字化包括_____、_____和_____三个步骤。

2. 采样信号可以描述为_____与模拟信号相乘的结果，量化是将采样信号的幅值经过_____的方法变为只有有限个有效数字的数。

3. 根据第 2 章傅里叶变换的性质，被窗函数截取信号的频谱是原始信号的频谱与窗函数频谱的_____运算。

4. 多路模拟开关的主要技术指标是_____电阻和_____电阻。

5. 采样/保持器的孔径时间是指从_____到_____所需要的时间，可以通过_____消除其影响。

6. A/D 转换器根据其工作原理可以分为_____、_____和_____三种类型。

7. 智能仪器的硬件主要包括微型计算机系统、_____、_____、_____和远程通信接口等。

二. 简答题

1. 什么是采样定理？解决频率混淆的方法是什么？

2. 简述采样/保持器的工作过程。

3. 测量信号输入 A/D 转换器前是否一定要加采样/保持器？为什么？

4. A/D 转换器的主要性能指标有哪些？

5. 简述多通道并行 A/D 转换的优点和缺点。

6. 什么是智能仪器，其主要特点是什么？

7. 智能仪器包括哪些自动测量功能？

8. 虚拟仪器主要由哪两大部分组成？

第 9 章
测试系统设计与应用实例

教学提示： 在前面已经介绍的机械测试信号分析、测量系统的基本特性、常用传感器及其应用、光电检测技术、物联网传感器技术以及计算机测试技术的基础上，本章从系统角度出发，介绍整个测试系统方案设计的基本原则和一般步骤、基本组成和器件选用方法等。根据典型的工程测试技术问题，介绍具体测试系统方案设计的应用实例。

教学要求： 掌握测试系统方案设计的基本原则和一般步骤，熟悉测试系统的基本组成和器件选用方法。通过几个典型的工程实例，掌握机械工程参量测量的测试方案的确定、测试系统设计的方法和实用技术。

9.1 测试系统设计的基本知识

测试系统是围绕着获取某一物理对象的某些属性或参数为目的，将不同的传感、变换、处理等单元按照一定的顺序连接组成的系统。由于实际应用中，被测量的测点多少不同，被测量的精度要求不同，被测量的需求也存在差异，因此测试系统的组成形式多种多样。例如：对于蔬菜大棚温度的测量和监测，需要测量的温度点少，温度变化缓慢，对测量精度的要求也不高，但对温度测量系统的经济性要求高，因此可采用基于单片机的测量系统进行测量和监测；相反，对于工业生产中多达上百个点的温度测量和监测，就可采用以计算机为主的集中式温度测量监测系统。因此，根据不同的需求，可以设计不同的测试系统，本节介绍常见的测试系统基本架构及其设计基本原则。

9.1.1 测试系统基本架构

测试系统的组成或基本架构在第 1 章已经进行了初步介绍，下面再对其特点进行简要归纳。工程中测试系统总体上可分为两类，即自动控制中的测试系统和状态检测中的测试系统。自动控制中的测试系统不但要完成测试任务，还要对测试对象的状态进行调控，一般是闭环系统；状态检测中的测试系统只完成测试任务，因此是一种开环系统。由于测试目的和任务不同，两种测试系统在体系架构和组成结构上也不同。

1. 自动控制中的测试系统结构

闭环控制中的测试系统首先通过传感器、信号调理、信号处理与分析等环节得到测量结果，然后由控制电路或计算机进行判断，最后由控制器按照一定的策略和方法通过执行机构对被测对象进行状态调节，使其运行于预期的状态。

这类测试系统除要求一定的精度外，最重要的一个特性就是要求测试系统应有快速检测的能力，此外，不仅需要关注测试系统的幅频特性，而且需要关注其相频特性。

2. 状态检测中的测试系统结构

状态检测中的测试系统将测量结果以人体感官可以感知的形式进行显示输出。操作者根据输出量的变化进行判断，进而实施过程或状态的调整，使其运行于预期的状态。一般状态检测中的测试系统在组成上包括了传感器、信号调理、信号处理、显示与记录四个环节。当希望测试的信号没有直接反映在可检测信号中时，需要采用激励被测对象的方法，使其产生既能充分表征测试信息又便于检测的信号。

随着计算机技术的迅速发展，许多状态检测中的测试系统均借助计算机的强大功能组成不同类型的计算机测试系统，近年来随着网络技术的快速发展，又形成了功能更强大的网络化测试系统。

1) 基于计算机的测试系统

计算机测试系统是以计算机为基础的测试系统，其测试过程为：传感器将被测量转换为电量，经过信号调理后，接口电路将其转换为数字量输入计算机，由计算机对信号进行处理和分析，进而计算出结果，显示或打印结果或输出控制信息。计算机测试系统从功能上划分为三个部分：数据采集、数据分析、数据显示。在许多计算机测试系统中，数据分析和显示由通用计算机完成，只要增加恰当的数据采集系统就可组成测试系统。

基于计算机的测试系统分为三种类型。

第一种是计算机插卡式测试系统，即在计算机的扩展槽(通常是 PCI、ISA 等总线槽，也可以是便携式计算机专用的 PCMCIA 插槽)中插入信号调理、模拟信号采集、数字输入输出、DSP 等测试分析板卡，构成通用或专用的测试系统。

第二种是由仪器前端与计算机组合的测试系统。仪器前端一般由信号调理、模拟信号采集、数字输入输出、数字信号处理、测试控制等模块组成。这些模块一般通过 VXI、PXI 等仪器总线构成独立机箱，并通过以太网接口、1394 接口、并行接口等通信接口与计算机相连，构成通用的计算机测试系统。

第三种是由各种独立的可编程仪器与计算机连接所组成的测试系统。这类测试系统与前两种最大的区别在于程控仪器本身可以独立，脱离计算机运行，完成一定的测量任务。

计算机测试系统的特点是以计算机为核心，所有测试、计算、显示、存储等操作均由计算机控制自动完成。计算机测试系统的另外一个特点是仪器与仪器之间，或仪器与计算机之间的接口标准化、通用化，方便了计算机测试系统间的互联。

2) 基于微处理器的智能仪器测试系统

智能仪器测试系统是以单片机或专用芯片为核心组成的测试系统。这类测试系统容易做成便携式，其组成主要包括信号输入通道(信号调理电路、A/D 转换)、输出通道(IEEE488、RS232 等各种接口、D/A 转换、开关量输出等)、处理器部分、输入键盘和输出显示等。该类测试系统集成了 CPU、存储器、定时器、计数器、并行和串行接口、前置放大器、A/D、D/A 等于一体。它在数字化的基础上利用微处理器进行测量过程管理和数据处理，使仪器具有了数据采集、运算、逻辑判断、存储能力，并能根据被测参数的变化进行自动量程选择、系统自动校准、自动补偿、自动诊断、超限报警、人机交互、结果显示以及与计算机或其他仪器进行连接的功能，即这种含有微处理器的测量仪器已经具备了一定的智能。

智能仪器测量过程由软件控制，可靠性强、灵活性强。在对测量数据处理方面，智能仪器可自动完成对信号的数字滤波、随机误差与系统误差的消除以及非线性校准等处理，测试精度高。

3) 虚拟仪器测试系统

虚拟仪器是计算机与测试技术结合的产物，是计算机测试系统的最新发展。只要提供一定的采集硬件，就可与各类计算机组成测试仪器，即虚拟仪器。在虚拟仪器中尽管只有一个共同的采集硬件，只要运行相关不同的应用软件，就可得到实现不同功能的虚拟仪器。

虚拟仪器的特点主要表现在：硬件软件化、软件模块化、模块空间化、系统集成化、程序设计图形化、硬件接口标准化。虚拟仪器强调了软件的作用，所以软件是虚拟仪器的核心。另外虚拟仪器也强调了通用的硬件平台，提高了硬件的利用率，降低了用户的测试成本。虚拟仪器是开放的测试系统，用户可以自己定义测试仪器的功能，加快了测试仪器的更新换代。虚拟仪器采用标准化接口实现了仪器间的互联和重构，提高了测试系统的通用性。

4) 网络化测试系统

网络化测试系统是测试系统与计算机网络结合的产物。网络技术的融入，消除了空间距离和时间差，提高了测试系统数据信息的共享范围和程度，实现了基于网络的远距离测试和信息共享，为测试技术的发展注入了新的活力。网络化测试系统除以计算机网络进行传输和通信外，与基于计算机的测试系统相比，在组成环节上完全一致，也包括传感器、信号调理、信号处理、显示与记录环节。由于基于网络进行数据传输、通信和管理方式上的差异，形成了两种不同的体系结构，即客户端/服务器(Client/Server，C/S)结构和浏览器/服务器(Browse/Server，B/S)结构。

首先，这两种结构在数据处理任务的分配上存在差异。客户端/服务器结构分为客户机与服务器两层，客户机具有一定的数据处理能力和数据存储能力，通过把应用软件的数据和计算合理地分配给客户机和服务器，有效地降低网络通信量和服务器运算量，减轻了服务器的运算压力；浏览器/服务器结构的应用软件的数据处理和显示等任务完全在应用服务器端实现，用户操作完全在 Web 服务器实现，客户端只需要浏览器即可得到测试的信息和数据，浏览器只完成查询、输入等功能，绝大部分功能在服务器上实现，对服务器的要求较高。

其次，这两种结构在数据处理上存在差异，它们对客户机及服务器性能的要求以及维护工作也不同。相对来说，B/S 结构的客户机只要能上网、有浏览器即可访问服务器的应用软件。当测试系统处理软件出现问题或者升级时，也只需维护服务器端软件即可。而 C/S 结构的测试系统由于客户机与服务器都有处理任务，对客户机和服务器的要求都较高，两者都有应用软件，且不同的操作系统需要对应不同的软件版本，软件的维护难度大。

早期的网络化测试系统基本上采用的是 C/S 体系结构，C/S 体系结构的监测系统尽管满足了数据的传输、通信和管理，但不能满足数据、信息的跨平台共享测试需求，信息共享终端必须事先安装终端用户程序。近年来发展的 B/S 结构监测系统，通过建立 Web 服务器将测试数据和信息进行发布，具有一定权限的用户，在任何地点、任何时间都可通过计算机网络访问 Web 服务器的页面，即可获得测试系统的数据和信息，实现了信息的跨平台共享。

网络化测试系统通常采用分布式结构存储测试信息和数据，具有存储量大的特点，适合于对众多运行设备上大量物理量的测试。

9.1.2 测试系统设计的基本原则及步骤

测试系统的设计必须遵循以下基本原则。

(1) 测试系统应具有良好的特性，能够满足各种静态、动态性能指标。

(2) 测试系统应具有良好的可靠性与足够的抗干扰能力。

(3) 测试系统应尽可能满足通用化、标准化等要求。

(4) 测试系统应具有较高的性能价格比。

(5) 测试系统的组建容易、结构简单、便于维护。

测试系统设计中需要考虑的因素多、设计的环节多，各个因素或环节之间常相互影响，因此测试系统的设计须按照一定的步骤进行。测试系统设计的一般步骤如下。

1. 明确测试系统设计任务

测试系统设计时，首先要明确测试任务和要求。测试任务和要求具体包括需要测试的物理量、测试要达到的目的和用途、测试物理量的测试范围、要达到的测量精度及测试环境等。以上这些内容是测试系统设计的依据。测试任务和要求的不同，直接决定了测试系统各个环节的选择和设计、测试系统的性能和经济性等。

例如：不同的测量精度要求，对系统各个环节的选择和设计不同；要求对被测物理量进行在线监测或离线测量的差异，直接影响测试系统总体结构的差异；测试环境的差异会影响各测试环节器件的选择和设计，高温环境下测量与常温环境下测量的传感器型号就不同；对于处于运动状态的对象进行测量与处于静止状态的对象进行测量时，所选择的传感器和测量方式也会明显不同。显然，只有仔细分析测试系统的任务，才能根据任务来设计测试系统。

2. 测试系统总体方案设计

总体方案设计，也称为概要设计，是根据测试任务和要求，对于测试系统结构、实现方案的设计，也是测试系统总的设计方案。具体来说，总体方案设计首先根据测试任务和要求确定测试系统的架构，进而确定测试系统模块，包括传感模块、隔离模块、调理模块、处理模块、数据库模块、显示模块等。

一般来讲，总体方案可能有若干种，在对各个方案的优缺点进行详细分析对比后，给出适宜的测试系统模块结构和总体框图。

3. 测试系统的详细设计

测试系统的详细设计是根据测试系统的总体设计方案，进行各个环节的细节设计。详细设计包括测试系统的测量精度设计、测量方法的选择、传感器的确定、信号调理系统的确定、测试系统的软件设计等。本节将对上述步骤进行简要介绍。

(1) 测量精度设计。测量精度设计是测量系统设计中首要考虑的问题。一般来讲，测量精度越高，系统成本越大，因此，测量精度的设计不应该追求过高的精度而增加不必要的成本，而应根据测试任务对精度的不同要求设计整个系统，后面将详细叙述。

(2) 测量方法的选择。测量方法包括接触式测量或非接触式测量、在线测量或离线测量等，具体选择应根据测试任务对测试精度与测试成本的要求，以及测试对象、测试条件等因素选择。接触式测量往往具有测量方法简单、信噪比大的特点。但在机械系统中，运动部件的被测参数(如回转轴的振动、扭力矩)往往采用非接触测量方式，这是因为对运动部件的接触式测量，有许多实际困难，诸如测量头的磨损、接触状态的变动、信号获取困难等问题，均不易妥善解决，也易造成测量误差。这种情况下采用电容式、电涡流式等非接触传感器很方便。此外，当传感器自重较重，而被测系统较轻时，接触式测量会影响被测系统的特性，造成测量误差，这种情况下，采用非接触式测量较好。

在线测量是与实际情况更趋于一致的测量方法。特别是在自动化过程中，对测试和控制系统往往要求进行实时反馈，这就必须在现场条件下实时连续进行测量。但是在线测量往往对测量系统有一定的特殊要求，如对环境的适应能力和高可靠性、稳定性等，如果条件不能满足时就必须采取离线测量。另外，相对于离线测量来讲，在线测量对测量仪器性能要求比较高，系统也比较复杂。因此，对于不需要实时测量数据的场合，可以采取离线测量。

(3) 传感器的确定。传感器或转换器是整个测量系统的首要环节，如果选取不当，则可能导致干扰信号窜入系统并被放大，这在一定程度上会大大增加后续系统的设计难度。因此，它的正确选取至关重要，将直接影响着后续测量系统的设计和整个测量系统的测量精度。传感器的选择应根据上述测量方法的选定首先确定相应的传感器类型，然后根据测量系统的精度要求选择不同型号的传感器。

① 不同型号的传感器尽管在测量原理上相同，但在安装方式、量程、测量精度、频带范围等方面有明显的差异。选用的传感器应有足够大的量程和足够宽的工作频带，满足动态测试的需求，保证测试系统能准确地再现被测信号。

②　要考虑选用传感器对环境、温度、湿度等因素的要求。通过应用现场分析，确定选用的传感器适用于应用现场的环境、温度和湿度等。

③　有些类型的传感器有多种不同的输出方式，可以电压输出，也可以电流输出。在选用传感器时也应根据测试系统的总体设计，选用合适的、便于后续处理的输出方式。

(4) 信号调理系统的确定。调理系统包括信号的转换、放大和滤波环节。调理电路应与传感器相匹配，即不同的传感器对应于不同的后续放大器及后续调理装置。例如，电感式传感器一般配接交流放大器，压电传感器一般配接电荷放大器等。也就是说，实际测量系统必须依据传感器输出信号的特征、大小等选择适宜的调理装置。

(5) 测试系统的软件设计。前面几个步骤实际上属于测试系统的硬件设计。在机械工程测试领域，为了实现测试系统的自动化、智能化，采用计算机采集系统或虚拟仪器系统是必需的。对于这些系统，除了硬件设计，测试系统还应该包括软件设计步骤，也就是说，需要开展与计算机的操作系统相关的工程应用软件的编制。这些软件设计除应考虑实现测试系统功能外，还应考虑系统的实时性、稳定性、可靠性和人机界面的友好程度。软件设计中的几个关键问题如下。

①　模块化编程思想。随着软件规模的不断增大，软件开发的可靠性非常重要。软件的可靠性直接影响测试系统的使用性能。模块化的编程思想是提高软件可靠性的重要手段，因此测试软件的设计和编写一般采用模块化设计方法。软件设计过程依据软件工程中的程序设计方法和流程进行。定义测试软件中的各个变量，形成数据字典；分析测试系统的各个功能，设计测试系统的数据流图。从顶层开始规划测试软件系统各个模块，定义各个模块的输入和输出，按照模块化的原则进行程序设计。

②　人机接口的设计。测试软件主要完成对被测量的获取、计算、显示、存储等任务。首先测试软件要实现测试系统的所有功能，此外还要考虑各项功能实现的质量和性能，如各功能实现的准确性和及时性，有干扰情况下各功能实现的稳定性、容错性和可靠性，测试结果显示画面是否清楚准确，是否符合人的视觉习惯。

③　以数据库为中心的测试数据管理，测试数据存储是测试系统的重要组成部分。对于以微处理器为核心的测试系统，一般采用将测试数据保存在测试系统的掉电存储芯片上。可随时通过串口或 USB 接口将数据传输到计算机上。

随着计算机测试技术的发展，测试的物理量越来越多，测试数据向大数据化发展。相应的测试数据更多地采用数据库进行存储和管理，数据库也成了网络化测试系统的中心。因此，数据库软件的设计也是测试系统软件设计的重要组成部分。数据库软件包括数据存储的数据写入软件、数据库查询检索的数据库访问软件、数据库管理软件等。

目前对常用的数据库如 SQL Server 等的访问，均采用了结构化的数据库访问语言 SQL 进行访问。不同的软件开发环境，实现数据库访问的方式存在一定的差异，但原理上对数据的操作是类似的。

4. 测试系统的性能评定

当完成了测试系统所有环节选型购置或电路板卡研制后，就需要对设计和研制的测试系统功能和性能指标进行测试和评估。测试系统的功能测试评估就是通过测试系统的试运行，测试和评估对被测量的感知、采集、传输、放大、滤波、转换、整形、通信、存储、报警、显示、记录等功能的实现情况。测试系统的性能指标总体上包括了硬件部分的性能指标和软件系统的性能指标。测试评估需要采用高精度的仪器对测试系统的量程、准确度、重复性、迟滞性、过载能力、存储能力、网络响应、温度漂移、时间漂移、零点漂移等静态特性，以及动态特性进行测试和评估。对上述性能指标的校准和检定，可参照传统仪器的校准和检定方法进行。

9.2　测试系统设计实例

9.2.1　汽车悬架减振器异响声测试系统设计

本节通过一个实际的汽车悬架减振器异响声测试需求，从测试任务、测试方案、测试系统的设计、数据处理与分析等几个方面，介绍一个典型的噪声测试案例。

1. 测试任务

汽车噪声水平是决定车型开发成功与否的重要因素。近年来，由于汽车上的主要噪声源和振动源(如动力总成等)已经得到了较好控制，以前被忽视的其他零部件的噪声问题逐渐被暴露出来，其中悬架减振器异响(不正常声音)问题就是其中之一。

如图 9-1 所示，悬架减振器是悬架系统中与弹性元件并联安装的减振器，作用是改善汽车行驶平顺性。悬架减振器多采用液压减振器，其工作原理是当车身和车桥间受振动出现相对运动时，减振器内的活塞上下移动，减振器腔内的油液便反复地从一个腔经过不同的孔隙流入另一个腔内，由于流体的阻尼作用衰减振动。

本例的任务是针对某车型出现的悬架减振器异响问题开展试验研究，探索异响特征和异响形成的原因，为结构改进提供依据。

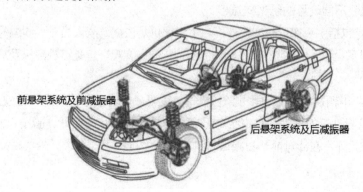

(a) 悬架系统及减振器在车辆上的位置

图 9-1　汽车悬架及减振器

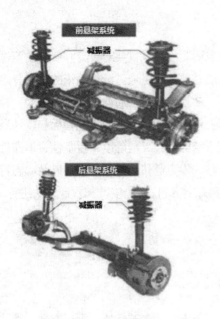

(b) 前、后悬架系统　　　　　　　　　　(c) 减振器内部结构

1—活塞杆(连杆)　2—油封　3—弹簧托盘　4—工作缸
5—活塞　6—减振器油　7—支架　8—阀系

图 9-1(续)

2. 测试方案

由于悬架减振器的异响问题不仅与减振器的内在结构及其油液特性密切相关，而且受到悬架结构形式、悬架与车体连接关系、车体与乘坐室构造以及车身内饰声振抑制能力等的综合影响，其作用机理极为复杂。此外，汽车噪声除了空气动力噪声，还有由于结构振动引起的结构噪声。因此，为了寻找悬架减振器异响原因，除了测量噪声，也必须对汽车相应部位的结构振动进行测量。测试方案如下：

(1) 测试采取整车路试方式进行，先后测试数十个悬架减振器安装条件下的振动与噪声，每次测试更换安装不同编号的悬架减振器。

(2) 测试内容包括主观评价与客观评价。主观评价是依据驾乘人员对不同编号减振器下车内噪声进行主观判断，分为"正常"和"异响"两种状态；客观评价是测试声压及加速度频谱进行分析。

(3) 测试中，车辆发动机(含进、排气系统)、空调、传动系、转向系、行驶系(被测样件除外)、车体结构及附件等的振动、噪声状态无异常；轮胎技术状态良好、胎压正常；车辆仪表、信号系统正常；此外，在针对前悬架减振器进行测试的过程中，要求后悬架减振器保持主观评价无异响。

(4) 测试中要求道路及周边噪声干扰源少，周边没有大的声反射物。分三种路面进行测试，即：500m 以上的平直、干燥柏油路面或混凝土路面；带斜坡的坑洼路面(便于熄火滑行)；颠簸的土石路面。

3. 测试系统的设计

根据前面确定的测试方案，整个测试系统组成如图 9-2 所示。

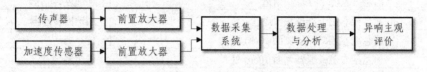

图 9-2　测试系统组成

正如本节前面所述，目前测量噪声的传感器就是传声器，不同型号传声器具有不同的适用范围。考虑到本次试验为实际路况试验，条件比较苛刻，因此，选择了一种带有集成前置放大器的传声器，具体型号为 GRAS-46AE-26CA，如图 9-3(a)所示，其技术参数见表 9-1。

振动大小虽然可以采用电涡流位移传感器、电容传感器等进行测量，但同样考虑到实际路况测量的苛刻条件，且为了安装方便起见，本次试验采取具有集成前置放大器的加速度传感器测量振动信号，具体型号为 PCB-ICP，如图 9-3(b)所示。

表 9-1　GRAS-46AE-26CA 传声器技术参数

参数	单位	数值
频率范围(±1db)	kHz	5～10
具有 GRAS CCP 前置放大器的动态范围上限	dB	138
灵敏度	mV/Pa	50
输出阻抗	Ω	<50
温度范围	℃	−30～70
湿度范围	%RH	0～95

(a) 传声器　　　　　　　　　　　　　(b) 加速度传感器

图 9-3　减振器异响测量传感器

声压及加速度共布置 10 个测点，具体布置位置见表 9-2。图 9-4 所示为减振器侧面及驾驶人右耳旁传声器的安装。

表9-2 传感器布置位置

传感器编号	位置	类型	数量
1	前悬架左侧减振器活塞杆顶端	加速度传感器	1
2	前悬架右侧减振器活塞杆顶端	加速度传感器	1
3	前悬架左侧减振器上支点车身侧	加速度传感器	1
4	前悬架右侧减振器上支点车身侧	加速度传感器	1
5	前悬架左侧下摆球头附近	加速度传感器	1
6	前悬架右侧下摆球头附近	加速度传感器	1
7	前悬架左侧减振器侧面10cm处	传声器	1
8	前悬架右侧减振器侧面10cm处	传声器	1
9	驾驶人右耳/副驾驶左耳附近	传声器	1
10	发动机机舱内	传声器	1

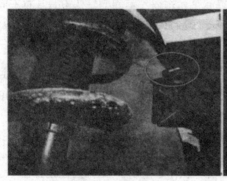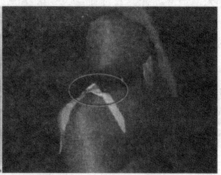

(a) 减振器侧面传声器   (b) 驾驶人右耳旁传声器

图9-4 减振器侧面及驾驶人右耳旁传声器的安装

4. 数据处理与分析

测试中，首先将试验现场测试车内噪声的主观评价和车内传声器记录下来的声音文件进行比对，把"异响"的减振器挑选出来，实现初步分级；然后对相关传感器信号进行频域分析，得出相关传感器信号的特征。

实际测试数据较多，这里仅给出部分测量结果。其中，图 9-5 所示为有无异响时活塞杆顶端加速度频谱对比，图 9-6 所示为有无异响时左右减振器旁的传声器信号与车内传声器信号频谱比较。

分析上述频谱曲线，可以得出以下结论：

(1) 车内声音的频域特性存在四个明显的频率段：20～60Hz、70～130Hz、170～300Hz、680~730Hz。有异响与无异响相比，这四个频段内频谱曲线明显升高，所以可以判定减振器的异响来自这四个频段。减振器的异响由这四个频段声音的合成所致。

(2) 有异响时杆端加速度有效值高于无异响时活塞杆顶端加速度有效值。同时，在频域中有异响与无异响相比，会在270～300Hz出现一个峰值，从频响函数可知，270～300Hz出现峰值与路面激励没有关系，是悬架系统的固有特性。

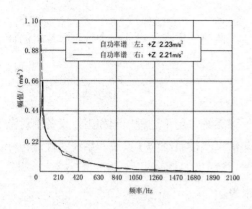
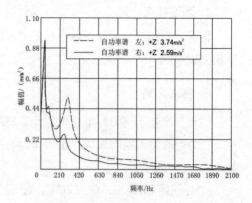

(a) 无异响　　　　　　　　　　　　　(b) 有异响

图 9-5　有无异响时活塞杆顶端加速度频谱对比

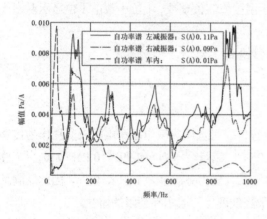
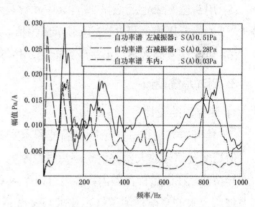

(a) 无异响　　　　　　　　　　　　　(b) 有异响

图 9-6　有无异响时左右减振器旁的传声器信号与车内传声器信号频谱比较

(3) 初步判断异响中 20～60Hz 频率成分为结构激励噪声，70～130Hz 频率成分是左右减振器旁声音传递进车内的，170～300Hz 频率成分为结构激励噪声。

(4) 关于结构噪声产生的具体原因还需进一步深入开展研究。

9.2.2　工业设备的温度和压力监测系统设计

本节是针对过程控制与工业设备的温度与压力参数监测的需求，从测试任务、测试方案、测试系统设计等几个方面，介绍一个典型的温度与压力参数测试实例。

1. 测试任务

根据过程控制与工业设备中对温度和压力参数实时监测的需求，设计一个基于单片机的计算机测试系统。

2. 测试方案

设计一个基于 8031 单片机的计算机测试系统，该系统可用于过程控制和工业设备中对温度、压力等参数的实时采集，也可作为智能仪表或集散型测控系统的子系统。系统的性能指标如下。

(1) 温度测量范围：$0\sim120^{\circ}C$，超范围时声光报警。

(2) 温度检测分辨率：$0.5^{\circ}C$。

(3) 压力测量范围：$0\sim3.92\times10^5$ Pa，超范围时声光报警。

(4) 压力检测分辨率：$\pm1.96\times10^3$ Pa。

(5) 用 9 位 LED 显示测量值，其中 4 位显示温度值(3 位整数、1 位小数)，1 位显示温度代号 T，1 位显示压力代号 P，3 位显示压力值。

(6) 可实现 4 路温度、4 路压力检测，每 5 秒检测一次。

3. 测试系统设计

1) 硬件电路设计

(1) 信号输入通道。由于所测温度和压力都很低，可选用热敏电阻和电阻应变片作为传感器，但需配置信号放大器并设定满量程温度为 125℃，满量程压力为 4.90×10^5Pa。如选用 8 位 A/D 转换器，在满量程范围内，温度分辨率为 0.49℃，压力分辨率为 1.92×10^3Pa，因此既满足了系统所要求的测温与测压技术要求，又有利于降低硬件的成本和超限的监视。

根据系统巡回采样周期的要求(每隔 5 秒巡检一次)，选用逐次逼近型 A/D 转换器，其转换时间一般为几十微秒。由于温度和压力是慢变量信号，因此无需采样/保持电路。选用 8 路模拟开关作为巡回采样开关，开关的切换速率要大于 A/D 转换速率，以便 8 路输入信号共用一个 A/D 转换器。

(2) 测量结果的显示。根据系统要求选用 LED 构成 4 路温度、压力的显示装置，8 个物理量超限共用一个电声报警，以提醒操作人员注意，至于哪一个物理量超限则用指示灯和 LED 显示。在声、光报警通道中，由于每一个通道只需一个状态就可实现一路报警，因此用一个 8 位数字锁存器即可满足需要。

(3) 系统控制器。采用低成本的 8031 单片机，由于 8031 内部没有存储器资源，必须在外部扩展程序存储器和数据存储器。为提高单片机处理数据的能力，测试系统的巡回检测任务由单片机定时到中断触发工作，单片机内的定时/计数器通道参数设置为 5s。图 9-7 为相应的测试系统硬件电路框图。

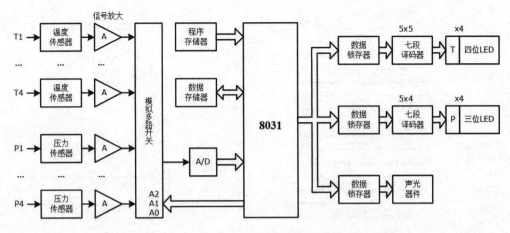

图 9-7　单片机温度测试系统电路框图

2) 系统软件设计

由于采样周期很长，为简化程序，待 8 个通道数据全部采样结束后，再对各通道数字量进行标度变换并送显示。由于软件中的标度变换是量纲变换，例如，满量程时 12 位 AD 输出的十六进制 FF 分别对应温度和压力值为 125℃和 4.90×10^5Pa，所以，必须通过软件将实测的数字量变换为对应的温度值和压力值，即分别要进行以下运算：

$$t_x = \frac{125}{4095}x_n$$

$$p_x = \frac{4.90\times10^5}{4095}x_n$$

式中，x_n 为实测的数字量(经 A/D 转换后用十进制表示的数字量)。t_x、p_x 分别为相应的温度值和压力值(十进制数)。

为了提高抗干扰能力，将采样值经中值滤波后再进行相应的变换与显示。因此该系统的软件包含以下程序。

(1) 主程序：完成初始化任务(包括对 8031 单片机初始化和设置存储采样数据的存储区指针以及设置存储中值滤波结果的存储区指针)和报警、显示等任务。

(2) 中断服务程序：包含定时中断服务程序和 A/D 转换结束中断服务程序。每隔 5s，定时器触发执行定时中断服务程序，完成设置"定时到"标志后返回，主程序必须在检测到"定时到"标志后方能继续执行下面的程序。同样，主程序必须在检测到 A/D 转换结束中断服务程序所设置的 A/D 转换结束标志后，才能读取 A/D 采样值。

(3) 子程序：包括标度变换子程序、将十进制数转换为 BCD 码的子程序、中值滤波子程序等。图 9-8(a)、(b)、(c)分别为主程序、定时到中断服务程序和 A/D 转换结束中断服务程序的流程图。

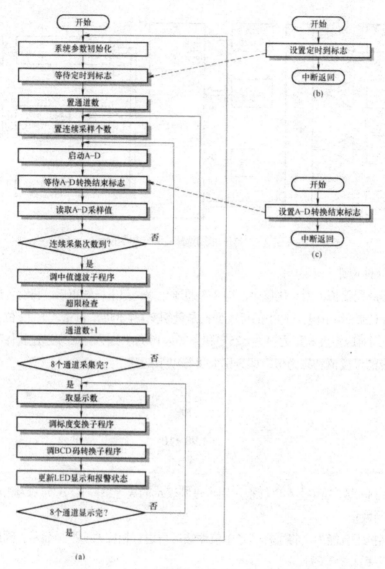

(a) 主程序　　　(b) 定时中断服务程序　　　(c) A/D 转换结束中断服务程序

图 9-8　程序流程图

9.2.3　机械结构模态分析试验系统设计

本节是在简要介绍模态分析基本概念的基础上，针对机械结构的固有模态参数识别需求，从测试任务、测试方案、测试系统构建、信号处理与分析等几个方面，介绍一个典型的简支梁结构的模态参数识别实例。

1. 模态分析的基本概念

工程实际中的振动系统都是连续弹性体，其质量与刚度具有分布的性质。只有掌握无限多个点在每瞬时的运动情况，才能全面描述系统的振动。因此，理论上它们都属于无限多自由度系统，需要用连续模型才能加以描述。但实际上不可能这样做，通常采用简化的方法，将其归结为有限个自由度的模型来进行分析，即将系统抽象为由一些集中质量块和弹性元件组成的模型。如果简化的系统模型中有 n 个集中质量，一般它便是一个 n 自由度的系统，需要 n 个独立坐标来描述它们的运动，系统的运动方程是 n 个二阶互相耦合(联立)的常微分方程。

模态分析方法是把复杂的实际结构简化成模态模型来进行系统的参数识别(系统识别)，从而大大简化了系统的数学运算。通过试验测得实际响应来寻求相应的模型或调整预想的模型参数，使其成为实际结构的最佳描述。

模态是机械结构的固有振动特性，每一个模态具有特定的固有频率、阻尼比和模态振型。这些模态参数可以由有限元计算或试验分析获得，这样一个计算或试验分析过程称为模态分析。如果通过试验将采集的系统输入与输出信号经过参数识别获得模态参数，就称为试验模态分析。

模态分析技术的主要应用可归纳为以下几点。

(1) 用于振动测量和结构动力学分析，可测得比较精确的固有(模态)频率、模态振型、模态阻尼、模态质量和模态刚度。

(2) 可为机械结构振动源和辐射噪声源的识别与控制提供参考依据。

(3) 用试验模态分析结果来指导有限元分析计算模型的修正，使计算模型更趋于完善和合理。

(4) 通过对模态阻尼与模态频率参数的测试，用以进行结构的工况监测与故障诊断。

(5) 用来进行响应计算和载荷识别。

试验模态分析的过程是：首先要测得激振力及相应的响应信号，进行传递函数分析；然后建立结构模型，采用适当的方法进行模态拟合，得到各阶模态参数和相应的模态振型动画，形象地描述出系统的振动形态。

根据模态分析的原理，需要测得传递函数矩阵中的任一行或任一列数据，由此可采用不同的测试方法。要得到矩阵中的任一行，要求采用各点轮流激励、一点测取响应的方法；要得到矩阵中的任一列，可采用一点激振、多点测取响应的方法。实际当中，常采用脉冲力锤激振、拾振传感器测振的方法。

2. 测试任务

梁结构在机械工程中运用广泛，例如汽车底盘往往就是采用梁结构组成的框架，梁结构的动态特性对汽车的整体动态性能影响很大，因此，研究梁结构的动力学特性具有实际意义。

本案例的主要任务是针对简支梁结构(梁的尺寸：长×宽×厚=600mm×50mm×2mm)，通过试验模态分析，获取其固有模态频率、模态阻尼和模态振型。

3. 测试方案

将简支梁划分为 10 等分，即布置 11 个测点(敲击点)，拾振点放在第 5 个敲击点处(见图 9-9)。用力锤敲击各个测点，用压电加速度传感器测量振动响应信号，通过电荷放大器信号调理和信号采集系统将信号输入 DASP(Data Acquistion & Signal Processing)分析系统完成模态分析。根据提示从第一点按设定的触发次数测试到最后一个测点，记录下每次测试结果，用 DASP 分析软件采用集总平均法进行模态定阶。模态拟合采用复模态单自由度拟合方法，按开始模态拟合得到拟合结果。模态分析完成后，可以观察、打印和保存分析结果，也可以观察模态振型的动画显示。

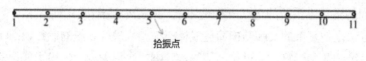

图 9-9　测点确定

4. 测试系统的构建

根据测试方案，确定的机械结构模态测试与分析系统如图 9-10 所示。其中力锤上的压电式力传感器接入 DLF-3 电荷放大器第一通道的电荷输入端，压电式加速度传感器接入 DLF-3 第二通道的电荷输入端。DLF-3 的两个通道输出信号分别接入 INV 信号采集系统的第一和第二通道。

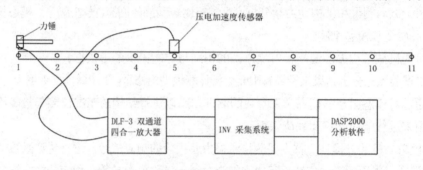

图 9-10　机械结构模态测试与分析系统

搭建好以上测试系统后，再完成以下步骤。

(1) 示波：启动 DASP 软件，选择示波菜单中的多踪时域示波，用力锤敲击各个测点，观察有无波形，检查测试系统是否正常，并选择采样频率、调节程控放大倍数等，直至力的波形和振动响应波形大小合适为止。

(2) 参数设置：调整好波形后，返回主菜单，进入多次触发采样文件，设置采样参数、试验名、试验号、数据路径，然后再输入工程单位和标定值。

(3) 采样：确定分析频率，选择自动改变测点号，定时采样，选定采样间隔、采样频率、触发电平、滞后点数、触发次数，在每个点敲击够触发次数后，测点号自动改变，再换点敲击，直至采完 11 个点的信号。此时采集的力信号与响应信号如图 9-11 所示。

5. 信号处理与分析

当完成所有测点的采样之后，就可进入模态分析和计算步骤了。对于频域法模态分析，通常该步骤包括传递函数计算、模态定阶、模态拟合和振型编辑四步。

(1) 传递函数计算。模态分析的第一步就是传递函数计算。设置完成后就可进行传递函数计算，计算结果如图 9-12 所示，包括三条曲线，分别为传递函数的幅频曲线、相频曲线和相干曲线。

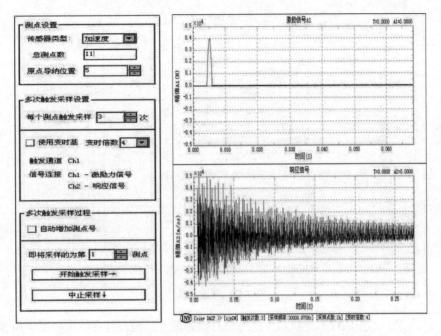

图 9-11　模态试验采集的力信号和响应信号

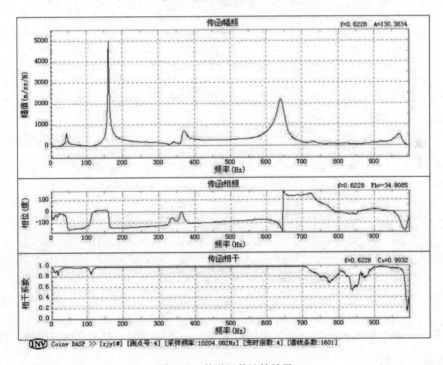

图 9-12　传递函数计算结果

　　(2) 模态定阶。完成所有测点的传递函数计算后，可进行模态定阶。在"模态定阶"栏中操作"开始模态定阶"，可开始模态定阶，此时出现定阶图形，如图 9-13 所示，可根据图中的集总平均的传递函数选择若干阶模态。

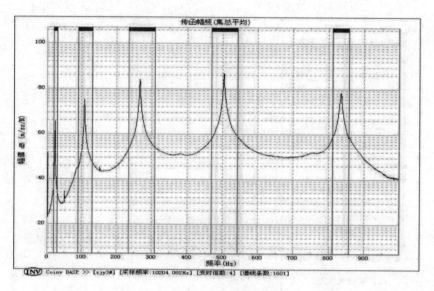

图 9-13　模态定阶

(3) 模态拟合。完成模态定阶后，就可进行模态拟合。模态拟合结果如图 9-14 所示。

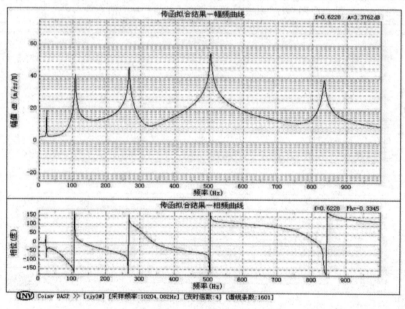

图 9-14　模态拟合结果

(4) 振型编辑。模态拟合完毕后，再经过质量归一或振型归一对振型进行编辑，就完成了频域法实验模态分析。

6. 输出模态分析结果

当完成模态分析和计算之后，就可以输出模态分析的结果，并可显示三维彩色动画模态振型，各阶振型如图 9-15 所示。

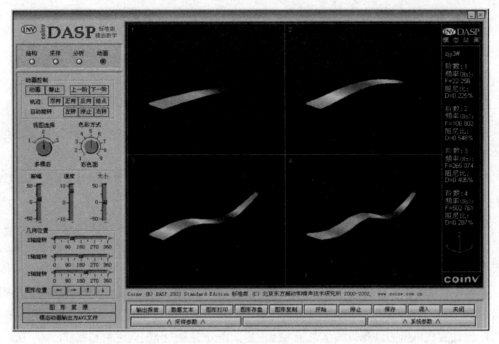

图 9-15　各阶模态振型图

9.3　本章小结

机械工程中的测试系统结构总体上可分为两大类：一类是自动控制中的测试系统，一般是闭环系统；另一类是状态检测中的测试系统，它只完成测试任务，因此一般是开环系统。由于测试目的和任务不同，这两类测试系统在体系架构和结构组成上不同。

为了达到测试目的，保证测量要求，较好地完成测试任务，在进行测试系统方案设计时，就必须遵守测试系统设计的基本原则，并按照一定的步骤进行测试系统设计。

通过汽车悬架减振器异响声测试系统设计实例、工业设备的温度和压力监测系统设计实例和机械结构试验模态分析系统设计实例，展示了根据不同的测试任务来确定相应的测试方案、设计或构建测试系统软硬件的技术方法，为工程测试中的测试系统设计提供了参考。

9.4　习题

一．填空题

1. 从测试系统的基本构架来讲，测试系统总体上可分为：_____的测试系统和_____的测试系统两大类。

2. 计算机测试系统从功能上划分为三部分：_____、_____和_____。

二. 简答题

1. 测试系统设计的基本原则是什么？有哪些步骤？

2. 设计一个测试系统需要考虑哪些主要影响因素？

三. 设计应用题

1. 设计一个体重测量系统，要求测量系统最大量程为 90kg，测量精度小于 0.1kg。给出选用的传感器，画出测量系统框图，并说明各部分的作用。

2. 在设计某计量室的温度和湿度测试系统时，要求测量相对误差分别为 ±0.1℃ 和 ±1%，每 1 分钟测量一次，请选择 A/D 转换的合适参数。

3. 自动控制系统中被控对象的转动惯量是一个重要的参量。被控对象往往是由许多光学器件、机械零部件和电气元件所组成。由于其复杂的几何形状，很难准确地计算出被控对象的转动惯量，工程中常需要用测量的方法确定其转动惯量。测试系统选用了 YD-12 压电加速度传感器，要求其测量相对误差小于 0.5%，已知测试信号频率为 5~10Hz。设计该计算机测试系统，画出系统组成，选择或设计信号调理模块、数据采集模块、微处理器和应用系统开发软件。

4. 设计装载机压力计算机测试系统，压力测试点分别为：分配阀进油和回油压力、先导阀压力、动臂油缸压力(大腔、小腔)、翻斗油缸压力(大腔、小腔)等，测试工况为在铲装车作业中。根据设计要求，选用的压力传感器为 BPR40 型电阻应变式压力传感器。设计该计算机测试系统，画出系统组成，选择或设计信号调理模块、数据采集模块、微处理器和应用软件。

参考文献

[1] 黄长艺，严普强. 机械工程测试技术基础[M]. 2 版. 北京：机械工业出版社，1999.

[2] 熊诗波，黄长艺. 机械工程测试技术基础[M]. 3 版. 北京：机械工业出版社，2006.

[3] 熊诗波. 机械工程测试技术基础[M]. 4 版. 北京：机械工业出版社，2018.

[4] 陈花玲，等. 机械工程测试技术[M]. 3 版. 北京：机械工业出版社，2018.

[5] 陈花玲，等. 机械工程测试技术[M]. 2 版. 北京：机械工业出版社，2008.

[6] 张春华，肖体兵，李迪. 工程测试技术基础[M]. 武汉：华中科技大学出版社，2011.

[7] 陈光军，李西兵，等. 机械工程测试技术[M]. 哈尔滨：哈尔滨工程大学出版社，2011.

[8] 周传德，文成，李俊，等. 机械工程测试技术[M]. 重庆：重庆大学出版社，2014.

[9] 许同乐. 机械工程测试技术[M]. 2 版. 北京：机械工业出版社，2015.

[10] 潘宏侠，黄晋英. 机械工程测试技术[M]. 北京：国防工业出版社，2009.

[11] 曲云霞，邱瑛，等. 机械工程测试技术[M]. 北京：化学工业出版社，2015.

[12] 祝志慧，冯耀泽. 机械工程测试技术[M]. 武汉：华中科技大学出版社，2017.

[13] 胡耀斌，李胜，谢静. 机械工程测试技术[M]. 北京：北京理工大学出版社，2015.

[14] 祝海林. 工程测试技术基础[M]. 2 版. 北京：机械工业出版社，2017.

[15] 刘红丽，张菊秀，等. 传感与检测技术[M]. 北京：国防工业出版社，2007.

[16] 颜鑫，张霞. 传感器原理及应用[M]. 北京：北京邮电大学出版社，2019.

[17] 周传德. 传感器与测试技术[M]. 重庆：重庆大学出版社，2009.

[18] 韩洁，李雁星. 物联网 RFID 技术与应用[M]. 武汉：华中科技大学出版社，2019.

[19] 蒋庄德. MEMS 技术及应用[M]. 高等教育出版社，2018.

[20] 李晓维. 无线传感器网络技术[M]. 北京：北京理工大学出版社，2007.

[21] 王三武，丁毓峰. 测试技术基础[M]. 3 版. 北京：北京大学出版社，2020.

[22] 江征风. 测试技术基础[M]. 2 版. 北京：北京大学出版社，2010.

[23] 贾伯年，俞朴，宋爱国. 传感器技术[M]. 3 版. 南京：东南大学出版社，2007.

[24] 肖伟国，袁鹏哲，余箫，等. 基于 CCD 激光测微传感器的螺旋焊管周长在线检测技术[J]. 仪表技术与传感器，2022(1)：71-76.

[25] 张敏，邱召运，陈雪梅，等. 基于光纤传感器的透析穿刺针头漏血检测方法研究[J]. 生物医学工程研究，2020，39(2)：181-185.

[26] 杨志，黄雯利，赵丽娟. 光纤传感技术在油浸式电力变压器状态监测应用的研究进展[J]. 高压电器，2023，59(6)：137-146.

[27] 郭源生，吴循，李吉锋. 物联网传感器技术及应用[M]. 北京：国防工业出版社，2013.

[28] 黄玉兰. 物联网传感器技术与应用[M]. 北京：人民邮电出版社，2014.